Johann Christian Daniel Schreber, Georg August Goldfuss, Andreas Johann
Wagner

Die Säugetiere in Abbildungen

Dritter Teil

Johann Christian Daniel Schreber, Georg August Goldfuss, Andreas Johann Wagner

Die Säugetiere in Abbildungen
Dritter Teil

ISBN/EAN: 9783743361331

Hergestellt in Europa, USA, Kanada, Australien, Japan

Cover: Foto ©berggeist007 / pixelio.de

Manufactured and distributed by brebook publishing software (www.brebook.com)

Johann Christian Daniel Schreber, Georg August Goldfuss, Andreas Johann
Wagner

Die Säugetiere in Abbildungen

Die

Säugthiere

in

Abbildungen nach der Natur

mit Beschreibungen.

Dritter Theil.

Erlangen
verlegts Wolfgang Walther 1778.

Der

Säugthiere

dritte Abtheilung.

Der

Säugthiere
dritte Abtheilung.

Der Säugthiere
dritte Abtheilung.

Der Vorderzähne zählet man in der obern Kinnlade mehrentheils sechs, seltener zehen, oder nur zween; in der untern gemeiniglich auch nicht mehr als sechs, doch bey einigen Geschlechtern viere, achte und zehen. Sie sind in Vergleichung der übrigen Zähne klein, fast immer von ungleicher Grösse, oben spizig, zackig oder scharf.

Auf jeder Seite derselben stehet ein einzelner langer und starker konischer etwas gekrümmter Seitenzahn. Einige Geschlechter haben hinter diesem, oder statt dessen etliche kleine von ähnlicher Gestalt, die man denn auch für Seitenzähne anzunehmen pfleget. Zwischen den vordern und Seitenzähnen ist mehrentheils in der obern, so wie zwischen diesen und den Backenzähnen in der untern Kinnlade eine Lücke, in welche die Seitenzähne der andern Kinnlade passen, wenn das Gebiß geschlossen ist.

O o 2

Die Backenzähne, drey und mehrere an der Zahl, sind schmal, lang und gehen oben in eine oder mehrere Spizen, und manche in eine doppelte Reihe Spizen aus. Verschiedene zu dieser Abtheilung gehörige Thiere haben an den hintersten Backen-zähnen eine oben breite Krone, die an manchen stumpf und ohne diese Spizen ist.

Die Füsse sind in vier oder fünf Zehen getheilt, und mit zusammengedrückten, mehr oder weniger spizigen Klauen oder Krallen bewafnet.

Die Thiere dieser Abtheilung sind insgesammt, wenige aus-genommen, behend im Lauf; einige klettern geschwind und ge-schickt, wobey einigen, nehmlich den Beutelthieren, der Wickel-schwanz nüzlich ist. Wieder andere graben sich in die Erde. Noch andere leben auch im Wasser.

Ihre Nahrung bestehet in frischem Fleische von Säug-thieren, Vögeln, Fischen, Amphibien und Gewürmen, deren sich diese Raubthiere, die zum Theil reissende Thiere sind, theils mit allerley List, theils mit Gewalt zu bemächtigen wissen; oder den Aesern derselben. Einige nähren sich auch von Gewächsen, welche von manchen der Fleischnahrung so gar vorgezogen werden.

Zwölftes Geschlecht.
Der Robbe.

PHOCA.

Linn. syst. nat. gen. 11. p. 55.

Briss. quadr. gen. 33. p. (230.) 162.

SEAL.

Penn. quadr. gen. 41. p. 330 *)

Vorderzähne sind in der obern Kinnlade sechs, von ungleicher Grösse; die äussern stufenweise länger und breiter, als die innern. In der untern viere, wovon die beyden äussern die mittlern an Grösse um etwas übertreffen, zwischen welchen sich eine kleine Lücke befindet. Die in der obern Kinnlade stehen fast parallel, nur daß sich die mittlern mit den Spitzen gegen einander neigen; die untern hingegen entfernen sich oben von einander. Alle sind spizig.

Die Seitenzähne, einer an jeder Seite der vordern, sind ohngefähr noch einmal so lang als diese, merklich gekrümmt, stark, spizig; die untern gehen schief auswärts. Zwischen den obern und den Vorderzähnen, auch den untern und den Backenzähnen, ist die gewöhnliche Lücke.

Oo 3

*) Φώκη. Griechisch. **Robbe.** Seehund. Sällhund. Meerkalb. Teutsch. Siäl. Schwedisch. Sæl. Kaabe. Dänisch. Sel. Isländisch. Sea-calf. Seal. Englisch. Moelrhon. Britannisch. (Pennant.) Phoque. Veau marin. Loup marin. Chien marin. Rénard marin. Französisch. Vechio marino. Italiänisch. Lobo marino. Spanisch. Tulen. Russisch. (Steller.) Nerpen. In Sibirien. Pua. Grönländisch. (Cranz.)

Die Backenzähne, auf jeder Seite gewöhnlich fünfe, sind schmal, und in drey Zacken getheilt, wovon die mittlere die längste ist. Der vordere auf jeder Seite ist kleiner als die übrigen.

Durch diesen Bau der Zähne unterscheiden sich die Robben am deutlichsten von den das vorhergehende Geschlecht ausmachenden Wallrossen, welchen sie, wie ich oben gemeldet habe [a], sowohl darinn, daß sie sich viel in dem Wasser aufhalten, als in der dieser Lebensart angemessenen Einrichtung und Bildung des Leibes, höchst ähnlich sind.

Der Kopf ist einem Hundskopfe ziemlich gleich; die Ohren ausgenommen, wovon entweder gar keine, oder nur eine geringe Spur anzutreffen ist. Den Gehörgang können die Robben mit einer dreyeckigen Klappe verschließen, auch die Nasenlöcher zusammenziehen, welches geschiehet, wenn sie sich unter Wasser befinden. Die Augen sind groß, feurig, mit Augenbraunen, und die Lippen mit starken Barthaaren versehen. Der Leib gehet vorwärts und hinten spizig zu, und ist in der Mitte breit, damit sie desto leichter durch das Wasser fahren können. Sie haben eine feste, zähe haarige Haut; die Haare sind stark, und liegen so glatt auf der Haut, als wenn sie mit Oel bestrichen wären. Ihre vier Beine stecken ganz unter der Haut verborgen. Die beyden Vorderfüsse sind kurz, unterwärts gekehrt und zum Rudern eingerichtet; die beyden hintern, welche länger sind, stehen an beyden Seiten eines sehr kurzen Schwanzes gerade hinaus, und dienen dem Thiere zum Steuren. Jeder Fuß hat fünf mit langen spizigen Klauen versehene Zehen, welche eine dünne Schwimmhaut unter einander verbindet. Diese breiten die Robben beym Schwimmen wie einen Fächer aus. Mit den Klauen helfen sie sich, wenn sie auf das Eis oder die Klippen klettern. Ihr Gang auf dem Lande ist lahm. Weil sie sich nicht auf die Hinterfüsse stüzen können: so schleppen sie sich nur auf dem Bauche fort. Jedoch können sie mit den Vorderfüssen ziemlich geschwind fortkriechen, und mit den Hinterfüssen so grosse Sprünge thun, daß man sie nicht leicht einholen kann [b].

[a] S. 259.   [b] Cranz Historie von Grönland I. Th.

Ohnerachtet die Robben mehr für das Wasser als für das Land gemacht zu seyn scheinen: so ist ihnen doch nicht möglich, länger als eine Viertelstunde unter Wasser auszuhalten, ohne daß sie mit der Nase heraufkommen und Othem schöpfen. Von dem Lande entfernen sie sich nicht leicht weit [c], sondern schwärmen blos um die Küsten herum. Die Ursache ist theils, weil sie daselbst ihre Nahrung, die in Fischen [d], und in deren Ermangelung, in Seegewächsen [e] bestehet, häufiger finden. Daher halten sie sich am häufigsten um die fischreichsten Buchten und Mündungen der Flüsse auf, theils, weil sie oft auf die Klippen am Lande oder auf das Eis gehen, um sich an der Sonne zu wärmen, und zu schlafen. Die kleinern Gattungen gehen nicht selten weit in die Flüsse aufwärts. Ihr Schlaf ist fest, und sie pflegen dabey stark zu schnarchen. In der Nacht, und bey stürmischem Wetter sind sie lieber im Wasser, wo sie von der Brandung nicht so leicht beschädigt werden können. Wenn sie sich ins Wasser begeben wollen: so **tauch**en sie mit dem Kopfe zuerst hinein [f].

Sie sind neugierig, und gehen gern nach Dingen, welche ihre Sinne reizen; insonderheit nach dem Feuer oder Lichte. Man hat in Jsland einmal einen weit vom Strande landeinwärts nach dem Scheine einer Schmiede kriechen gesehen. So hat man auch bemerkt, daß sie den Schiffen entgegen gehen. Dabey sind sie muthig und unerschrocken. Wenn sie auf dem Lande oder Eise Menschen nach sich zu kommen sehen: so geschicht es nicht selten, daß sie sich aufrichten, und mit einem langen Halse umsehen. So setzen sie sich auch zur Wehre, wenn man sie verfolgt. Auf der Flucht pflegen sie ihren Verfolgern einen gelben stinkenden Unflat entgegen zu sprützen. Sie lassen sich aber nichts destoweniger so zahm machen, daß sie hören und kommen, sobald man sie bey einem gewissen Namen ruft [g].

S. 161. Martens Beschr. von Spitzbergen S. 75. DAMPIER voy. Tom. 1. p. 116. etc.

[c] Nicht weiter als höchstens dreyßig Meilen. Steller Beschreibung von Kamtschatka S. 108.

[d] Cranz. Stellers Beschreib. von Kamtschatka S. 108.

[e] Olaffen.

[f] Martens ꝛc.

[g] Martens S. 76. 77. Olaffens Reise durch Jsland I. Th. S. 284. Die

Der Laut dieser Thiere wird mit dem Bellen eines heisern Hundes, und der Jungen, mit dem Geschrey der Kazen verglichen [k].

Sie geben einen sehr häßlichen geilen Geruch von sich, welchen man weit riechen kan [l].

Jedes Männchen hat seine gewissen Weibchen, und zwar allezeit zweye oder mehrere an der Zahl, welche es commandiret und beschüzet. Um derselben willen entstehen öfters fürchterliche Kämpfe unter den Männchen, die mit entsezlichem Gebrülle geführt werden. Sie begatten sich auf dem Sande; wobey das Weibchen auf dem Rücken liegt. Es wirft auf einmal, ein, seltener zwey Junge [m]. Dis geschicht auf dem Eise, Sande, oder einer Klippe. Es nähret sie mit seinen zwey am Bauche befindlichen Eutern nur wenige Tage oder Wochen, führt sie in die See, spielt mit ihnen, und nimmt sie, nach Beschaffenheit der Umstände, auf dem Rücken.

Das Fleisch der Robben ist zart, saftig und fett, von rother oder schwärzlicher Farbe, dem Schweinewildpret an Geschmacke nicht unähnlich. Insonderheit werden die Jungen fast aller Arten für einen Leckerbissen ausgegeben. Der Speck ist zween Finger bis einer Hand breit dicke. Jenes ist das vornehmste Nahrungsmittel vieler Nationen, welche die nordlichsten Gegenden der alten und neuen Welt bewohnen; dieses ein nicht unbeträchtlicher Handelsartikel. Ein solcher sind auch die Felle. Man schlägt diese Thiere, wirft sie mit Harpunen, oder fängt sie in Gruben, Fallen und Nezen. Sie haben ein so hartes Leben, daß manche noch um sich beissen, nachdem man ihnen bereits den Kopf eingeschlagen, wenn man ihnen die Haut abziehet und den Speck abpflenzt; wobey sie eine unglaubliche Menge klebriges Blut verlieren. Wenn sie gefangen worden, vergiessen sie häufige Thränen.

Fast in allen Meeren, (wovon jedoch Dampier [n] das an Ostindien und einige Gegenden von America angrenzende ausnimmt) hat man

Alten haben einen heisern Ruf, welcher lautet, als ob jemand vomiren wollte. Die Jungen aber rufen och, och, als ein Mensch unter den Schlägen. Steller Beschreib. von Kamtschatka S. 108.

[k] Cranz a. a. O.

[l] Martens. Steller vom Seebär.

[m] Steller.

[n] Voy. L. p. 118.

man Robben angetroffen. Selbst das caspische, und der See Baikal in Sibirien, obgleich beyde durch das feste Land ganz vom Ocean abgesondert sind, können dergleichen aufweisen. Ihre Größe und Farbe, auch zum Theil ihre Lebensart ist so mannigfaltig, daß man wohl schwerlich alle, die sich weniger von einander unterscheiden, als der Seebär, Seelöwe und die Klapmüze, unter sich und von den übrigen, für bloße Spielarten Einer Gattung halten kann. Es fehlet indessen noch sehr an guten Zeichnungen, vollständigen Beschreibungen und umständlichen Beobachtungen derselben: und man siehet sich kaum im Stande, die davon vorhandenen Nachrichten mit Zuverläßigkeit zu vergleichen, vielweniger anzugeben, welche von ihnen wahre Gattungen seyen. Ich halte mich daher für entschuldigt, wenn ich bey Anführung nachstehender Robben unausgemacht lassen muß, ob sie insgesammt wesentlich von einander unterschieden seyen?

1.
Der Seebär.
Tab. LXXXII.

Phoca ursina; Phoca capite auriculato. LINN. *syst. nat. p.* 55.

Vrsus marinus. STELLER *nov. act. Acad. Petrop. vol.* II. p. 331. *tab.* 15. Hamb. Magaz. XI. B. S. 264. BRISS. *quadr. p.* 166.

Ursine seal. PENN. *syn. n.* 271. *p.* 344.

Kot, Russisch. Tarlatschega, bey den Korjäken am penschinischen Meerbusen. — Wiporotki werden die aus der Mutter ausgeschnittenen Jungen russisch genennet.

Der Kopf gleicht dem Kopfe des Bären, ist aber dicker und runder. Die Stirne erhaben. Das Maul länglich, mit aufgeschwollenen Lippen, deren innerer Rand ausgezackt ist, wie man ihn an den Hunden wahrnimmt. Die Zunge lang, schmal, vorn zweyspaltig. Die Barthaare sind weiß, lang, spröde und mehrentheils dreyeckig. Die längsten sechs Zoll lang. Die Nasenlöcher eyförmig. Die Spitze der Nase ist mit einer schwarzen kahlen runzlichen Haut überzogen. Die Augen stehen stark hervor. Der Stern ist schwarz. Die Pupille glänzt wie Smaragd. Unter den Augenliedern befindet sich eine Blinzhaut. Die Ohren sind überaus klein, konisch, spitzig, aufgerichtet, auswendig haarig. Ihre Hölung, oder den äußern Gehörgang, kann das Thier nach Belieben öffnen und verschließen.

Der Hals ist dick. Der Leib fällt hinten, von den Lenden an bis an den Hintern, merklich dünner. Der Schwanz ist ganz kurz und hängt zwischen den Hinterbeinen hinunter.

Die Vorderfüsse haben einen länglichen Umriß und eine kahle schwarze Haut, in welcher sich auf der untern Fläche Furchen und Runzeln befinden. Die erste Zehe daran ist die längste; die folgenden stufenweise kürzer, und die hinterste die kürzeste. Die Nägel dieser Füsse sind sehr klein a). Die Hinterfüsse viel länger als jene, bis an die Zehen haarig, diese aber ebenfalls kahl; die vier ersten von gleicher Länge, die lezte etwas kürzer. Die drey mittlern haben längliche Nägel b): an den beyden äussersten sind diese ebenfalls sehr klein.

Das Haar stehet aufrecht, steif und dicht. Es ist viermal länger als der Seehunde ihres; an den Männchen von schwarzer Farbe, und an den Spitzen grau, wenn sie alt werden, da sich zugleich die Haare um den Hals herum verlängern. Zwischen dem Haar stehet eine sehr weiche kastanienbraune, ins röthliche fallende Wolle. Die Haare der Weibchen sehen aschgrau, doch stehen an vielen einige röthliche mit unter. Die Jungen haben ein sehr weiches Haar, das dicht an der Haut anliegt, und eine pechschwarze glänzende Farbe hat. Noch schöner ist solches an den noch ungebornen Thieren, welche der Mutter aus dem Leibe geschnitten werden.

Die Länge des ausgestreckten Männchens beträgt neun englische Fuß. Das Weibchen ist viel kleiner.

Von den Vorderzähnen der obern Kinnlade sind die beiden äussersten spitzig; die vier übrigen gespalten. Die untern Seitenzähne länger, als die obern. Die Backenzähne spitzig; oben zählet man deren auf jeder Seite sechse, unten fünfe.

a) Nur 2 Linien lang. b) Der an der mittelsten ist 1 5/10 Zoll lang.

Der Seebär hat seinen Aufenthalt, so viel man weiß, einzig in dem nördlichen Theile des stillen Meeres. Er ist ein Zugthier. Im Frühjahre begiebt er sich bey Kamtschatka vorbey nordwärts über den sechs und fünfzigsten Grad der Breite hinauf; im Herbste hingegen gehet er wieder nach Süden unter den funfzigsten Grad der Breite hinab. In diesen beyden Jahreszeiten werden diese Thiere an der östlichen Küste von Kamtschatka, hauptsächlich zwischen den Vorgebirgen Kronozkoi und Schupinskoi, wo das Meer viele Buchten macht und ruhig ist, und den von da östlich gelegenen Inseln angetroffen. Im Junius aber und den folgenden Monaten bis zu Ende des Augusts siehet man zwischen dem 50ten und 56ten Grade nirgend eins. Die im Frühlinge nordwärts ziehen, sind alle fett, und die Weibchen trächtig: wenn sie im Herbste mit ihren Jungen zurück kommen, sind sie insgemein mager und abgezehrt. Ihr Aufenthalt im Winter ist noch nicht bekannt; doch scheint er nicht weit unter dem 50ten Grade, vielleicht nicht unterhalb Japon zu seyn, weil sie fett daher zurück kommen.

Sie schwimmen so schnell, daß sie in einer Stunde fast zwo teutsche Meilen zurück legen können. Im Schwimmen kehren sie den Rücken in die Höhe. Die vordern Füsse kommen im Wasser niemals, die hintern aber nur bisweilen zum Vorscheine. Sie können lange unter dem Wasser aushalten; nach einiger Zeit aber kommen sie dennoch in die Höhe, um Luft zu schöpfen. Wenn sie sich nahe am Ufer mit Schwimmen belustigen: so schwimmen sie bald auf dem Bauche, bald auf dem Rücken, gehen nicht tief unter das Wasser, und stecken die Hinterbeine oft zum Wasser heraus. Ins Wasser gehen sie auf die Art, wie ich oben c) gesagt habe; sie schlagen dabey mit dem Leibe ein Rad.

Wenn sie an einer Klippe hinankriechen: so halten sie sich mit den Vorderfüssen an dieselbe an, und schleppen den übrigen Theil des Leibes, mit gekrümmtem Rücken, hinter sich her, da sie sich denn mit den Hinterfüssen hauptsächlich helfen. Sobald sie aus dem Meere kommen, so schütteln sich sich, legen sich mit den Hinterbeinen die Haare zu recht,

Pp 2

c) S. 287.

und strecken sich an der Sonne aus; wobey sie die Hinterfüsse in die
Höhe heben und eben die Bewegung damit machen, als die Hunde,
wenn sie mit dem Schwanze wedeln.   Sie pflegen nicht nur auf dem
Bauche, sondern bisweilen auch auf dem Rücken; auf der Seite ausge-
streckt, mit an sich gezogenen Vorderbeinen; oder in die Runde gekrümmt
zu liegen.   Auch sind sie gewohnt, sich öfters mit den Hinterfüssen den
Kopf und die Ohren zu kratzen.

Wenn sie auf dem Lande gehen, so stützen sie sich auf den Hintern,
strecken die beyden Hinterfüsse zu beyden Seiten hinaus, schreiten mit den
vordern fort, und schleppen den Leib nebst den Hinterfüssen nach. Mit
diesen machen sie auf der Flucht in dem Sande Furchen und Gänge, wie
mit einer Pflugschaar; und damit sich der Sand nicht unter dem Leibe
häufen und ihnen an der Flucht hinderlich werden könne, so nehmen sie
solche nicht in gerader, sondern in einer Schlangenlinie. Dem ohngeachtet
laufen sie, besonders die Weibchen, ziemlich schnell; und es ist nicht
rathsam, sich auf einer Ebene in Händel mit ihnen einzulassen, wo man
nicht Anhöhen zur Retirade in der Nähe hat, auf die sie nicht leicht folgen.
Doch setzt man sich da der Gefahr einer langwierigen Belagerung von
ihnen aus.

Ihr Schlaf scheint fest zu seyn. Sie wachen aber bey dem geringsten
Geräusche auf, als z. E. demjenigen, das ein Mensch macht, der sehr
leise gehet.   Den Junius, Julius und August bringen sie auf dem
Lande in einem fast beständigen Schlafe zu, ohne den Ort zu verändern,
oder ihre Nahrung zu sich zu nehmen. Wenn selbiger bisweilen unterbrochen wird: so pflegen sie einander anzusehen, zu brüllen, zu gähnen und
sich zu strecken. Während diesem Schlafe werden sie ganz mager. Die
Jungen, welche noch nicht so fett sind, hören in diesen Monaten nicht
auf, munter zu seyn, hin und her zu laufen und bald ins Wasser, bald
wieder ans Land zu gehen.

Jedes Männchen ist mit vielen Weibchen gepaaret, deren Anzahl sich
oft bis auf fünfzig beläuft. Sie paaren sich zuerst, wenn sie über ein
Jahr alt sind. Die Begattung geschieht allemal gegen Abend dicht am
Rande des Meeres. Die Weibchen gehen ohngefähr neun Monate

lang trächtig und gebähren im Junius auf dem festen Lande ein Junges, seltener zwey. Dieses kömmt mit offenen Augen zur Welt und bringt zwey und dreyssig Zähne mit; nach vier Tagen brechen die vier Seitenzähne durch. Es wird von der Mutter sehr geliebt und zwey Monate lang gesäugt. Die Jungen sind grossentheils lebhaft und fangen bald an, mit einander zu spielen und zu kämpfen. Wenn eines das andere zu Boden geworfen hat: so läuft der Vater brummend herzu, liebkoset dem Ueberwinder, sucht ihn mit dem Maule zu Boden zu werfen, und macht ihn hernach desto mehr Liebkosungen, je mehr er sich widersetzt hat. Die trägen müssigen Jungen hat er nicht so lieb; diese halten sich mehr bey der Mutter, so wie jene um den Vater auf. Alle Jungen bleiben bey ihren Alten, bis sie über ein Jahr alt sind. Eine einzige Familie kann sich also bis auf hundert und zwanzig erstrecken.

Das Männchen liebt seine Weibchen und Jungen ungemein, behandelt aber jene oft mit der Strenge eines orientalischen Regenten. Es streitet für seine Jungen, wenn man ihm solche entführen will. Versäumt aber eine Mutter, ihr Junges in dem Maule wegzutragen, und läßt sich solches nehmen: so wendet sich der Zorn des Männchens gegen sie. Es faßt sie mit den Zähnen und stößt sie einige mal an eine Klippe. Sobald als sie sich ein wenig erholt hat, kehret sie in der demüthigsten Stellung zu ihrem Gebieter zurück, kriecht ihm zu Füssen, liebkoset ihm und vergießt häufige Thränen. Er gehet dabey hin und her, knirscht, verkehrt die Augen, und wirft den Kopf von einer Seite zur andern. Siehet er aber, daß er sein Junges nicht wieder erhält: so fängt er an, wie das Weibchen, so heftig zu weinen, daß die Thränen tropfenweise herunterlaufen und die ganze Brust benetzen. Eben so weinet das Thier, nachdem es stark verwundet worden, oder grosses Unrecht erlitten hat, wenn es sich nicht rächen kann.

Die Männer sind sehr streitbar. Der blutigste Streit pflegt unter ihnen wegen der Weiber zu entstehen, falls einer diese dem andern rauben, oder die erwachsenen Töchter aus der Familie des Vaters entführen will. Bey diesem Streite sehen die Weibchen zu und folgen hernach dem Sieger. Jeder vertheidigt auch sein Lager gegen denjenigen, welcher es einzunehmen sich erkühnet.

Wenn ihrer zwey in einen Zweykampf gerathen sind, so kämpfen sie oft eine Stunde lang; dann lassen sie ein wenig nach, liegen bey einander, schnauben und schöpfen frische Luft, worauf der Streit vom neuen angehet. Jeder sucht den Platz, den er sich gewählt hat, zu behaupten. Derjenige, welcher seine Ueberlegenheit merkt, faßt den andern mit dem Rachen und wirft ihn zu Boden. Sobald dieses die übrigen sehen, die bis dahin blos zugesehen hatten: so laufen sie zu, dem überwundnen zu helfen und den Streit zu entscheiden, der aber dadurch nur allgemein wird.

Sie machen einander mit den Zähnen so lange und tiefe Wunden, als wenn sie mit dem Säbel gehauen wären. Sobald einer verwundet ist, gehet er ins Wasser und wäscht sich. Gegen das Ende des Julius siehet man keinen Seebären, der nicht Wunden oder Narben derselben aufzuweisen hätte.

Eben so gehet es auch, wenn zwey mit Einem zu thun haben. Einige kommen dem schwächern Theile zu Hülfe; der Gegenpartey wieder andere, und so weiter; und endlich wird die ganze Heerde, so weit sie sich am Lande befindet, in den Streit verwickelt. Diejenigen, welche im Meere sind, stecken die Köpfe heraus und sehen demselben eine Zeit lang zu; endlich werden sie auch wüthend, gehen ans Land und nehmen an dem Kampfe Antheil. Steller hat bisweilen eine ganze Heerde gegen einander in Harnisch gebracht. Er warf einem Seebäre die Augen aus; machte sodann vier bis fünf der andern mit Steinen böse, die er auf sie warf, in welche sie, wie die Hunde, zu beissen pflegen. Wenn sie nun auf ihn losgiengen, floh er zu dem geblendeten. Dieser, welcher jene für seine Feinde ansah, griff sie an, und ward dagegen von allen als ein gemeinschaftlicher Feind angefallen, zu Lande und im Wasser verfolgt und so lange zerfleischt, bis er keine Kraft mehr hatte, Widerstand zu thun, und unter beständigem Seufzen den Geist aufgab; worauf er den hungrigen Blaufüchsen zur Beute wurde, die oft schon anfingen, sich von seinem Fleische zu sättigen, indem er noch lag und schnaubte.

Im Alter wird der Seebär von seinen Weibern verlassen und bringt seine übrige Lebenszeit ohne sie, meistentheils mit Fasten und Schlafen

zu, pflegt aber dennoch sehr fett zu seyn.. Dergleichen alte Thiere sind
immer die ersten im Zuge, und man kann sie vom weiten spüren, denn
sie stinken unerträglich. Eben diese sind grimmiger und unbändiger, als
alle übrige. Sie setzen sich nicht nur gleich zur Wehre, wenn man sie angreift, sondern fallen selbst Menschen an, und sterben lieber, als daß sie
einen Fuß breit von der Stelle wichen. Dieß würde ihnen auch, wie
Steller sagt, sehr übel bekommen; denn die übrigen wenden sich gegen
den Flüchtling und zerfleischen ihn. Die jüngern Seebäre scheinen weniger beherzt zu seyn; besonders sind die Weibchen furchtsam. Steller
versichert, gesehen zu haben, daß ganze Heerden die Flucht nahmen,
wenn man anfing, mit dem Munde zu pfeifen. Die Weibchen flie-
hen am ersten. Auch kann man Heerden von vielen Tausenden dieser Thiere in die See jagen, wenn man zu einer Zeit, da sie recht
sicher sind, unversehens und mit starkem Geschrey auf sie los gehet.
Wenn sie aber selbige erreicht haben: so schwimmen sie neben ihren Verfolgern hin, so lange sie solche auf dem Ufer erblicken, und werden nicht
müde sie zu betrachten.

Die Seehunde und Meerottern haben eine große Furcht vor den Seebären, welche sie nicht unter sich dulden. Allein diese fürchten sich wieder
vor den Seelöwen, welche haufenweise unter ihnen angetroffen werden, und
sie fangen nicht leicht in ihrer Gegenwart Streit an, worin sich diese, zum
Nachtheil der Seebäre, zu mischen pflegen.

Der Laut des Seebären ist von vielerley Art. Wenn er ruhig
auf dem Lande liegt: so ist seine Stimme von dem Blöken einer Kuh
nicht zu unterscheiden, der man das Kalb genommen hat. Beym Streite
brummt er wie ein Bär. Nach erhaltenem Siege girret er wie die Hei-
men. Hat er aber den kürzern gezogen, so zischt er wie eine Katze oder
Meerotter.

Der Fang dieses Thieres geschieht gewöhnlich mit der Harpune,
womit es von den Kamtschadalen aus dem Boote geworfen wird. An
die Harpune ist ein Seil befestigt, dessen anderes Ende sie in dem Boote
behalten. Das verwundete Thier fliehet so schnell, als ein Pfeil,
und reisset das Boot eben so geschwind mit fort, welches bei dieser Ge-

legenheit nicht selten umgeworfen wird. Nachdem sich das Thier verblutet hat, ziehen sie es nach sich und tödten es vollends. Mit Schlägen sind die Seebäre schwer zu erlegen. Wenn gleich der Hirnschädel in kleine Stücke zerschlagen und das Gehirn zum Theil ausgelaufen ist, so stehen sie dennoch und wehren sich. Steller zerschlug einsmals einem den Hirnschädel und stach ihm die Augen aus; er blieb aber dennoch noch über vierzehn Tage auf einer Stelle lebendig und wie eine Bildsäule unbeweglich stehen.

Die Fetthaut dieser Thiere ist am Leibe bis vier Zoll dick und überaus weiß. Das Fett ist nicht so flüssig, wie der Seehunde ihres; sondern muß ausgebraten werden. Von alten Thieren gerinnt es mit dem Erkalten, und wird dem Schweinespecke ähnlich; das von jungen aber behält seine Flüssigkeit. Das Fett und Fleisch der alten Thiere schmeckt nach weißer Nieswurzel d) und erweckt Eckel und Erbrechen; der Weibchen ihres hingegen sehr angenehm, fast wie Lammfleisch. Nur wird das Fett bald ranzig. Die Jungen haben, gebraten, fast den Geschmack der Spanferkel.

Die Felle werden zum Beschlagen der Koffer, wie die Seehundsfelle, gebraucht. Die Kamtschadalen besohlen damit ihre großen hölzernen Schneeschuhe, so, daß die Haare hinterwärts stehen. Die sibirischen Bauern fassen ihre Pelzröcke damit ein. Die Felle der aus der Mutter geschnittenen Jungen werden unter die Kleider gefüttert und theuer bezahlt.

Alle diese Nachrichten und die Kenntniß des ganzen Thieres haben wir den Beobachtungen des unermüdeten Stellers zu danken, welche derselbe auf der Beringsinsel gemacht hat. Er hält sich zwar selbst nicht für denjenigen, der den Seebär entdeckt hatte, sondern schreibt solches dem Dampier zu, von welchem selbiger bei der Insel Juan Fernandez im südlichen Theile des stillen Meeres zuerst soll gesehen worden seyn. Allein ich finde im Dampier keine Beschreibung, die den Seebär anzeigen könnte; und bei andern Reisenden, welche diese Insel besucht haben, zeigt sich eben so wenig eine Spur, daß ihnen daselbst einer vorgekommen wäre. Folglich kann ich nicht umhin, ihm hierinn zu widersprechen und seinen Verdiensten Gerechtigkeit widerfahren zu lassen.

2. Der

d) Veratrum.

2.
Der glatte Seelöwe.
Tab. LXXXIII A.

Phoca leonina; Phoca capite antice cristato. LINN. *syst. p.* 55.

Lion marin. DAMP. *voy.* I. *p.* 118. ANSON. *voy. p.* 100. *t.* 100.

Seelöwe. A. H. d. N. XII. Th. S. 139. *tab.* 11. aus dem Anson.

Leonine seal. PENN. *syn. n.* 272. *p.* 348.

Loup marin. PERNETTY *voy.* 2. *p.* 40. *tab.* 11. *fig.* I.

Sea lion. Bey den englischen Seeleuten.

Das Männchen dieser Gattung hat einen Kamm auf der Nase, welcher selbige von allen übrigen unterscheidet. Dieser Kamm ist nichts anders als die aufgeblasene Haut der Nase, welche sich bisweilen erhebt, fünf bis sechs Zoll über die gespaltene Oberlippe herunter hängt, und eine Art von Rüssel vorstellet. Zu anderer Zeit setzt sie sich wieder *a*). Das Weibchen ist mit diesem Kamme nicht versehen. *b*).

Die Haut der Männchen sowohl als Weibchen ist mit kurzen Haaren von hellbrauner Farbe bewachsen *c*). Diejenige, welche die Füsse bedecket und die Zehen mit einander verbindet, siehet schwärzlich. Diese haben deutliche Klauen *d*).

Die Länge eines der kleinsten Thiere von dieser Gattung beträgt, nach dem Dom Pernetty, zwischen fünfzehn und sechszehn französische Fuß *e*). Der Verfasser von des Lord Ansons Reise setzt solche zwischen zwölf und zwanzig Schuhe englisches Maaßes. Eben derselbe gibt die Weibchen viel kleiner an, als die Männchen; worin ihm Dom Pernetty widerspricht, und die kleinern Thiere für eine besondere Gattung hält *f*).

a) Pernetty S. 43.
b) Anson.
c) Dom Pernetty beschreibt S. 38. das Haar dieser Thiere bräunlich wie das Haar einer Hirschkuh, und kurz, wie Kühhaar. S. 46. sagt er, die meisten hätten Haare von eben der Farbe, wie

das (vermuthlich lange) Biberhaar; doch gäbe es auch bräunliche, und ganz weisse darunter.

d) Ebendas. S. 44.

e) Ebendas. S. 38.

f) S. 38. *tab. VIII. fig.* 1.

Q q

Diese Seelöwen gehören der südlichen Hälfte unserer Erdkugel zu, wo sie sich in der Nachbarschaft von Amerika häufig zeigen. Sie sind zuerst bey der Insel Juan Fernandez von Dampier gesehen worden, welcher ohne Zweifel diese, und nicht die folgende Art meinet, da er sie vom Haar wie die Seekälber, d. i. kurzhaarig beschreibt. Auch hat sie Woos des Rogers g) daselbst und bey der Insel der Seewölfe h) angetroffen. Wiederum bey Juan Fernandez bemerkten sie die Gefährten des Lord An son. Commodore Byron i) und Dom Pernetty sahen sie dis seits Amerika um die Falklandsinseln k), Capitain Cook in der Straße le Maire und auf der östlichen Küste von Neuseeland l).

Nach den Berichten des Rogers und des Verfassers der Reisebe schreibung des Lord Ansons, kommen sie im Winter, und zwar gegen das Ende des Junius, auf die Insel Juan Fernandez, und die Weibchen werfen daselbst am Lande, etwa einen Flintenschuß weit vom Meere. Je des bringt auf einmal zwey Junge zur Welt, die einem erwachsenen See hunde an Größe beykommen. Dort bleiben sie bis in den September im mer auf einem Flecke, und man siehet sie keine Nahrung zu sich nehmen. Doch glaubt man, sie nähren sich, wenn sie am Lande sind, von Ge wächsen. Sie schlafen zwar fest, werden aber bald munter, wenn man sich ihnen nähert. Deswegen bildeten sich des Lord Ansons Gefährten ein, sie stellten einige Männchen als Wachen aus. Die Männchen käm pfen öfters mit einander, insonderheit wegen der Weibchen, und bringen einander viele Wunden bey, wovon man an den meisten die Narben siehet. Die Weibchen haben eine große Liebe zu ihren Jungen. Eines verwundete einen Matrosen von des Lord Ansons Geschwader tödtlich, als er seinem geschlachteten Jungen die Haut abzog m).

g) *Voy. autour du monde tom.* 207. 223.

h) Lobos del mare.

i) Hawksworths Seereise I. Theil. S. 49.

k) S. 38.

l) Hawksworths Gesch. der Entd. in der Südsee Th. II. S. 60. und 382.

m) Rogers a. a. O. Anson A. H. d. R. XII. Th. S. 139. 140.

Auf den Falklandsinseln haben sie ihren Aufenthalt in dem dortigen starken, aus einer Art Schwertel bestehenden Röhrig, wo sie meistens die Nacht und einen Theil des Tages auf den trocknen Schwertelblättern schlafend zubringen. Gemeiniglich liegen ihrer zwey bis drey beysammen. Wenn sie im Meere sind, so stecken sie bisweilen den Kopf und einen Theil des Halses aus dem Wasser heraus, und bleiben in dieser Stellung eine Zeit lang, als wenn sie sehen wollten, was vorginge. Kopf und Hals können sie mit ungemeiner Geschwindigkeit von einer Seite zur andern drehen. Ihr Gang ist zwar schleppend, aber doch im Verhältniß ihrer Schwere hurtig genug. Wenn sie sich auf dem Lande befinden und jemand auf sich zu kommen sehen: so richten sie sich auf die Vorderfüße, nehmen die in der Figur ausgedrückte Stellung an und öffnen den Rachen, welcher so groß ist, daß eine Kugel von einem Fuß im Durchschnitt bequem hineingehet. Zugleich blasen sie den Kamm auf und brüllen. Uebrigens sind sie träge, und rühren sich nicht von ihren Lagern, wenn gleich neben ihnen welche todt geschossen werden. Sie fressen Gras, Fische und andere Thiere, wenn sie sie haben können; einer verschlang einmal einen über dritthalb Fuß langen Penguin.

Ihre Stimme ist mannigfaltig. Sie brüllen wie die Löwen, brummen wie die Ochsen, grunzen wie die Schweine, oder geben einen tiefen Ton, wie die hölzernen Baßpfeifen einer Orgel, von sich. Die Jungen blöcken wie die Kälber oder Lämmer. Mit einem Worte, man scheint eine Menge ganz verschiedener Thiere zu hören, wenn man unter eine Heerde dieser Seelöwen kömmt n).

Sie sind sehr fett: so fett, daß die Haut hin und her schwanket, wenn sie sich bewegen. Des Lord Ansons Leute haben ohngefähr fünf hundert pariser Pinten Thran aus einem großen erhalten, und die Franzosen auf den Falklandsinseln noch mehr; ja Dom Pernetty glaubt, daß sie zu der Zeit, wenn sie recht fett sind, bis neunhundert geben können. Der Thran wird am Feuer oder an der Sonne ausgelassen, und ist frisch eßbar o). Das Fleisch ist grob. Die Häute können zu Ueberzügen der

Q q 2

n) Pernetty S. 41. u. f.   o) S. 46. 50.

Reisesäcke und Koffer, und gegerbt zu Schuhmacherarbeit gebraucht werden. Man kann sie durch Schläge auf den Kopf tödten p).

3.
Der zottige Seelöwe.
Tab. LXXXIII. B.

Leo marinus, Seelöwe. STELLER *nov. act. Petrop. tom.* 2. *p.* 360. Hamb. Magaz. XI. B. S. 37.

Lion marin. PERNETTY *voy. tom.* 2. *p.* 47. *tab.* 10.

Siwutscha, Sjutscha, Kurilisch.

Dieses Thier unterscheidet sich von den beyden vorigen durch die langen krausen Haare, welche das Männchen im Nacken und an den Halse hat *a*), und dadurch eine größere Aehnlichkeit mit dem Männchen des Löwen erhält, als man an der vorigen Gattung gewahr wird. Den Weibchen fehlen diese Haare *b*).

Der Kopf ist verhältnißmäßig größer, als des Seebären seiner; die Nase mehr gestreckt und etwas aufwärts gebogen; die Zähne viermal so lang und breit, als am Seebär, sonst aber diesem ähnlich. Unter den Augenliedern befindet sich eine Blinzhaut. Die Ohren sind kurz und aufgerichtet *c*).

Die Farbe der Haare gleicht derjenigen, welche man an den Kühen roth nennet. Alte Thiere sehen blässer *d*), junge dunkler; die Weibchen lebhafter, fast ockerfarbig; die Jungen castanienbraun, manche fast schwärzlich *e*).

Dieß Thier ist noch einmal so schwer, als das vorige, und wiegt 36 bis 40 russische Pud *f*). Die Länge setzt Dom Pernetty auf fünf

p) S. 49.

a) Dom Pernetty beschreibt sie so lang als Ziegenhaar S. 47.

b) Steller.

c) Steller.

d) Ganz abgelebte Thiere werden grau um den Kopf.

e) Ebenders.

f) Ebenders.

und zwanzig, und den **größten** Umfang auf neunzehn bis zwanzig Fuß *f*).

Es hat seinen Aufenthalt in dem nördlichen Theile des stillen Meeres, an der westlichen Küste von Amerika, der östlichen von Kamtschatka, und vornehmlich um die Inseln, die zwischen beyden Küsten unter dem 56ten Grade der Breite liegen; ingleichen um die kurilischen, **fast bis an die** Insel Matmej *g*). Jenseits der Linie findet man es **an der östlichen Küste** von Patagonien *h*) und den Falklandsinseln *i*): denn, allem Ansehen nach, ist der Seelöwe des Dom Pernetty von dem Stellerischen **nicht unterschieden**, wie es der Dampierische, die vorhergehende Gattung, ist, den **Steller** ohne Grund damit **verwechselt**.

Den Beobachtungen zu Folge, welche von Stellern, während seines Aufenthaltes auf der Beringsinsel, an diesen zottigten Seelöwen angestellet worden, findet man sie zu allen Jahreszeiten an gewissen felsigten und steilen Stellen auf der Küste dieser Insel. Jedoch kommen jährlich auch andere zu Anfange des Frühlings mit den Seebären dahin und in die Gegend. Dort bringen sie die Monate Junius, Julius und August zu, um auszuruhen, ihre Jungen zu werfen, zu erziehen und sich zu begatten. Dann ziehen sie wieder südwärts.

Sie stehen, schwimmen, liegen und gehen wie die Seebäre. Mit den Hinterbeinen pflegen sie sich öfters den Kopf zu kratzen.

Ein Männchen hat zwey, drey bis vier Weiber. Diese werfen zu Anfange des Julius, jedes ein einziges Junges, auf dem festen Lande *k*), und nähren es daselbst mit ihrer Milch. Sie paaren sich wie die Seebäre. Dieß geschieht im August und September; mithin ist es glaublich, daß sie über neun Monate trächtig gehen. Die Männchen halten ihre Weibchen sehr werth, keinesweges so hart als die Seebäre; lassen sich gern von ihnen liebkosen, und erwiedern solches mit noch häufigern Schmeicheleyen.

f) S. 47.
g) Steller. S. 365.
h) *Hist. des navigations aux terres australes tom. I. p.* 221.

i) Pernetty. Hawksworth.
k) Auf den Falklandsinseln geschieht dieses in dem Röhrig, wo sie ihr Lager haben. P.

Vater und Mutter machen sich nicht viel aus den Jungen. Sie drücken sie oft im Schlafe todt, fragen auch nichts darnach, wenn sie in ihrem Beyseyn geschlachtet werden. Die Jungen haben nicht die Munterkeit der jungen Seebäre, sondern schlafen fast beständig. Sie können nicht schwimmen, so lange sie klein sind, sondern plätschern nur, wenn man sie ins Wasser wirft, und eilen daß sie wieder an das Land kommen. Abends gehet die Mutter mit ihnen in die See; sie nehmen ihre Zuflucht auf den Rücken derselben, wenn sie müde sind; die Mutter aber kehrt sich bisweilen um und wirft sie herunter, daß sie schwimmen müssen *l*).

Eben so heftig, wie die Seebäre, streiten sie um den Platz und um die Weiber. Dem Menschen weichen sie aus, wenn sie können, schon so bald sie ihn von ferne erblicken *m*). Wenn man sie aus dem tiefen Schlafe aufweckt, so erschrecken sie so sehr, daß sie für Zittern kaum fort können, und seufzen dabey zum öftern sehr tief. Treibt man sie aber in die Enge, so vertheidigen sie sich mit der äussersten Wuth und mit großem Gebrülle und Gebrumme. Indessen lernen sie sich nach und nach an den Menschen gewöhnen, insonderheit zu der Zeit, da die Jungen noch nicht fertig schwimmen können; so daß man unter ihnen herumgehen und seine Geschäfte verrichten kann.

Ihre Nahrung bestehet in Fischen und Seehunden, vielleicht auch Seebibern, Seevögeln, die sie mit List fangen *n*), und andern Meerthieren.

Die Alten fressen im Junius und Julius ungemein wenig, sondern bringen ihre Zeit schlafend zu; wobey sie sehr mager werden.

Sie brüllen wie die Ochsen; die Jungen blöcken wie die Schaafe.

Die alten abgelebten Männchen geben einen Geruch von sich, der aber nicht so stark und widrig ist, als der von den Seebären.

Das Fett und Fleisch schmeckt süßlich und angenehm. Beydes essen die Kamtschadalen gerne. Jenes ist derber als an den Seehunden, und

---

l) Abends kommen sie heerdenweise an das Ufer und rufen ihre Mütter mit einer Stimme, die dem Blöcken der Käl- und Lämmer ganz ähnlich ist. Pernetty S. 49.

m) Eben das sagt Dom Pernetty von denen auf den Falklandsinseln S. 49.

n) Pernetty S. 49.

3. Der zottige Seelöwe. Phoca jubata.

dem Seebärenfette nicht ungleich. Insonderheit hat das Fett der Jungen einen guten Geschmack.

Aus der Haut verfertigen die Kamtschadalen Schuhe und Stiefeln, auch Sohlen und Riemen dazu. Die Gedärme liefern den Einwohnern der Inseln hinter **Kamtschatka** Oberkleider o). Andere Wilde nähen mit den Sehnen p).

Die Kamtschadalen stechen diesem Seelöwen, wenn er am Lande ruhet oder schläft, mit einem eisernen oder knöchernen Spiesse, der von dem Schafte abgehet und an einem aus der Haut des Thieres geschnittenen Riemen fest sitzt, zwischen den Vorderbeinen, und erlegen ihn hernach mit Spiessen oder Keulen. Auch pflegen sie ihn mit vergifteten Pfeilen zu tödten. Zur See greifen sie ihn, der Gefahr wegen, niemals an. Um eben dieser Ursache willen wird ein muthiger Seelöwenjäger bey ihnen für einen Helden, und der Fang des Seelöwen für eine ritterliche Uebung gehalten.

4.
Der gemeine Seehund.
Tab. LXXXIV.

Phoca vitulina; Phoca capite laevi **inauriculato.** LINN. *syst. p.* 56. *Faun. Suec.* 4. *p.* 2. GRONOV. *zooph.* 28.

Phoca. GESN. *aqu. p.* 830. IONST. *pisc. p.* 44. WORM. *mus. p.* 289. RAI. *quadr. p.* 189. KULMUS *act. Ac. Nat. Cur. vol.* I. *p.* 9. *tab.* I. BRISS. *quadr. p.* 162. GARSAULT. *ic. tab.* 724.

Phoca oceanica. STELLER *nov. comm. Petrop. tom.* 2. 290. Beschreib. von Kamtschatka S. 108.

Phoque. BUFF. 13. *p.* 333. *tab.* 45.

Vitulus maris oceani. ROND. *pisc. p.* 458.

o) Büschings wöchentliche Nachrichten 2 J. S. 63.   p) S. 68.

Veau marin, ou loup de mer. BELON poiss. p. 25. fig. 26.
  Mém. de l'Acad. de Paris tom. 3. part. 1. p. 189. tab. 28.
Seal. Phil. tr. vol. 47. p. 120. tab. 6. fig. 3. PENN. br. zool.
  1. p. 71. tab. 48.
Common seal. PENN. syn. 265. p. 339.
Landselur. Worselur. Olaffen Reise durch Island S. 31. 2c. t. 32.
Skäl. LINN. Gothl. Reise S. 270. Westg. Reise S. 191.
Wikare - siäl. Kneif in den Abhandl. der Kön. Schwed. Akademie
  der Wissenschaften Th. 19. S. 171.
Kassigiak. Cranz Historie von Grönland Th. 1. S. 163.
Seehund. Martens Beschr. von Spitzbergen S. 75. tab. P. fig. a.
Meerkalb. Knorrs Naturaliencabinet II. Th. S. 64. tab. H. VIII.
Alg wird in Oesterbottn das Männchen, Lagg das Weibchen, und
  Kut das Junge genennet.

Der Kopf ist dick. Die Ohren fehlen gänzlich, wie auch den nächstfolgenden Arten. Die Farbe ist dunkelbraun und weißlich gesprengt; auf dem Rücken hat die braune Farbe die Oberhand, auf dem Bauche die weißliche. Je älter das Thier wird, desto größer werden die braunen Flecke, so daß einige wie die Tigerfelle aussehen a). Die Füße sind oben und unten haarig. Die Zehen der vordern von ungleicher Länge; die vorderste ist die längste, die folgenden nehmen stufenweise ab, und die hinterste ist die kürzeste. An den Hinterfüßen sind die beyden äussersten länger als die mittlern, und unter diesen die mittelste die kleinste b). Eben so sehen die Füße auch an den folgenden Gattungen aus. Ein ausgewachsener Seehund von dieser Art ist fünf bis sechs Fuß lang c).

Man findet dieß Thier besonders in den nordischen Gewässern, um Spitzbergen, Grönland, Labrador, bey Norwegen und Rußland, in dem
Eis-

a) Martens. Pennant. Cranz.   mus a. a. O.
b) Linn. Westg. Reise a. a. O. Kul-   c) Cranz.

Eismeere, und an der nordöstlichen Küste **von** Asien in größter Menge;
ferner in der Ostsee; **an** den Küsten von Teutschland, Holland, Frankreich, Großbrittannien; **an** der östlichen **Küste** von America, nicht nur
bis zum 21 Grad der Breite, wie Dampier sagt d), sondern auch bey
Surinam e). Gegen den Südpol hin, um die Falklandsinseln f), die
äussersten Inseln von America g) und bei Neuseeland h) sind Seehunde
gesehen worden. Ob sie aber von dieser oder einer andern Gattung waren, ist noch nicht bekannt. Im Sommer sind sie gern auf dem
Lande, oder in den Eismeeren auf dem Eise, und bringen den größten
Theil auf Klippen, die aus der See hervor ragen, oder Eisschollen, an
der Sonne schlafend zu. Die Nase ist allemal nach der See hinaus
gerichtet i). Im Winter sind sie öfter in der See. Weil sie aber
nicht unter dem Eise leben können, ohne Luftlöcher zum Othemholen
und zur Passage zu haben; so machen sie sich dergleichen, wie man sagt,
vermittelst des Othems; und zwar jene unten weit, oben aber ganz enge,
so daß sie nur den Kopf, oder auch blos die Nase herausstecken können;
diejenigen aber, durch welche sie auf das Eis und wieder herunter steigen, weiter. Solche Löcher können sie durch das dickste Eis machen,
wenn sie unter demselben sind; keineswegs aber von oben herunter, wenn
dasselbe auch noch so dünne ist k). Sie halten sich auch gern in Hölen
an den Küsten auf, in welche die See hinein gehet l).

Man findet nicht, daß diese Art Seehunde ordentliche und gewisse
Züge vornimmt. Ihrem Futter gehen sie aber weit nach, und begeben sich
um deswillen oft auf den Flüssen landeinwärts. So hat man vor nicht
gar langer Zeit einen aus der Nordsee gekommenen in der Elbe gefangen.
In der Ostsee will man bemerkt haben, daß sie im Frühjahre dem Eise
nachzuziehen pflegten, um sich das ausfallende Haar daran abzureiben m).

d) DAMPIER *voy. tom. I. p.* 118.
e) Fermin Beschr. von Surinam 2 Th.
S. 107. Die Länge setzt der Herr Doctor
nur auf vier Fuß; die Farbe ist grau mit
braunen Flecken auf dem Rücken, und gelben auf dem Bauche.
f) Hawksworth I. Th. S. 49.

g) Dampier a. a. O.
h) Hawksworth Th. II. S. 278.
i) Linn. Gothl. Reise S. 184.
k) Linn. Kneif.
l) Debes. Penn. zool. 1. S. 74.
m) Kneif S. 173.

Im Schwimmen tragen sie den Kopf meistens über dem Wasser empor n).

Ihr Schlaf ist fest, sie wachen aber oft auf und sehen sich mit aufgerichteten Halse um o). Man hat sie auch fern vom Lande in der See schwimmend schlafen gesehen p).

Ihre Begattung ist an keine gewisse Zeit gebunden. Doch fallen die Jungen mehrentheils im Winter und zu Anfange des Frühlings q). Sie bringen eins auf einmal r), welches sie auf dem Sande, auf einem Steine oder dem Eise, am liebsten in einer unbewohnten Gegend werfen. Ihre Jungen säugen sie ohngefähr vierzehn Tage lang, sizend s), oder wie man auch bemerkt haben will, in der See stehend t). Jedes Weibchen weiß die seinigen von allen übrigen zu unterscheiden. An den zwey Eutern kann es die Säugwarzen nach Gefallen einziehen und ausstrecken u).

Die Jungen bringen lange weisse oder schön gelbliche Haare mit auf die Welt. Diese fallen nach vier Wochen, und zwar zuerst auf dem Kopfe und an den Hinterbeinen, aus. Hernach bekommen sie ihre oben beschriebene Farbe; mit zunehmenden Jahren werden sie lichter, und zulezt weißgraulich v). Man hat auch, wiewohl selten, ganz weisse Alte gesehen w).

Durch Geschrey, oder den unvermutheten Anblick eines Menschen werden die Seehunde erschreckt und in die Flucht getrieben. Unterwegens speyen sie beständig Wasser aus dem Munde, um sich den Weg schlüpfrig zu machen x); und werfen mit den Hinterfüssen Sand, Steine oder Schlamm, nach Beschaffenheit des Grundes, hinter sich hinaus y). Wenn sie aber in die Enge getrieben werden, so thun die Männchen eine verzweifelte Gegenwehr mit ihrem Gebiß und Klauen, und sind

n) Penn. zool. 1. S. 76.
o) Penn.
p) Hawksworth Th. II. S. 278.
q) Kneif S. 172. Olaffen S. 282. Im Herbste Penn. zool. 1. S. 74.
r) Zwey Penn.
s) Dampier 1. p. 117

t) Borlase bey Penn. S. 75.
u) Linn.
v) Olaffen S. 281. 282.
w) Penn. zool. p. 73.
x) Stellers Beschr. von Kamtschatka S. 109.
y) Penn. S. 74. Olaffen S. 285.

vermögend einen Menschen hart zu beschädigen z). Die Weibchen sind furchtsamer, und suchen ihre Rettung in der Flucht a). In der Brunst-zeit sind die Seehunde besonders beissig, und leiden nicht daß man ihnen zu nahe komme b).

Sie streiten auch unter einander, mit heftigem Gebrülle, um die Weibchen und um die zum Aufenthalte bequemen Steine oder Eisschol-len. Von solchen Gefechten rühren die Narben her, welche man nicht selten an ihnen gewahr wird c).

Ihr Laut ist ein heiseres Bellen. Die jungen mauen wie die Kazen d). Wenn sie ihrer Jungen beraubt worden oder gefangen sind, vergiessen sie häufige Thränen e).

Ihre Nahrung bestehet in Fischen. Besonders gehen sie den He-ringen nach, deren Herden sie auf ihren Zügen folgen, und sie vor sich hertreiben f). Sie können aber nur in tiefem Wasser fischen g). Ihr Raub wird ihnen öfters von den Möwen abgejagt h). Wenn sie keine Fische haben, so fressen sie allerley Arten von Tang i).

Die oben k) angezeigte Neugierde, welche besonders dieser Gattung eigen ist, treibt sie an, den Kopf oft aus dem Wasser heraus zu stecken, und zuzusehen was sich bey ihnen zuträgt. Man sagt so gar, daß sie den Bliß, und das Geräusche des Donners lieben, und deswegen bey Gewittern an das Land gehen.

Das Fleisch der Seehunde ist die vornehmste und liebste Speise nicht nur der Grönländer, Eskimos, Kamtschadalen, und anderer Völker in der Nachbarschaft des Nordpols; sondern wird auch auf den Faröern, in Island, Gothland rc. und wurde vormals in Norwegen und England, selbst auf den Tafeln der Vornehmen l), gespeiset. Das von jungen

Rr 2

z) Olaffen a. a. O.
a) Debes.
b) Martens S. 78.
c) Steller S. 109.
d) Martens S. 76. Steller.
e) Martens.

f) Cranz I. Th. S. 120.
g) Penn. S. 75.
h) Linn.
i) Fucus. Olaffen.
k) S. 287.
l) Penn. S. 74.

Thieren hat keinen unangenehmen Geschmack. Der Speck wird zum Schmälzen der Speisen gebraucht, wie Schweinefett gegessen, und zu dem Ende mit Salz oder Tangasche eingesalzet *m*). Noch häufiger wird Thran daraus ausgelassen. Ein Seehund, wenn er am fettesten ist, gibt fünfzig bis sechzig Pfund; im Sommer aber nur die Hälfte. Ein dänisches Pfund vom besten Specke kann einem halben Pott oder Nösel, dänisch **Maaß, Thran geben;** gemeiniglich aber liefern zehn Pfund **nur drey bis vier Pott** *n*). Dieser Thran dienet den Grönländern, Eskimos, Kamtschadalen und andern Einwohnern der kalten Zone zur Unterhaltung ihrer Lampen, womit sie ihr Essen kochen, und im Winter ihre Häuser erleuchten und erwärmen. Mit den Sehnen nähen sie. Aus den Gedärmen machen sie **ihre Fenster und Hemden.** Aus dem Magen die Schläuche, worinn sie **den Thran aufbehalten. Aus den Knochen** haben sie sonst allerley Jagdwerkzeuge verfertiget. **In die Felle kleiden** sie sich, überziehen damit ihre grossen und kleinen Boote, machen Riemen und die Bedeckung ihrer Zelte **daraus u. s. w.** *o*). Die Häute werden, **mit dem Haar** gegerbt, weit und **breit** verführet, und dienen zu Ueberzügen **der Koffer und** Reisetaschen. Auch bereitet man eine **zu Schuhen und** Stiefeln taugliche Art Saffian davon. Die Milch, **welche ungemein** fett und thranigt ist, gibt **geräuchert eine Fettigkeit, die man in Jsland** in den Lampen brennet *p*).

Der Robbenfang geschiehet **auf verschiedene Art. Man schießt sie** mit Feuergewehren *q*), wodurch sie aber verscheucht werden *r*). Der starken Fetthaut halben ist es schwer sie damit zu erlegen, wenn man sie nicht in den Kopf trifft *s*). Man schlägt sie mit Stöcken, die unten ein eisernes Beschläge haben, auf die Nase; wovon sie aber nicht gleich sterben, sondern oft noch lange um sich herum beissen *t*). Man sticht **sie auf oder unter dem Eise, vor ihren Luftlöchern, oder im Schlafe, oder nachdem** man sich ihnen unvermerkt **genähert** *u*). Man wirft sie

m) Linn. Gothl. Reise S. 198. Dlassen S. 260.　　　　*q*) S. 280.
n) Dlassen S. 280.　　　　　　*r*) KALM westgöta resa p. 85.
o) Cranz 1. Theil. S. 171. Steller　　*s*) Steller S. 109.
S. 111.　　　　　　　　　　*t*) Martens S. 76. 78.
p) Dlassen S. 282.　　　　　　*u*) Cranz 1. Th. S. 206. Steller
　　　　　　　　　　　　　　S. 109.

mit Wurfpfeilen oder Harpunen *v*). Man fängt sie in Gruben *w*), oder in Netzen, die man um die Steine auf welchen sie zu liegen *x*), oder vor die Buchten und Meerengen stellet, welche sie zu besuchen pflegen *y*).

Der graue Seehund.

Gra-siäl. LINN. *Faun. succ. l. c.*

Der Herr Archiater von Linne betrachtet diesen Seehund blos als eine Spielart des vorher beschriebenen. Indessen hat er in Gestalt, Farbe und Sitten manches abweichende.

Er hat eine breitere Nase und längere Klauen als jener. Seine Farbe ist meistens dunkelgrau, zuweilen gelblich. Seine Grösse bisweilen etwas über sechs Fuß.

Er wohnet in der Ostsee, aber nicht auf einerley Stellen mit dem vorigen. Er begattet sich um Johannis, und wirft zu Ende des Hornungs auf dem Eise im bottnischen Meerbusen, ein Junges. Dieses ist acht Tage nach der Geburt ganz weiß; nach diesen fallen die Haare zuerst auf dem Kopfe und den Vorderfüßen aus, welche nach vierzehen Tagen schwarzgrau werden. So lange die Jungen noch klein sind, wagen sie sich nicht ins Wasser, sondern rufen, wenn sie hungern, die Mutter durch Blöken unter dem Eise hervor.

Gegen Ende des Märzes, wenn die Jungen herangewachsen, daß sie ihre Nahrung selbst bequem suchen können, ziehet dieser Seehund aus dem bottnischen Meerbusen in die Ostsee hinunter. Er nimmt seinen Weg schnurgerade gegen Süden, und pflegt den Landspitzen oder Klippen, welche er antrifft, nicht auszuweichen, sondern darüber wegzusetzen.

Das Fleisch dieses grauen Seehundes hat einen ranzigtern Geschmack, als das vom gemeinen *a*).

Nr 3

v) Cranz S. 205. Olaffen I. Th. S. 281. Linn. Gothl. Reise S. 300. *w*) Olaffen II. Th. S. 47.

x) Linn. Gothl. R. S. 184. 203. 370. *y*) Olaffen I. Th. S. 284. II. Th. S. 43. Steller S. 110. *a*) Kneif S. 171. u. f.

Der sibirische Seehund.

Die vierte Sorte Seehunde.   Stellers Beschreibung von Kamtschatka
S. 108.

Er ist einfärbig, silberweiß von Haaren, so groß als der gemeine.

Man findet ihn in den beyden sibirischen Landseen Baikal und Oron,
die weit von dem Ocean entfernt sind und mit demselben durch keinen
Fluß Gemeinschaft haben *a*). Ob er von dem gemeinen wesentlich
verschieden sey, ist mir nicht bekannt.

Der caspische Seehund.

Die Seehunde des caspischen Meeres sind von schwarzer, weißlicher,
weißgelblicher, aschgrauer und Mausefarbe, auch getiegert *a*).   An Größe
kommen sie denen in der Ostsee gleich, übertreffen sie aber an Menge
des Fettes *b*).   Ihre Anzahl ist groß.   Das Fleisch wird gegessen *c*),
und der Thran zum Juftenbereiten, auch zu Verfertigung einer Seife
gebraucht, die zur Reinigung des Wollenzeuges und zum Walken un-
vergleichlich seyn soll *d*).   Im Herbste und Frühjahre schlägt man sie
am häufigsten.   Die Schakallen und Wölfe sind ihre Feinde *e*).

Ob und wie ferne diese Seehunde mit den vorigen einerley seyn?
ist noch so wenig gewiß bekannt, als woher sie in das caspische Meer
gekommen.

5.

Der schwarzseitige Seehund *).

Swart-siide.   Egede Nachricht von Grönland *tab.* 6.

Attarsoak.   Cranz Historie von Grönland I. Theil S. 163.

Vadeselur.   Olaffen Reise durch Island I. Th. S. 283. 2 Th. S. 42.

a) Steller a. a. O.   *c*) *e*) Gmelin a. a. O.
a) Gmelins Reise I. Th. S. 246.   *d*) Pallas a. a. O.
b) Pallas Reise I. Th. S. 430.   *) Unsere Kürschner nennen ihn Sattler.

Harp. PENN. *syn. n.* 269. *p.* 242.

Die **andere** Sorte Seehunde. Steller Beſchr. v. Kamtſch. S. 107.

Er hat einen ſpizigern Kopf und dickern Leib. Ein erwachſener iſt meiſt ganz weißgrau, mit einem ſchwarzen Schilde auf dem Rücken, wie zween halbe Monde die mit ihren Spizen gegen einander aufgerichtet ſind. Doch ſind **auch** einige durchaus ſchwärzlich. Dieſer **Seehund** veränꞏdert unter allen ſeine Farbe am meiſten. Er kommt weiß und wollig auf die Welt, wird im erſten Jahre fahlweiß, im andern grau, und erſt im dritten fleckig. Im fünften Jahre iſt er ganz ausgewachſen, und hat ſein vollkommenes Schild. Er wird bis acht Fuß lang *a*).

Man ſiehet dieſe Seehunde um die Küſten von **Jsland, Grönland, Spizbergen, Neuland** und **Labrador.** In **Grönland** ſind ſie **häufiger, als** die gemeinen; halten ſich aber **nicht,** wie dieſe beſtändig daſelbſt auf; ſondern ziehen jährlich **zweymal** weg, und kommen eben ſo oft wieder. Das erſtemal entfernen ſie ſich, wie auch in Jsland angemerkt worden *b*), im **Merz,** und zwar alle mit einander. Ihren Weg nehmen ſie aus der Straße Davis nordwärts. Wohin ſie ziehen, weiß man nicht genau anzugeben; vermuthlich in weit entlegene unbewohnte Gegenden, wo ſie Eis und ruhige Klippen finden, ihre Jungen zu werfen. Diß geſchiehet im April. Mit ſelbigen gehen ſie durch einen hoch in Norꞏden befindlichen Sund, oder durch die noch höher unter dem Pol zu vermuthende offene See, um Grönland herum auf die Oſtſeite des Lanꞏdes, kommen im May nach der nordweſtlichen Küſte von Jsland, und gehen von da weiter an der Oſtküſte von Grönland hinunter, um die ſüdliche Spize herum an die Weſtküſte, wo ſie zu Ende des beſagten Monats, und in nördlicher gelegenen Gegenden zu **Anfange** des Junius, eintreffen. Vermuthlich **ziehen** ſie von beſagter Spize zum **Theil** nach der labradoriſchen **Küſte** hinüber, wo ſie aber 6 bis 8 Wochen ſpäter zum Vorſchein kommen. Bei ihrer Zurückkunft ſind ſie ganz mager. Das zweytemal ziehen ſie von der isländiſchen Küſte vierzehn Tage nach ihrer Rückkehr, von **der** weſtlichen grönländiſchen aber im Julius weg, und kommen im September wieder; nach Jsland hingegen um

a) Cranz. *b*) Olaffen.

Weihnachten.   Vermuthlich gehen sie dann in andern Gegenden ihrer
Nahrung nach; wie sie denn auch nicht alle wegziehen, und sehr fett
wieder kommen *c*).   Auf ihren Zügen schwimmen sie in großen Haufen,
gerade aus und nahe beysammen.   Einer, der gemeiniglich der größte
ist, schwimmt an der Spize, und wird daher in Island der Robbenkönig
genannt *d*).

Der schwarzseitige Seehund gibt den meisten und besten Speck.
Gemeiniglich liefert einer einen Centner, zuweilen bis hundert und vierzig
Pfund.   Die Häute sind unter allen die dicksten und besten, werden von
den Grönländern vorzüglich zu Booten und Zelten gebraucht, sind auch
zu Ueberzügen der Koffer am dienlichsten.   Die Robbenschläger tödten
sie mit Streichen auf die Nase.   In Island harpunirt man sie.

6.

Der rauhe Seehund.

Tab. LXXXVI.

Neitsek. **Cranz** Historie von Grönland I. Th. S. 164. ᴘᴇɴɴ. *syn. n.* **267.**
        p. 341.

Die Haare liegen nicht glatt an, sondern stehen wie Schweinshaare
rauh und bürstig unter einander.   Die Farbe ist fahlweiß, und fällt ins
bräunliche; um die Augen schwärzlich.   An Größe ist er von dem vorhergehenden nicht sehr unterschieden.

Man fängt ihn auf den Küsten von Grönland und Labrador. Von
den Häuten werden daselbst Kleider gemacht, und das Rauhe einwärts
gekehrt *a*).

7.

Die Kläppmüze.

Clapmilts **Egede** Grönl. S. 108. *tab.* 6.   Pontoppidan Naturgeschichte
        von Norwegen 2. Th. S. 237.

c) Cranz I. Th. S. 109. III. Th.   *d*) Olaffen a. a. O.
S. 309.   *a*) Cranz.

Blaudruselur. Olaffen Reife durch Jsland 1 Th. S. 283.

Neitsersoak. Cranz Hiftorie von Grönland. 1 Th. S. 164.

Hooded seal. PENN. syn. n. 268. p. 542.

Diefer Seehund hat ein runzliches Fell, faft wie eine Blafe, auf der Stirne, welches er wie eine Müze über die Augen ziehen kan, um sie bey Stürmen und groffen Wellen gegen die rollenden spizigen Steine und Sand zu verwahren. Zwischen seinen weiffen Haaren befindet sich eine kurze dichte schwarze Wolle, welche dem Felle eine schöne graue Farbe gibt. Er ist viel grösser als der vorhergehende a).

Man fängt ihn an dem südlichen Theile von Grönland b), auf der Westküfte von Jsland c), und um Newfoundland d). Wegen der gedachten Haut ist er schwer zu schlagen.

8.
Der grosse Seehund.

Utselur. Wetrarselur. Olaffen Reife durch Jsland 1 Th. S. 260.

Utsuk. Cranz Hiftorie von Grönland 1 Th S. 165.

Sea calf. PARSONS phil. transact. n. 469. tab. *)

Grand phoque. BUFF. 13. p. 343.

Great seal. PENN, syn. n. 266. p. 541.

Lachtak. STELLER nov. comm. acad. Petropol. tom. 2. p. 290.
Beschreibung von Kamtsch. S. 207.

Das Haar ist schwärzlich a). Er siehet dem gemeinen Seehunde an Farbe nicht ungleich, aber dunkler, und im Alter weisser; ist aber viel grösser b), bis zehen Fuß lang c).

a) b) Cranz.	Kennzeichen dieser Gattung wäre, wenn es
c) Olaffen.	durch mehrere Bemerkungen bestätigt würde.
d) Pennant.	a) Cranz.
*) Parsons gibt diesem Seehunde vier	b) Olaffen I. Th. S. 260, 283.
Säugwarzen, welches ein merkwürdiges	c) Cranz.

Er wird am südlichen Theile von Grönland d), und häufig um Island gefunden.

Das Weibchen wirft ihre Jungen an den Inseln um Island in dem verwelkten Grase, im November und December, drey bis vier Wochen vor Weihnachten. Diejenigen, welche sich näher am Lande aufhalten, werfen ein paar Wochen früher Die Jungen sind anfänglich weiß, und verändern ihre Farbe gleich den übrigen Arten e).

Die Haut ist sehr dick. Die Grönländer schneiden daraus die Riemen zum Seehundsfange.

Bei Island hat man noch eine grosse Seehundsart, welche

Grammselur *Spec. regal.* p. 177. *Olaf Tryggvasons saga p. 263.*

Olaffen Reise durch Island 1 Th. S. 283.

heißt. Sie soll zwölf bis funfzehen isländische Ellen lang werden, lange Haare um den Kopf haben, und sehr selten zu sehen seyn. Ob sie von den Urselur wirklich verschieden sey, ist nicht bekannt.

9.

Der kleine geöhrte Seehund.

Tab. LXXXV.

Petit phoque BUFF. *13. v. 541. tab. 53.*

Little seal. PENN. *syn. n. 270. p. 243.*

Diese Gattung hat eine deutliche Spur von Ohren. Das Haar ist lang, kraus und sehr weich, schwarz auf dem Rücken, auf dem Bauche schwarzbraun. Die Nägel sind sehr klein. Die Fußsohlen kahl. Die Haut zwischen den Zehen ist am Rande tief ausgeschweift.

Die vier mittlern Vorderzähne in der obern Kinnlade endigen sich in zwo Zacken, wovon die eine hinterwärts gekehret ist. Die beyden äussersten sind dünn und ungetheilt. Die beyden mittlern Vorderzähne der untern Kinnlade sind groß, und endigen sich in drey kleine Spizen; die beyden äussern kurz und haben nur eine Spize.

d) Cranz.　　　　　　　　　　　　*e)* Olaffen I. Th. 118. 260. 282.

Die Länge des Thieres beträgt viel über zween Fuß *a*).

Diese Gattung findet sich in den levantischen, und nach dem Herrn Grafen von Büffon, im indischen Meere *b*).

Dem Orte ihres Aufenthaltes nach ist sie wohl unstreitig diejenige, auf welche sich die Stellen der Alten, die von der Phoka handeln, beziehen. Dis bestätigen ein paar Stellen des Aristoteles, der von diesem Thiere sehr genaue und gegründete Berichte *c*) hinterlassen hat; wo er derselben eine Spur von Ohren *d*), und kurze Nägel *e*) zuschreibt. Dis bestätigt auch der Verfasser des Gedichtes auf den Apollo, welches man dem Homer zuschreibt, wenn er die Seehunde des ägeischen Meeres schwarze Phoken *f*) nennet. Wenn also die Meinung derer gegründet ist, die den Thachasch der heiligen Schrift für einen Seehund halten *g*), so waren die Felle des eben genannten Thieres, welche sich mit unter den Decken der Stiftshütte befanden, vermuthlich von keiner andern Gattung, als von unserm kleinen Seehunde.

Außer diesen neun Arten Seehunde gibt es vielleicht noch mehrere, von denen wir keine Kenntniß haben. — Dahin scheinet mir die Bjeluga zu gehören, ein Thier in der Größe eines Ochsen, dem es auch in der Gestalt des Kopfes gleicht. Es hat eine starke Haut, mit weissen glänzenden Haaren, ist in dem ochotischen und kamtschatkischen Meere bis an das tschuktschische Vorgebirge hin, sehr häufig, und verfolgt die Fische, von denen es sich nähret, weit in die Flüsse hinauf Es wird in grossen und starken, aus seiner eigenen Haut verfertigten

S s 2

a) Daubenton.

b) *Tom. XII. p. 341.*

c) Man findet sie beysammen in **CAES. ODONI** Buche: *Aristotelis sparsae de animalibus sententiae Bonon. 1563. p. 142.*

d) Οὐκ ἔχει ὦτα, ἀλλὰ πόρους μόνον. τὸ δὲ τῶν ὤτων μόριον πρόσκειται τοῖς πόροις, πρὸς τὸ σώζειν τὴν τοῦ πόρ-ρωθεν ἀέρος κίνησιν. *De gen. anim. lib. V. c. I. p. 509. ed. WECHEL.*

e) *Hist. anim. lib. II. c. 1. p. 27.*

f) Πουλύποδες δ᾽ ἐν ἐμοὶ auf der Insel Delos) Φαλάρας Φῶκαί τε μέλαιναι Οἰκία ποιήσονται ἀκηδέα — *v. 77. 78.*

g) Fabers Archäologie der Hebr. S 115.

Nezen gefangen. Das Weibchen führet ſeine Jungen, nach Art der übrigen Robben, auf dem Rücken aus, wirft ſie aber in die See, wenn es Gefahr vermerket. Die ſehr ſtarke Haut verarbeitet man zu Riemen. Das Fett iſt nicht thranig, ſondern dem Schweinefette gleich, und wird, wie dieſes verſpeiſet. Auch iſt das Fleiſch, nebſt dem Einge= weide, von gutem Geſchmacke h) — Vielleicht iſt auch der Seeaffe dahin zu rechnen, ein fünf Fuß langes auf dem Rücken graues, auf dem Bauche rothes Seethier, welches Steller an americaniſchen Küſte ſahe, wo es um das Schif ſpielte und viele ergözende Sprünge machte i).

h) Stellers Beſchreibung von Kamtſchatka S. 106. Dis Thier muß mit
dem Fiſche gleiches Namens nicht ver-
wechſelt werden.

i) KRASCHENINNIKOW hist. of
Kamtschatka p. 136.

Dreyzehentes Geschlecht.
Der Hund.

CANIS,

LINN. syst. nat. gen. 12. p. 56.
BRISS. quadr. gen. 35. p. (234.) 169.

DOG.

PENN. quadr. gen. 17. p. 141.

Vorderzähne sind in beyden Kinnladen sechs, von unglei= cher Länge, deren einige an einer oder beyden Seiten oben eine Kerbe haben.

Die Seitenzähne stehen einzeln, die obern in einiger Entfernung von den vordern und Backenzähnen; die untern an jene angeschlossen. Sie sind lang und etwas gekrümmt.

Der Backenzähne sind oben sechs, unten sieben auf jeder Seite. Die vordern dreyeckig, schmal und nur mit einer; die hintersten breit und mit mehrern Spizen versehen.

Die Vorderfüsse haben fünf, die Hinterfüsse vier Zehen, auf welchen diese Thiere gehen. Sie sind unten mit einer kurzen Haut unter einander verbunden. Die beyden mittlern sind einander an Länge gleich, die beyden äussern ebenfalls, diese etwas kürzer als jene. Die fünfte nimmt an den Vorderfüssen den Plaz des Daumen ein, und ist ganz kurz. Die Klauen sind lang, etwas gekrümmt, unbeweglich.

Ss 3

Die Ferſe zeigt ſich höher hinauf am Beine als eine kahle Zehe ohne Klaue.

Der Kopf hat einen flachen vorwärts abhängigen Scheitel, und endigt ſich in eine dünnere Schnauze, deren Spize von den Augen etwas weniges weiter entfernt zu ſeyn pflegt, als dieſe von den Ohren. Der Leib iſt vorn, ſo weit die Bruſt gehet, dicker als hinten.

Alle Hunde ſind im Laufe behend; graben ſich zum Theil in der Erde Wohnungen aus; klettern aber nicht.

Ihre Nahrung iſt das Fleiſch anderer Thiere, welches ſie mit den Zähnen zerreiſſen; im Nothfalle auch vegetabiliſche Speiſe.

Die Weibchen werfen mehrere Junge, und ernähren ſie aus den längs der Bruſt und dem Bauche, in zwo Reihen ſtehenden Säugwarzen, deren auf der Bruſt viere, auf dem Bauche ſechſe zu ſeyn pflegen, wiewohl bisweilen eine fehlet. Das Männhat auf der Bruſt keine

1.

Der Hund.

Tab. LXXXVII.

Canis familiaris: **Canis** cauda (sinistrorsum) recurvata. LINN. *syst. nat.* **p. 57.** *Faun. succ. n. 5. p. 5. Amœn. qcad. 4. p. 45. tab. 1. fig. 1.*

Canis domesticus BRISS. *quadr. p. 170.*

Canis GESN. *quadr. p. 160* ALDR. *dig p. 482.* IONST. *quadr. p. 122.* RAI. *quadr. p. 175.*

Chien BUFF. **5. p. 185.**

Faithfull dog. PENN. *quadr. n. 140. p. 141.*

Κύων, Griechisch. Hund, Schwedisch. Dänisch. Hond, Holländisch. Chien, Französisch. Cane, Italiänisch. Cam, Portugiesisch. Perro, Spanisch. Dog, Englisch. Pes, Russisch. Polnisch.

(1)
Der Schäferhund.

Canis domesticus; Canis auriculis erectis, cauda subtus lanata. LINN. *syst. p. 57. var.* α. *Amœn. l. c. p. 46. n.* I.

Canis οἰκουρός & domesticus s. socius. RAI. *quadr. p. 177. n. 8.*

Shepherd's dog. PENN. *quadr. p. 144. n.* I.

Chien de berger BUFF. *p. 241. tab. 28.*

Die Ohren stehen an dieser Spielart aufgerichtet. Der Schwanz ist ziemlich gerade; unten langhaarig. Die Grösse ungefähr eines Fuchses. Die Farbe schwarz, braun u. s. w.

(2)
Der Spiz.

Chien loup. BUFF. *p. 242. tab. 29.*

Pomeranian dog. PENN. *n.* I. α.

Pommer, in einigen Provinzen Teutschlandes.

Die Ohren stehen aufrecht. Die Schnauze ist länglich, das Haar auf dem Kopfe und an der Schnauze lang, mehrentheils weiß von Farbe. Die Beine von mittelmässiger Länge. Der Schwanz aufwärts stark gebogen. Die Grösse des Fuchses.

(3)
Der sibirische Hund.

Chien de Sibirie. BUFF *p. 242. tab. 30.*

Kosha, in Kamtschatka. Stellers Beschreibung von Kamtschatka S. 182. u. f.

Die Ohren stehen aufrecht. Der Kopf ist auch langhaarig wie der Leib. Sonst kommt er mit dem vorigen überein. Die Farbbe ist mehrentheils schwarz, weiß oder wolfsgrau

(4)
Der isländische Hund.

Chien d'Islande. BUFF. *p. 242. tab. 31.*

Fiaar-hund. (d. i. Viehhund) Olaffen Reise durch Isl. 1 Th. S. 30.

Der Kopf ist groß und rund, die Schnauze klein und spizig. Die Ohren aufrecht, mit hangenden Spizen, der Schwanz gewunden und aufwärts gerichtet, die Beine mittelmäßig hoch und dünne, das Haar, außer an der Schnauze, lang *a*).

(5)
Der Budel.

Canis, aquaticus pilo crispo longo, instar ovis LINN. *var. ε. n. 5.*

Canis sagax ad aquas. ALDR. *dig. p. 556.*

Canis aviarius aquaticus. GESN. *quadr. p. 256.* RAI. *syn. p. 177. n. 6.*

Grand barbet. BUFF. *p. 246. tab. 57.*

Water-dog. PENN. *II. var. z. p. 145.*

Budel. Ridingers Thiere *tab. 18.* Allerley Thiere *tab. 42.*

Jonston *tab. 70.* die untere Figur zur linken.

Dogg, Schwedisch.

Das

---

a) Daubenton. Olaffen 1. Th. S. 30. Man hat in Island noch drey andere Sorten Hunde: Lubbar, welche kraushaarig; Dyr-hundar, welche hochbei-nig und kraushaarig; Dverghundar, die dem Fiaarhundar ähnlich sind, aber einen kurzen gestuzten Schwanz haben. Olaffen.

Das Haar ist am Kopfe und Leibe lang und kraus. Der Kopf rund. Die Schnauze kurz und dick. Die Ohren breit und hängend. Der Leib dick. Der Schwanz fast gerade und horizontal. Die Farbe schwarz, grau, weiß, röthlich ꝛc.

(6)
Der Zwergbudel.

Petit barbet. **BUFF.** *p.* 250. *tab.* 38. *fig.* 2.

Er gleicht dem Budel, ist aber kleiner, die Schnauze kleiner, das Haar an den Ohren überaus lang und meist gerade herunterhängend.

(7)
Der kurzhaarige Bologneser.

Canis melitensis brevioribus pilis. **ALDR.** *dig. p.* 541.

Gredin. **BUFF.** *p.* 247. *tab.* 39. *fig.* 1.

King Charles's dog. **PENN.** *n. III. var. α p.* 145.

Pyrame. **BUFF.** *tab.* 39. *fig.* 2.

Der Kopf ist klein und rundlich, die Schnauze kurz, das Haar lang, vorzüglich an den Ohren, unter dem Halse, der Brust, dem Bauche und der hintern Seite der vier Beine. Der Schwanz aufwärts gekrümmt. Die Farbe schwarz, weiß, schäckig ꝛc.

Man hat diese Sorte von verschiedener Grösse. Diejenige Rasse, welche dem Budel an Statur beikommt, ganz schwarz von Haaren, auch am Gaumen schwarz ist, heißen in England Königs Carls Hunde, weil Carl **II.** sie vor allen andern liebte, und niemals ausging ohne dergleichen bei sich zu haben.

Der sogenannte Pyrame ist klein und hat feuerfarbige Flecke auf schwarzem Grunde.

Tt

(8)
Der Bologneser Hund.

Canis extrarius; Canis auriculis longis lanatis pendulis. LINN. var. x. *n.* 9.

Canis hispanicus auribus demissis. ALDR. *dig. p.* 561. 562.

Epagneul. BUFF. *p.* 246. *tab.* 38. *fig.* 1.

Das Haar ist überhaupt länger als am vorigen, und hat besonders an den angezeigten Theilen eine ungemeine Länge. Die Farbe ist mehrentheils weiß; manchmal schäckig; gemeiniglich an den Ohren schwarze oder braune Flecke.

(9)
Der angorische Hund.

Canis melitaeus; Canis magnitudine sciuri. LINN. *var.* ζ. *n.* 6.

Canis melitensis hirsutus. ALDR. *dig. p.* 542. RAI. *p.* 177. *n.* 9.

Bichon. BUFF. *p.* 257. *tab.* 40. *fig.* 1.

Der Kopf ist rund, die Schnauze dick, die Augen und Ohren unter dem sehr langen Haare versteckt, welches auf dem ganzen Leibe eine solche Länge, wie an einigen Theilen des Bologneser Hundes, und zugleich eine seidenartige Feine hat. Die Beine sind kaum von mittelmässiger Länge. Diese kleinen Hunde stammen aus der an langhaarigen Thieren ergiebigen Gegend um Angora in Kleinasien, her.

(10)
Der Löwenhund.

Chien lion. BUFF. *p.* 251. *tab.* 40. *fig.* 2.

GESN. quadr. *p.* 161. die vorderste Figur.

Das Haar auf dem Kopfe, der Brust, den vier Beinen und an der Spize des Schwanzes ist lang, an dem Leibe und Schwanze aber kurz. Uebrigens kommt er mit dem angorischen Hunde überein.

(11)
Der Harlekin.

Petit danois. buff. *p.* 247. *tab.* 41. *fig.* 1.

Der Kopf ist rund und groß, auf den Scheitel erhaben, die Schnauze klein, gerade und spizig, die Ohren klein und halb hängend, der Leib hinten eingezogen, die Beine dünne. Die Farbe ist mannigfaltig; öfters weiß mit grossen einzelnen, oder kleinen dichten Flecken. Die leztern führen vorzüglich den Namen Harlekins.

(12)
Der Bastartmops.

Roquet. buff. *p.* 253. *tab.* 41. *fig.* 2.

Der Kopf ist klein, der Scheitel erhaben, die Schnauze etwas aufgeworfen, und dicke, die Nase aufgeworfen, die Augen groß und hervorstehend, die Ohren klein und halb hängend, der Leib hinten eingezogen, die Füsse lang und dünne. Die Farbe veränderlich; oft weiß, ohne oder mit Flecken. Eine Bastartart von 11. und 13.

(13)
Der Mops.

Canis fricator; Canis naso resimo, auribus pendulis; corpore quadrato
 linn. *var. η. n.* 7.

Doguin. buff. *p.* 252. *tab.* 44.

Pug-dog. penn. *p.* 147. *n.* V. *β.*

Dogue d'Allemagne. Mopse, französisch.

Er hat einen platten Kopf, eine kurze zwischen den Augen eingedrückte Schnauze, aufgeworfene breite Nase, kurze Lippen; einen kurzen dicken Leib, aufwärts zusammengerollten Schwanz, hängende Ohren. Das Haar ist kurz und mehrentheils erbsfarbig, an der Schnauze schwarz.

Tt 2

(14)
Der Bullenbeißer.

Canis Molossus; Canis magnitudine lupi, labiis ad latera pendulis, corpore toroso. LINN. *var. δ. n.* 43.

Dogue. BUFF. *p.* 249. *tab.* 43.

Bull dog. PENN. *n. V. var. α. p.* 147.

Bärenbeißer. Ridingers Thiere *tab.* 3. allerley Thiere *tab.* 58. 67.

Die Schnauze ist kurz, dick und hoch, die Lippen dick und herunterhängend, die Nase aufgeworfen, die Stirn flach, die Ohren klein und hängend, Hals und Leib dick, die Füsse von mittlerer Länge, aber stark; der Schwanz aufwärts und mit der Spitze vorwärts gebogen. Der ganze Leib pflegt erbsfarbig, zuweilen mit einer grauen oder schwarzen Schattirung, Ohren und Schnauze aber schwarz zu seyn.

(15)
Die englische Dogge.

Canis bellicosus anglicus. ALDR. *dig. p.* 539.

Canis mastivus. RAI. *p.* 176. *n.* 1.

Mastiff. PENN. *n. IV. var. δ. p.* 146.

Dogue de forte race. BUFF. *p.* 252. *tab.* 45.

Englische Dogge. Ridingers Thiere *tab.* 1. Ridingers Hunde *tab.* 2. die obersten Figuren.

Die grössere Art der Bärenbeißer ebendas. *tab.* 2. scheinet auch hieher zu gehören.

Der Unterschied bestehet fast blos in der Grösse, worin dieser den Bullenbeißer weit übertrifft. Die Farbe ist mehr abwechselnd.

(16)
Der Jagdhund.

Canis sagax; Canis auriculis pendulis, digito spurio ad tibias posticas. LINN. *var. β. n.* 2.

Der teutsche Jagdhund. Ridingers Thiere *tab.* 5. die 2 Figuren zur Rechten. Ridingers Hunde *tab.* 10.

(17)
Der Parforcehund.

Canis venaticus sagax. RAI. *n.* 4. *p.* 174.

Chien courant. LE BAS *anim. de chasse tab. XI.* BUFF. *p.* 243. *tab.* 32.

Hound. PENN. *n. II. p.* 144.

Der französische und englische Parforcehund. Ridingers Thiere *tab.* 5. die 2 übrigen Figuren; *tab.* 6. Ridingers Hunde *tab.* 8.

(18)
Der Schweißhund.

Ridingers Thiere *tab.* 10.

Canis scoticus sagax. GESN. *quadr. p.* 250. ALDR. *dig. p.* 353.

Blood-hound. PENN. *l. c.*

Canis sanguinarius. RAI. *l. c.*

(19)
Der Leithund.

Ridingers Thiere *tab.* 4. Allerley Thiere *tab.* 69.

Alle diese Hunde haben einen starken Kopf, mit einem deutlichen Kamme auf dem Hinterhaupte. Die Ohren sind breit, und sehr lang. Die Lippen hängen ein wenig herab. Der Leib ist lang und mässig stark. Der Schwanz aufgerichtet und vorwärts gekrümmet. Die Beine fleischig. Die Afterzehen haben Klauen. Die Farbe von N. 16. ist Wolfgrau, schwarz, roth, braun oder gelb; von N. 17. weiß; mit schwarzbraunen oder gelbrothen Flecken,

Tt 3

(20)
Der Hühnerhund.

Canis avicularius; Canis cauda truncata. LINN. *var.* I. *n.* 10.

Canis sagax ad coturnices capiendas, pantherinus. ALDR. *dig.* p. 555.

Canis aviarius seu Hispanicus campestris. RAI. *n.* 5. *p.* 177.

Spaniel. PENN. *n. III. p.* 145.

Braque. BUFF. *p.* 245. *tab.* 33.

Braque de Bengale. BUFF. *l. c. tab.* 34.

Hühnerhund. Ridingers Thiere *tab.* 14.   Allerlei Thiere *tab.* 32. 36. 58. 66. 86.

Rapphöns hund, Schwedisch.

Der Kopf ist dicker, die Schnauze kürzer und stärker, die Ohren kürzer und schmäler, der Schwanz kürzer, fleischigter und gerader als an den vorhergehenden Sorten. Das Haar kurz. Die Farbe ist mehrentheils weiß, mit braunen oder schwärzlichen Flecken; doch hat man auch ganz weisse und ganz braune.

(21)
Der Wasserhund.

Barbet. Ridingers allerley Thiere *tab.* 42.

Er unterscheidet sich vom Hühnerhunde durch die langen rauhen Haare.

(22)
Der dänische Blendling.

Grand danois. BUFF. *p.* 240. *tab.* 26.

Danish dog. PENN. *n. IV. var.* γ. *p.* 146.

Er ist schlanker vom Leibe, auch die Beine dünner und höher. Die Ohren kurz und schmal.

(23)
Der Curshund.

Ridingers Thiere *tab.* 13. Ridingers Hunde *tab.* 12.

Der Kopf ist lang, die Stirne platt, die Schnauze stärker als an dem Windhunde; die Ohren klein und halb hängend. Die Beine lang und fleischig. Der Leib länger und schlanker als am vorigen. Das Haar um den Hals, unter dem Bauche, am Schwanze ꝛc. oft etwas länger als das übrige. Die Farbe verschieden.

(24)
Das grosse irländische Windspiel. (S. tab. LXXX.)

Ridingers Thiere *tab.* 8. Allerley Thiere *tab.* 68.

Canis grajus hibernicus. RAI. *n.* 3. *p.* 176.

Irish greyhound. PENN. *n. IV. var. α. p.* 146.

Die Grösse einer englischen Dogge, und verhältnismässige Stärke unterscheidet es von dem gemeinen Windspiele.

(25)
Das türkische Windspiel.

Ridingers Thiere *tab.* 9.

Canis leporarius turcicus. ALDR. p. 550?

Das etwas krause Haar unterscheidet diese Sorte von der vorigen, welcher sie in der Grösse und Stärke beikommt.

(26)
Der gemeine Windhund.

Canis grajus; Canis magnitudine lupi, trunco curvato, rostro attenuato. LINN. *var. γ. n.* 5.

Canis scoticus venaticus. GESN. *quadr. p.* 249. ALDR. *p.* 545.

Canis venaticus grajus seu graecus, nonnullis scoticus.   ʀᴀɪ. *n.* 2. *p.* 176.

Levrier.   ʙᴜꜰꜰ. *p.* 240. *tab.* 27.

Common grehound.   ᴘᴇɴɴ. *n. IV ß. p.* 146.

Das gemeine Windspiel. Ridingers Thiere *tab.* 7. allerl. Th. *t.* 68.

ɢᴇꜱɴ. *quadr. p.* 161.

Der Kopf ist klein und lang, die Schnauze spizig und etwas gebogen, die Lippen kurz, die Ohren schmal, kurz, halb hängend; der
Hals und Leib lang und mager, insonderheit hinten sehr schlank und
der Rücken daselbst gebogen; die Beine hoch und mager; der Schwanz
dünne und aufwärts gebogen, das Haar kurz. Die gelbliche Farbe,
zuweilen mit dunkelgrauen oder schwarzen Streifen durchzogen, ist die
gewöhnlichste, doch nicht die einzige.

(27)
Der zottige Windhund.

Ridingers Thiere *tab.* 7. Die vordere Figur.

Canis leporarius hirsutus. ᴀʟᴅʀ. *dig. p.* 549.

Das etwas lange und krause Haar unterscheidet ihn von dem vorigen.

(28)
Das kleine Windspiel.

Ridingers Thiere *tab.* 15. allerley Thiere *tab.* 89.

Italian grehound. ᴘᴇɴɴ. *n. IV. ß.* 1. *p.* 146.

Levron. ʙᴜꜰꜰ. *p.* 241.

Blos die Statur macht den Unterschied von N. 25. aus, welche
hier um mehr als die Hälfte niedriger ist.

(29) Der

(29)

Der türkische nackte Hund.

Canis ægyptius; **Canis** nudus absque pilis. LINN. *var.* λ. *n.* I I.

?Canis pilis carens minor. Indian dog. BROWN. *nat. hist. of Ja-*
maica p. 486.

Canis **sine pilis.** ALDR. *pig p. 562.*

Chien turc. BUFF. *p. 248. tab. 42. fig. 1.*

Naked dog. PENN. *n. V. var δ. p. 147.*

Der schlanke hinten sehr dünne Leib, gibt, nebst den **hohen** sehr dün=
nen Füssen, diesen Hunden eine merkliche Aehnlichkeit mit den kleinen
Windspielen; allein der Kopf ist dicker und die Schnauze kürzer, fast
wie an N. I I. Auf dem ganzen Leibe siehet man keine Haare, ausge=
nommen **die Bartborsten.** Die Farbe der Haut ist aschgrau oder schwärz=
lich; man hat sie auch fleischfarbig.

(30)

Der Mezgerhund.

Mâtin. **BUFF. d. 259. tab. 25.**

Er hat einen langen magern Kopf, mittelmässige halb hängende
Ohren, einen schmalen hinten dünnern Leib; fleischige Füsse von mittler
Grösse, einen starken meist geraden horizontalen Schwanz, und glatt
anliegendes Haar, ist mehrentheils schwarz, am Kopf bräunlich gefleckt
und mit dergleichen Extremitäten versehen.

(31)

Der Saufinder

Ridingers Thiere *tab. I I.* Ridingers Hunde *tab. 9.*

In der Gestalt kömmt er mit dem vorhergehenden überein, hat
aber langes rauhes Haar, an Farbe gemeiniglich schwarz.

U u

(32)

Der Saurüden.

Ridingers Thiere *tab. 12.*

Er hat einen starken Kopf mit ziemlich flacher Stirne, eine hinten starke, vorn schmälere Schnauze, einen hinten schmälern Leib, hohe Beine und auf dem ganzen Leibe langes rauhes Haar.

(33)

Der Dachshund.

α Canis Vertagus; Canis pedibus curvatis, trunco longo sæpius variegato. LINN. *var.* ♭. *n. 8.*

Vertagus, a Tumbler RAI. *n.* 7 *p.* 177.

Basset à jambes torses. BUFF. *p.* 245. *tab.* 35. *fig.* 2.

Dachsschlieffer, Dachswürger. Ridingers Thiere *tab. 16.*

β Basset à jambes droites. BUFF. *l. c. tab.* 35. *fig.* 1.

α. β Turnspit. PENN. *n.* I I *var.* γ. *p.* 145.

Hanse, Schwedisch.

Die Beine sind kurz; die vordern meistentheils von der Mitte an auswärts gebogen (α); doch hat man auch Dachshunde mit geraden Beinen (β). Der Kopf ist dick, die Stirne flach, die Schnauze lang und hoch, die Ohren breit und hängend, der Leib im Verhältniß der Füsse lang Das Haar liegt überall glatt an. Die gewöhnliche Farbe der Dachshunde ist schwarz mit gelbbräunlichen Abzeichen. Man findet aber auch braune, weisse, schäckigte u. s. f.

(34)

Der zottige Dachshund.

Er unterscheidet sich von dem gemeinen durch das längere krause Haar.

Alle zu der Gattung des Hundes gehörige Thiere kommen darinn überein, daß sie den Schwanz mehr oder weniger krumm gebogen, mehr oder weniger in der Höhe tragen. Dadurch unterscheiden sie sich ohne Ausnahme von allen andern zum Hundegeschlechte zu rechnenden Gattungen, welche ihn **immer** hängen lassen. Bey den mehresten neigt er sich zugleich nach der **linken** Seite, wie der Herr Archiater von Linné **zu**erst angemerket hat, indessen sind auch viele, die ihn rechts tragen.

Die **übrigen** gemeinschaftlichen Charaktere, sind, wie **sie der** Herr Archiater **von Linné** a) entworfen hat, folgende:

Der Kopf stehet horizontal, fällt von **den Augen** an vorwärts **schmäler** und ist mit kürzeren Haaren bedeckt. **Auf dem** Hinterhaupte fühlet man eine scharfe Erhöhung nach der Länge hin.

Vorderzähne sind in beyden Kinnladen sechse, welche parallel und senkrecht stehen. Die äussersten **in** der obern Kinnlade schliessen nicht **genau** an die innern **an; die** nehmlichen in **der untern** haben ein Zäckchen **auf der** Seite. Die Seitenzähne stehen einzeln, haben eine **koni**sche **Figur** und eine Spize; an Größe übertreffen sie alle übrige; die **in der obern** Kinnlade stehen in einiger Entfernung von den vordern **und Backenzähnen;** die **in der** untern nur von den Backenzähnen. Deren sind **oben auf** jeder **Seite** sechse, unten sieben; **die Kronen sind an den** hintern getheilt.

Die Schnauze ist ohngefähr so lang als der Kopf, von den Augen an bis zum Hinterhaupte; oben gewölbt und vorn stumpf; die Oberlippe geht auf der Seite über die untere herunter, und hat vorn eine geschlossene Spalte; die Unterlippe ist, so weit sie bedeckt ist, kahl, weich, und ausgezackt wie der Kamm einen Hahnes. Die Barthaare stehen in fünf bis sechs Reihen, horizontal, **auf** kleinen Warzen. Am **Kinne** siehet man viele dergleichen kleinere. Die Nase ragt über den Unterkinnbacken hervor, ist chagrinartig **und immer** feucht. Die Nasen**löcher** sind halbrund, und biegen sich mondförmig hinterwärts. Der Augenstern siehet mehrentheils grau, die Pupille schwarz. Eine **kurze**

U u 2

a) Amœn. acad. tom. 4. p. 47.

Blinzhaut befindet sich am innern Augenwinkel. Einzelne Haare, aber keine eigentlichen Wimpern, stehen am Rande insonderheit des obern Augenliedes. Die Ohren sind länglich, bey ihrem Ursprunge **am** obern Rande zurückgeschlagen, am untern auf einer Stelle mit einem dünnen zweytheiligen Knorpel gefüttert. Die Zunge ist glatt, vorn abgerundet, ziem**lich** flach, in der Mitte längshin mit einer Furche gezeichnet. Der Gaumen hat tiefe Querfurchen.

Der Hals ist rund, beinahe so lang **als der Kopf.** Der Leib **fast** rund, hinten dünner.

Die Vorderfüsse **haben** fünf, die hintern **sechs Zehen.**

Der Schwanz ist cylindrisch, fast **so** lang als **die Beine,** haarig.

Warzen, deren jede ein paar lange Borsten **trägt, hat der** Hund im Gesichte sieben:

1. eine über jedem vordern Augenwinkel *b*);

2. eine auf jedem Backen *c*)

3. eine auf jeder Seite hinter den Backenzähnen *d*); und

4. eine (ungepaarte) auf der Kehle *e*).

Näthe sind in den Haaren des Pelzes funfzehen anzutreffen:

1. eine **auf** jeder Seite **hinter** dem kleinern Augenwinkel *f*);

2. eine auf jeder Seite, **die** in einem halben Zirkel um das Ohr herumgehet *g*);

3. eine auf jeder Seite, die von dem Ohre an mit verschiedenen Biegungen an dem Halse herunter bis zu dem obern Ende des Brustbeines gehet, wo sich beyde vereinigen *h*).

b) S. die LXXXIIte **Kupfertafel,** γ.

c) Ebendaselbst, β.

d) Bey α.

e) Diese ist **in der Figur nicht zu sehen.**

f) **Auf** diese **weiset** in besagter **Figur**

der Buchstab *a*.

g) **Auf** diese deutet der Buchstab *b*.

h) Diese zeigt den Buchstab *c* an. Sie sind insgesammt in der Figur gut ausgedrückt.

4. eine die von dem obern Ende des Brustbeins über daſſelbe her=
unter bis zur untern Spize läuft i);

5. eine auf jeder Seite des Bauches, zwiſchen dem Nabel und
den Weichen k);

6. eine überzwerch auf jeder Seite am After l); und

7. eine hinten an jedem Beine, die bis an die Ferſe gehet m).

Dieſe Näthe kann man an kurzhaarigen Hunden am beſten ſehen.
An langhaarigen fallen ſie zwar nicht ſo in die Augen, ſind aber doch
zu erkennen. Da ſie indeſſen bloß dieſer Gattung eigen ſind, ſo geben
ſie ein gutes Merkmal an die Hand, ſelbige von den Wölfen und
Füchſen zu unterſcheiden.

Die unter dieſer Gattung begriffenen Spielarten ſind ſo mannigfaltig, und ſo zahlreich, daß es eine vergebliche Arbeit ſeyn würde, ein
Verzeichniß davon zu unternehmen, das nur einigermaaſſen vollſtändig
heiſſen könnte. Täglich entſtehen neue Spielarten, ſo wie ſich die vorhandenen Raſſen mit einander vermiſchen; und von dieſen arten diejenigen, welche man nicht mit Fleiß erhält, nach und nach aus, ſo daß
ſie ſich zulezt ganz verlieren. Manche, die nicht vor gar langer Zeit
gemein waren, ſind ſchon izo ſo ausgegangen, daß man ſie faſt nur
noch dem Namen nach kennet. Ich habe daher mein Verzeichniß auf
diejenigen Spielarten eingeſchränket, welche in Teutſchland die bekannte-
ſten und gewöhnlichſten ſind.

Noch vergeblicher würde es ſeyn, die Hunderaſſen, welche bey ältern
Schriftſtellern nahmhaft gemacht werden, mit den unſrigen vergleichen
zu wollen. Ich läugne nicht, daß einige von dieſen ſchon in dem Alterthume ihren Urſprung genommen haben; vielmehr finden ſich hiervon
hin und wieder Spuren. Daraus würde man aber nicht richtig ſchlieſſen,
daß die Raſſen der Alten noch unter den izigen alle, oder doch meiſten-

U u 3

---

i) Von dieſer iſt der Anfang nicht zu
ſehen, der größte Theil derſelben aber
zeigt ſich im Umriſſe der Bruſt; der Buchſtab d weiſet auf ihr Ende.

k) Bey e.

l) Der Buchſtab f weiſet auf ihren Ort;
in der Figur aber iſt ſie nicht ausgedrückt.
m) g und h.

theils, anzutreffen wären. Zu geschweigen, daß von jenen zu wenig Nachrichten mehr übrig sind; und alle Kenntnisse, welche man davon haben kan, aus alten Statüen und Gemählden genommen werden müssen, die sich aber zum Unglücke nicht immer mit den schriftlichen Denkmalen vergleichen lassen.

Ich glaube nicht, daß sich Jemand einfallen lassen wird, die verschiedenen Hunderassen könnten wohl Gattungen, nicht Spielarten seyn, weil sie einander zum Theil unähnlicher, als die Füchse den Wölfen, und beyde gewissen Hunden sind, und weil es wirklich von einander abgesonderte Gattungen von Thieren gibt, die mit einander Basiarte erzeugen. Man darf sich, um diesen Zweifel zu heben, nur erinnern, daß die Basiarte differenter Arten unfruchtbar sind, oder doch nach wenig Generationen werden, welches bey den Blendlingen, oder Basiarten der Hunderassen, nicht zutrift. Wollte man einwenden: es könne hier eine Ausnahme von gedachter Regel statt finden, so würden dennoch zwischen den Rassen, bey aller scheinbaren Verschiedenheit, keine wahre Gränzen festgesezt werden können. Auch ist es ganz unerweislich, daß der Schöpfer mehrere der Gestalt nach wesentlich verschiedene Thiere hervorgebracht habe, die sich nachher durch einander vermischt, und in die Gattungen des Hundes zusammen geschmolzen wären. Man weiß ja, wie selbst die Gattung des Menschen durch wirkende Ursachen, die man noch nicht alle zu ergründen vermocht, verändert worden ist. Warum sollte die erste Entstehung der Spielarten des Hundes, und anderer Hausthiere, nicht auch dadurch haben bewirkt werden können?

Eine andere Frage ist: welche Rassen älter, welche neuer, und welche folglich als die Stammrassen anderer anzusehen seyn? Nach dem was ich von den Hunden der Alten gesagt habe, getraue ich mich nicht zu hoffen, daß diese Frage jemals nur zum Theil mit historischer Gewißheit werde beantwortet werden. Wem inzwischen mit Muthmassungen gedient ist: der findet eine nach den Himmelsgegenden geordnete Genealogie der Hunde, welche den Herrn Grafen von Büffon zum Urheber hat, in dessen vortreflicher Historie der Natur n).

n) Tom. V. p. 228. und in der Mar tinischen Uebersezung Th. 2. Tab. 20. Daraus aber in des Herrn Prof. Mül lers Natursystem Th. 1. tab. 12.

Eben so wenig kan man das eigentliche Vaterland des Hundes angeben. Wo man die Hunde an unbewohnten Orten und wild angetroffen
hat, als in Kongo o), am Vorgebirge der guten Hoffnung p), und in
vielen Gegenden von America q), da findet man Spuren, daß sie keinesweges noch in ihrem ursprünglichen Zustande, sondern vielmehr wieder in
denselben versezt gewesen. Der Hund scheint sich schon in den allerälte-
sten Zeiten zu dem Menschen gehalten, und das Joch desselben früher als
andere Thiere angenommen zu haben. Es ist also nicht zu verwundern,
daß man überall, wo Menschen entdeckt worden sind, selbst in den abge-
legensten und abgesondertesten Inseln des Südmeeres, zugleich auch Hunde
angetroffen hat.

Die liebste Nahrung des Hundes ist das Fleisch von allerley Thieren.
Der in den Stand der Wildheit ausgeartete Hund fällt Elefanten, wildes
Rindvieh, Ziegen und anderes Wild an, reisset sie nieder und lebt von
dem frischen sowohl als faulen Wildprete derselben. Das faule Fleisch scheinet er dem frischen fast vorzuziehen. Auch dem artigen Schooshündchen
ist das Aas um desto mehr ein Leckerbissen, je stärker es riecht, wenn es
dazu gelangen kan. Thranigtes Fleisch verschmähen die mehresten Hunde,
und nehmen daher die gebratenen wilden Wasservögel nicht an. Doch
leidet dieses seine Ausnahmen. Die Hunde auf Juan Fernandez haben sich zum beständigen Genusse der Robben angewöhnet, seitdem sie
kein Wild mehr haben r). Die Kamtschatkischen Hunde fressen fast nichts
als Fische s). Ein zahmer Hund nimmt indessen fast alle Speisen an,
deren sich der Mensch bedienet. Die Knochen frißt er mit, und verdauet
sie. Er läßt sich sogar an blosse vegetabilische Speise gewöhnen, und
wird fett davon. Wenn er eine Unverdaulichkeit, oder die Veränderung
des Wetters empfindet, frisset er allerley harte und etwas stachlichte

o) A. H. d. N. V. Th. S. 88. Man
darf nicht zweifeln, daß es wirkliche Hunde
seyn; denn Merolla, von dem diese Nachricht entlehnet ist, sagt ausdrücklich, ihre
Schwänze kehren sich nach dem Rücken zu
in die Höhe, wie bey den Spürhunden.
Sie haben schlanke Leiber, rothe Haare,
gehen heerdenweise und sind den Elefanten,

Löwen, Tigern rc. fürchterliche Feinde.

p) S. 192.

q) S. unten die Nachricht von den
americanischen Hunden.

r) A. H. d. N. IX. S. 517.

s) Stellers Beschreibung von Kamtschatka S. 132.

Grasblätter, insonderheit von der Quecke *t*) und dem deswegen sogenannten Hundsgrase *u*), auch einigen Seggen *v*), um sich durch den mecha-
nischen Reiz derselben ein Brechen zu erregen. Er ist futterneidisch, und
frißt über Vermögen, sobald er einen fremden Hund bey seinem Futter
siehet; lässet sich aber gewöhnen, nicht nur mit seines gleichen, sondern
auch mit Kazen und Vögeln aus einem Geschirre zu fressen. Sein
Getränk ist Wasser, welches er mit ausgestreckter und an der Spize
ungebogener Zunge leckt. Seines Auswurfs entledigt er sich mit einem
merklichen Zwange, am liebsten auf Steine, Holz und andere von Gewächsen entblößte Pläze, und das vermöge eines Naturtriebes, welcher die
Erhaltung der lezteren zum Zwecke hat; denn dieser Unrath, weit entfernt
für die Pflanzen nahrhaft zu seyn, wie der Auswurf von andern Thieren, ist so fressend, daß er alle Gewächse, wenige ausgenommen, tödtet;
ja er zerfrißt, nach Listers Bemerkung, die Schuhsolen, wo man darauf
getreten hat. Nach häufig gefressenen Knochen wird diese Materie ganz
weiß, trocken, bröcklich und geruchlos; dergleichen verschrieb man ehedem
häufig in den Apotheken unter dem ganz etwas anders ankündigenden
Namen des weissen Enzians *w*). Den Harn lassen die Männchen mit
aufgehobenen Hinterbeinen an Wände, Steine ꝛc., am liebsten wo es schon
vorher andre Hunde gethan haben; und wenn mehrere fremde zusammen-
kommen, einer um den andern unbegreiflich oft; wozwischen das oft
wiederholet wird, welches allemal geschicht, wenn zween Hunde einander
zum ersten male sehen *x*).

Die Geschwindigkeit, mit welcher der Hund läuft, ist groß, und
er kan das Laufen lange aushalten. Wenn er warm wird, sperret er das
Maul auf und steckt die Zunge heraus, um sich abzukühlen; aus der
Lunge dünstet er stark aus, sonst schwizt er nicht merklich. Er ruhet auf
den beyden Hinterfüssen sizend; oder auf der Brust liegend, mit auf
die Seite gelegten Hinterschenkeln und gerade vorwärts gestreckten Vorderbeinen, auf welche er den Kopf legt. Zum Schlafe pflegt er sich, an
der Sonne oder sonst in der Wärme, ganz auf die Seite, und alle
viere

---

t) S. meine Beschreibung der Gräser   *v*) Carex.
Th. II. S. 24. *tab.* **26.**   *w*) Album græcum.
u) Ebendas. Th. I. S. 72. *tab.* **8.** *fig.* **2.**   *x*) PHÆDR. *libr.* IV. *fab.* 17.

viere von sich zu strecken. Abends, oder wo es kühler ist, legt er sich, mit gekrümmtem Rücken, in die Runde, so daß er die Beine dicht an den Leib ziehen und die Nase unter die Hinterbeine stecken kan. Ehe er diese Lage annimmt, krazt er mit den Vorderbeinen seine Lagerstätte zu rechte, und gehet einige mal auf derselben in einem engen Kreise herum.

Der Schlaf ist unruhig und mit Träumen vergesellschaftet, welche sich öfters durch allerley Laute verrathen. Er schnarcht im Schlafe, ist aber durch das geringste Geräusch leicht zu erwecken. Beym Erwachen gähnt er.

Wenn die Hündin läufisch wird, welches sich durch den Abgang einiges Blutes äussert, so wird sie von Hunden umringt und verfolgt, welche einander beissen, und von der Hündin gebissen werden, doch ohne sich gegen sie zu vertheidigen. Diese lässet Hunde von allerley Rassen, am liebsten die größten und stärksten, wenn sie auch gleich die häßlichsten wären, zu, und hängt mit ihnen desto länger zusammen, je grösser sie sind. Es gibt aber auch Hündinnen, die, ob sie gleich läufisch sind, doch nie einen Hund zulassen. Die Laufzeit währet gemeiniglich neun bis vierzehen Tage. Sechzig bis drey und sechzig Tage gehet die Hündin trächtig, und bringt auf einen Wurf acht bis zehen Junge, um die sich die Väter nicht weiter bekümmern, als welches niemals geschicht, wo sich die Thiere ohne Unterschied paaren. Die Mutter ist desto sorgfältiger für ihr Wohl. Sie sucht oder bereitet sich vorher einen Ort, wo sie solche werfen und säugen kan, leckt, wärmt und vertheidigt sie, und trägt sie, falls eins von da wegkriecht, oder sie von dannen vertrieben wird, an der Haut des Halses zurück oder weiter. Es ist mir ein Fall bekant, da eine Hündin mehrere in der Fremde geworfene Junge, mit einander, vier teutsche Meilen weit heim getragen hat. Die Jungen fallen bisweilen in Einem Wurfe von mehr als Einer Rasse; man hält dafür, daß die männlichen mehr nach dem Vater, oder vielleicht manchmal nach mehreren Vätern, die weiblichen mehr nach der Mutter arten. Sie kommen blind auf die Welt, und werden erst nach elf Tagen sehend. Im vierten Monat fangen sie an, die Zähne, so sie mit auf die Welt gebracht, zu verlieren Vor Verfluß eines Jahres

X x

haben sie schon ihr volles Wachsthum erreicht, und sind im Stande ihre Art fortzupflanzen.

Der Laut der Hunde ist vielerley. Sie schreyen, wenn sie geschlagen werden. Sie heulen, wenn man sie einsperret; wenn sie andere Hunde heulen hören; einige auch, wenn Musik gemacht wird, oder der Seiger vielmal schlägt. Sie knurren, nachdem man sie erzürnet hat, weisen dabey mit aufgezogenen Lippen die Zähne, und sträuben die Haare auf dem Rücken. Am meisten unterscheidend ist das Bellen der Hunde von den Stimmen anderer Thiere; sie, lassen es hören, so oft ihnen fremde oder widrige Gegenstände vorkommen. In America, auch den heißen Ländern in Afrika, sollen sie dasselbe verlieren y). Dagegen hat man ein Beyspiel, daß ein Hund reden oder vielmehr nur verschiedene Wörter aussprechen gelernt; jedoch nicht ohne Beyhülfe des Herrn, welcher bey manchen mit der Hand an seiner Kehle nachhelfen müssen z).

Das Alter der Hunde erstreckt sich gemeiniglich auf zwölf bis funfzehen Jahre, doch habe ich Hunde gesehen, die über zwanzig alt worden sind.

Diejenige Fähigkeit, welche man bei den Thieren Genie nennen kan, besizt der Hund in vorzüglicher Vollkommenheit, und ist daher vor andern gelehrig. Er kan allerley Gewohnheiten annehmen, die man ihm beyzubringen sich die Mühe geben will; z. E. seine Nothdurft ausser dem Hause zu verrichten; sich zu dem Ende die Thüren selbst zu öffnen; von einem Unbekannten keine Speise anzunehmen u. s. f. Er ist aufgelegt allerley Künste zu lernen, als auf den Hinterfüßen sizen, auf denselben tanzen, herbey holen was man ihm hingeworfen hat, oder was man verlangt, verlorne Sachen suchen und dergleichen. Verschiedene derselben haben ihren Grund in dem vortreflichen Geruche, der den Hunden vorzüglich vor andern Thieren eigen ist. Vermöge dessen weiß der Hund seinen Herrn und dessen Sachen unter vielen tausenden herauszusuchen, und seine Fußtapfen viele Meilen weit, selbst nach dem Verfluß einiger Zeit, zu unterscheiden. Vermöge desselben,

y) BOSMAN. A H. d. R IV. Th.   z) Mém. de l'Acad. des sc. de Paris
S. 251.   1715. p. 5

und zugleich seines scharfen Gesichtes, weiß er den Weg, den er nur einmal gemacht hat, wieder zu finden, selbst wenn er durch Zufälle davon abgebracht und gezwungen wird, Umwege zu nehmen. Vornehmlich aber beruhen sie auf dem Gehorsam und der Treue des Hundes, worin er alle Thiere übertrifft, und wodurch seine Fähigkeiten nach den Absichten des Menschen in Wirksamkeit gesezt werden. Diese treiben ihn an, sich bey dem Wiedersehen seines Herrn frölich zu bezeigen, sich zu freuen, wenn er mitgenommen wird, dem Herrn nachzufolgen, und ob er gleich gemeiniglich vorauszulaufen pflegt, dennoch bey einem Scheidewege stehen zu bleiben, und sich nach dem Herrn umzusehen, auf dessen Wink und Ruf Achtung zu geben, und Folge zu leisten, seiner Züchtigung sich zu unterwerfen und ihn zu vertheidigen, wenn selbiger angegriffen wird. Er weiß wohl, wenn er unrecht gethan hat, und verräth seine Furcht ausser andern Geberden dadurch, daß er den Schwanz zwischen die Hinterbeine ziehet. Gegen fremde Hunde sucht der einheimische allemal eine gewisse Superiorität zu behaupten, welche diese nach Beschaffenheit ihrer Kräfte, entweder anerkennen, oder mit den Zähnen bestreiten. So fällt er auch fremde Personen ohne gegebene Veranlassung an; insonderheit die Bettler, von denen er ein unversöhnlicher Feind ist. Er beißt in den Stein, mit dem man ihn wirft, und läßt sich, wenn er auch noch so wütend anfällt, mehrentheils damit abweisen, wenn man sich bücket, und stellet als ob man nach einem Steine greifen wollte, oder ihm den Hut, oder die gekrümmten Finger ausgesperrt vorhält.

Seit den ältesten Zeiten braucht man die Hunde zur Bewachung der Herden, welche sie gegen die Raubthiere beschützen, und zusammen halten, damit sie sich weder zerstreuen, noch an Orte ausschweifen, die sie nicht berühren dürfen. Man nuzt sie, den Höfen, Häusern, Wagen, Waaren u. s. f. vermittelst ihrer die nöthige Sicherheit zu verschaffen; wo sie nicht nur die bevorstehende Gefahr durch Bellen bekannt machen, sondern sie auch aus allen Kräften abzuwenden suchen, wozu insonderheit die größern Arten mit Nuzen gebraucht werden, die sich dabey als wirkliche reissende Thiere beweisen a).

X x 2

a) In manchen Handelspläzen vertrauet man ihnen die Bewachung der Packhäuser an, als zu Bergen 2c. S. Pontoppidans Naturg. von Norwegen, II. Th. S. 17.

Man bedient sich ihrer ferner zur Jagd, einem Geschäfte, welches, wenigstens bey uns, ohne Hunde nicht würde verrichtet werden können, Da braucht man insonderheit den Leithund zum Aufsuchen der Fehrten des noch in der Freyheit befindlichen Wildes; den Saufinder besonders zu den Sauen; den Schweißhund zum Suchen des Federwildprets, zum Vorstehen vor selbigem; zum Herbeybringen des geschossenen; die Pudel zu gleichem Endzwecke bey den Wasservögeln; die englischen Doggen, die Bärenbeisser, Windhunde, Saurüden und andere Hezhunde zum Hezen auf Bäre, Hirsche, Wölfe, Füchse, Hasen rc, die Jagdhunde, um Hirsche, Rehe, Hasen, Füchse rc. aus den Dickigten und Brüchern heraus zu jagen, damit man solche schiessen oder hezen könne; die Parforcehunde zur Parforcejagd; die Dachshunde, um Dachse, Füchse, Kaninchen aus ihren unterirdischen Wohnungen heraus zu treiben, auch zum Entenfange u. s. w. Die Hunde lassen sich sogar zum Fischfange abrichten b)

Jn Italien, und einigen Provinzen Teutschlandes suchet man die Trüffel c), mittelst dazu abgerichteter Hunde auf, welche die Orte, wo sich dergleichen unter der Erde finden, durch Krazen und Anschlagen verrathen.

Jn Sibirien, Kamtschatka, Grönland und Labrador werden die Hunde statt der Pferde zum Vorspannen vor die Schlitten gebraucht, welche sie mit grosser Leichtigkeit und Behendigkeit über den tiefsten Schnee, und die unwegsamsten Oerter, wo man mit Pferden nicht würde reisen können, ziehen. Auf jeden Hund kan man ohngefähr 60 Pfund Last rechnen, und nachdem der Weg gut ist, fünf, zehn und mehr Meilen des Tags mit einer solchen Hundepost zurück legen. Sie werden an einem von der menschlichen Gesellschaft entfernten Orte besonders dazu abgerichtet; lassen sich aber dennoch nicht vollkommen regieren, sezen den Reisenden bisweilen in Lebensgefahr, oder laufen wieder nach Hause, ehe er die Rückreise antritt d).

b) A. H. d. N. XVIII. Th. S. 462.

c) Lycoperdon Tuber LINN. sp. pl. 2. p. 1653.

d) Von diesen Hunden, und der Art, wie man sie in Kamtschatka behandelt, findet man allerley artige Anmerkungen in Stellers obenangeführtem Buche S. 132. rc.

Ein nicht geringer Nuzen der Hunde bey vielen Nationen ist, daß man ihr Fleisch speiset. Dieses geschahe in den ältesten Zeiten sogar in Griechenland e) und Rom f), und noch izo geschicht es bey den Negern, auf der Goldküste in Afrika, wo sie ordentlich gemästet zu Markte gebracht und lieber als alles andere Fleisch gegessen werden g); in Angola, wo man zuweilen für einen Hund mehrere Sklaven gegeben hat h); bey den Tungnsen, die sich nicht nur von dem Fleische nähren, sondern auch das Blut trinken i); in China, wo man das Fleisch für kühlend ansiehet k), und nichts darnach fragt, wenn es auch von verreckten Thieren ist l); in Neuseeland m), und auf den kleinen Inseln des Südmeeres n), wo man die Hunde für einen bessern Leckerbissen als das Schweinefleisch hält. Sie werden aber in diesen Inseln, vielleicht auch anderwärts, vorher mit Vegetabilien gefüttert, welche dem Fleische einen ganz andern, und wenn Zeugnissen mehreren Personen, die davon gekostet, zu trauen ist, nicht unangenehmen Geschmack geben, und es in Absicht dessen dem Lammfleische ähnlich machen o). Zu diese hundeessenden Nationen gehören auch noch die Grönländer und Eskimos p); ja vielleicht fehlet es in Europa nicht an Ländern, wo man dieses Wildpret liebt.

In Neuseeland verbrämet man die Kleider mit Streifen von den Fellen p); eben das geschicht in Grönland, wo man ausserdem aus den Fellen Bettdecken macht r). Die Kamtschadalen verfertigen ihre Staatskleider davon, welche der Schönheit, Wärme und Dauer nach allem andern Pelzwerk vorgezogen werden s). Die schwedischen Bauern fassen

X x 3

e) Hippokrates περὶ διαίτης in 2. Buche.

f) PLINIVS lib. XXIX. c. 4.

g) Bosman. A. H. d. N. IV. Th. S. 251. Man vergleiche den XVII. Th. S. 443.

h) Th. V. S. 30.

i) LE BRUYN voy. en Moscovie tom. I. p. 119. 127.

k) A. H. d. N. Th. V. S. 542.

l) Th. VI. S. 155.

m) Hawksworths Seereisen 3. Thl. S. 29. 37.

n) 2. Th. S. 151.

o) 2. Th. S. 194.

p) Cranz Th. I. S. 100.

q) Hawksworths 3. Th. S. 45. 46.

r) Cranz a. a. O.

s) Steller S. 137.

ihre Wintermüzen damit ein *t*). Bey uns lassen einige die Felle grosser
Hunde gerben, und tragen Stiefeln oder Schuhe davon, durch deren
Geruch aber, wie man sagt, die Hunde angelockt werden, daß sie dem, der
sie anhat, nachlaufen, und sie mit ihrem Harne zu befeuchten trachten.

Das oben angeführte album græcum würde, nach der Versicherung
des Herrn Archiaters von Linné *u*), zum Garmachen des Leders dienlich
seyn, wenn man es in Menge haben könnte Den Gebrauch desselben
in der Apotheke habe ich oben bereits erwähnet. Aerzte und Wundärzte
nahmen es, in den vorigen Zeiten, als ein reinigendes, austrocknendes,
zertheilendes und eröfnendes Mittel, mit unter die Gurgelwasser und
Klystire, besonders in der Bräune, und anhaltenden Verstopfung des
Leibes, und legten ihm grosses Lob bey. Izo aber bedient man sich
dessen eben so selten, als das Hundefett in der Schwindsucht gebraucht
wird. Ein lebendiger Hund dient bisweilen in Kolikschmerzen zur Er-
wärmung des leidenden Theiles; das Lecken der Hunde wird zur Heilung
offener Schäden, und gegen das Podagra gerühmt. Personen, die mit
selbigem behaftet sind, tragen bisweilen Strümpfe von Pudelhaaren,
und wollen von der vorzüglichen Wärme, die solche geben sollen, Linde-
rung ihrer Schmerzen verspüret haben.

Eine gemeine Plage der Hunde ist äusserlich allerley Ungeziefer *v*),
innerlich aber der Bandwurm *w*), von welchem eine Gattung *x*) den
Hunden fast eigen ist.

Der Alko.

Alco. BUFF. *15. p. 150.*

α. Ytzcuinte porcotli. Canis mexicana. HERNAND. *hist. Mexic.*
    p. 466. mit einer Abbildung des Thieres.

Michuacanens. FERNAND. *anim. nov. Hisp. p. 7.*

β. Techichi FERNAND. *l. c. p. 10.*

---

i) LINN. *l. c. p. 62.*
u) Ebendaselbst.
v) Der Floh, die Hippobosca equina L.

und der Acarus Ricinus L.
w) Tænia.
x) Tænia camina. LINN. FALL.

Schon vor der Entdeckung von America gab es daselbst hunde=
ähnliche Thiere, welche die Spanier fanden, als sie zuerst nach Mexico und
Peru kamen. Sie führten daselbst den gemeinschaftlichen Namen Alco a),
und man findet besonders obige zwo Rassen derselben beschrieben; denn
eine dritte nackte war, wie der Herr Graf von Büffon sehr wahrschein=
lich macht, nicht ursprünglich americanisch, sondern schon aus der alten
Welt dahin gebracht.

Die erste, oben mit α bezeichnete Rasse, wovon wir dem Recchi
die angezeigte Figur zu danken haben, ist unförmlich dick vorgestellet,
vermuthlich weil das Original zum Schlachten gemästet war. Er hat
einen unverhältnißmässig kleinen weissen Kopf, gelbe hängende Ohren,
eine hündische Schnauze, einen ganz kurzen, fast unbemerklichen Hals,
gekrümmten Rücken von gelber Farbe, dicken, herunterhängenden schwarz=
gefleckten Bauch mit sechs Zizen, kurzen weissen Schwanz, der bis
an die Fersen herunter hängt, weisse Beine, und Füsse wie ein Hund
mit langen spizigen Klauen. An Grösse kömmt er einem Bolognefer
bey. Vielleicht war diese Rasse zugleich dem Vergnügen der peruischen
Damen gewidmet.

Die zwote war klein, aber wild und traurig, und diente vermuth=
lich zur Jagd.

Vielleicht ist von dieser die auf der Landenge Darien gemeine Hun=
deart nicht sehr verschieden. Sie werden als klein, übel gebildet und mit
langem rauhen Haar bedeckt bschrieben, und sollen auf der Jagd zu
nichts als das Wild aufzujagen, zu gebrauchen seyn b).

Der Guianische Hund scheint auch eine ursprüngliche americanische
Rasse zu seyn. Er macht gleichsam eine Mittelgattung zwischen dem
Jagd= und Wachtelhunde aus, hat einen schlanken Leib, lange herabhän=
gende Ohren, eine grosse Schnauze und stumpfe Nase. Das Haar ist
lang und zottig, gemeiniglich von goldgelber Farbe. Er ist zur Jagd zu
gebrauchen c). Vielleicht ist er eben das Thier, dessen der Herr Graf

a) HERNAND.
b) A. H. d. N. XVI. Th. S. 115.
Man sehe gleichwohl den XV. Th. S. 287,
und den Hunden der Eskimos gibt Ellis

das Lob, daß sie gelehrig seyn. A. H. t.
N. XVII. Th. S. 198.

c) Bankrofts Guiana S. 84.

von Büffon unter dem Namen chien crabe Meldung thut, welcher jedoch nicht davon, weil es Krabben frißt, (eine Nahrung, die einem Hunde nicht recht angemessen seyn würde,) sondern von dem Worte Krabedago, welches der indianische Name desselben ist, und einen Vogelfresser bedeutet, hergeleitet werden muß. Unter diesem erwähnt ihn Herr Fermin, und meldet, er sey ohngefähr drey Fuß lang, habe einen langen Schwanz und eine aschgraue Farbe. Er wird in Surinam in den Wäldern wild angetroffen, und, weil er dem Geflügel und andern zahmen Thieren viel Schaden thut, häufig getödtet d).

Von den Hunden, welche die Engländer bey der Entdeckung von Nordamerica in diesem Lande antrafen, sagte man, sie haben mehr das Ansehen der Wölfe als Hunde gehabt e).

Die Hunde der Grönländer, mit denen diejenigen einerley sind, welche von den Eskimos in Menge gehalten werden, sehen ebenfalls einem Wolfe ähnlicher als einem Hunde. Sie sind von mittelmäßiger Größe, die meisten von weisser, einige auch von schwarzer Farbe, und dick von Haaren. Sie bellen nicht, sondern muchsen nur, und heulen desto mehr. Sie sind zur Jagd, die Bärenjagd ausgenommen, zu dumm, werden aber häufig zum Ziehen der Schlitten gebraucht, (vor deren einen man vier bis zehen Stück zu spannen pflegt), auch gegessen f)

Die Unähnlichkeit der ursprünglich americanischen Hunde mit denen aus der alten Welt; ihr Unvermögen zu bellen und beständiges Geheul; ihre Ungeschicklichkeit zur Jagd, da sie nur dienen das Wild in die Enge zu treiben, und der Haß der europäischen Hunde gegen sie, scheinen fast anzuzeigen, daß jene von einer ganz verschiedenen Gattung, und vielleicht eher Abkömmlinge der Wölfe, als wahre Hunde, seyn. Dis ist wirklich die Muthmassung des Herrn Pennant g). Es dürfte indessen, meines Erachtens, schwer seyn, hierüber etwas gewisses zu sagen, bis man fortgesetzte Erfahrungen über die Fruchtbarkeit oder Unfruchtbarkeit europäi-

d) D. Fermins Beschr. von Surinam Th. II. S. 105.

e) PENN. p. 143.

f) Cranz Historie von Grönl. I. Th. S. 100. III. Th. S. 308. Ellis Hudsonsb. 169.

g) S. 142.

päischen mit ächten americanischen Hunden **aufzuweisen** haben **wird** Denn die Gestalt, welche in der Hundegattung **so grosser** Abänderung unter=worfen ist, kan hier nichts entscheiden. Eben so wenig die Fähigkeiten, in Betracht derer **die** europäischen Hunde **selbst** sehr verschieden sind. Das Bellen ist nicht **allen** Hunden der **alten** Welt eigen, die afrikani=schen Hunde bellen **eben** so wenig *h*), **die** doch deswegen keine **besondere** Gattung sind. **Nur** wird es schwer seyn, Hunde ausfündig zu machen, die von unstreitiger americanischer Abstammung seyn. America ist izo mit einer Menge von Hunden, europäischen Ursprungs, angefüllet, wovon die **ersten entweder** mit Fleiß ausgesezt *i*) worden, oder entlaufen *k*) waren, deren Abkömmlinge **nun** nach und nach in den grossen Wildnissen dieses Welttheils naturalisirt sind. Durch diese scheinen die ursprünglich americanischen Hunde verdrängt worden zu seyn, indem sie solche entweder aufgerieben, oder sich mit ihnen vermischt haben. Merkwürdig ist, **daß** diese Thiere zum Theil auch das Bellen verlernet **haben,** wie z. E. die auf der Insel **Juan Fernandez** *l*). Andere, die **man** in Patagonien wild herum laufen **gesehen, bellen** noch, **und gewöhnen** sich leicht an den Menschen

Man könnte leicht darauf fallen, die grönländisch=eskimoischen Hunde für ächt americanische anzunehmen. Allein die Gemeinschaft, welche die Grönländer in den mittlern Zeiten mit den **Normännern** gehabt, und die Reisen, so von diesen nach Labrador, vielleicht auch nach Nordamerica geschehen sind, machen die Muthmaassung des Herrn Grafen von Büffon, daß sie von den nordischen Hunden abstammen könnten, wenigstens zum Theil sehr wahrscheinlich.

h) III. Th. S. 324. Die europäischen Hunde arten auf der Goldküste gewaltig aus, ihre Ohren werden lang und steif, **wie** Fuchsohren, und sie bekommen auch Fuchsfarbe, so daß sie in drey bis vier Jahren sehr häßlich werden: und in eben so viel Zeugungen verwandelt sich ihr Bellen in ein Geheule oder Geklaffe. IV. **Th.** S. 251 aus BOSMANS *Beschr. van Guinea* II. Th. S. 20.

i) Auf Juan Fernandez A. H. d. N. XII. Th. S. 138. IX. Th. S. 517.

k) In Patagonien A. H. d. N. XII. **Th.** S. **129. In** Peru, Neuspanien und Hispaniola **XIII.** Th. S. 671. 211. In Paraguay **XVI.** Th. S. 124. Auf S Domingo XVII. Th. S. 425.

l) Ulloa. A. H. d. N. IX. Th. S. 517.

Y y

2.

Der Wolf.

Tab. LXXXVIII.

Canis Lupus; Canis cauda incurvata. LINN. *syst. nat. p. 58.* Faun. suec. *p. 6.*

Canis ex grisco flavescens. BRISS. *quadr. p. 170.*

Lupus. GESN. *quadr. p. 654.* mit einer Abbildung. ALDROV. *dig. 114.* mit der Abbildung. JONST. *quadr. p. 89. tab. 56.* RAI. *quadr. p. 173.*

Lup. BUFF. *7. p. 59. tab. 1* LE BAS *anim. de chasse tab. 2.*

Wolf. PENN. *br. zool. 1. p. 61. tab. 1. syn. p. 149. n.* III.

Wolf. Ridingers jagdbare Thiere *tab. 8.* wilde Thiere **tab. 21.** kleine Thiere **tab. 68. 69. 70.**

Λύκος. Griechisch. **Loup;** Louve; Louveteau; Französisch. Lupo; Italiänisch. Lobo; Spanisch. Wolf; Englisch. Ulf, Warg; Gräben; Schwedisch. Dänisch. Wilk; Polnisch. Wolk; Russisch. Boijuku; bei den Tungusen. Schonu; bey den Burätten. Kuorchu. In Kamtschatka. Zeeb; Ebräisch. Dhsib; **Arabisch.** Luumbengo; in Kongo.

Der **Kopf** ist dick. Die **Stirne** flach und breit. Die Schnauze gestreckt und **spizig.** Die Oefnung der Augenlieder schiefer als bey den Hunden. **Die Ohren** kurz. Die Beine lang. Der Schwanz langhaarig. Das **Thier** trägt ihn hängend, oder zieht ihn zwischen die Hinterbeine. Die **Länge** des Thieres ohngefähr viertehalb Fuß, und die Höhe drittehalb a).

Die **Stirne** ist weißgrau und schwärzlich melirt. Die Schnauze bräunlich und schwärzlich. Die Oberlippen weißlich. Die Ohren auswendig schwarzbraun. Um die Ohren herum ist das Haar gelbbraun. Im Nacken eben so, doch mit schwarz melirt. Auf dem Rücken gelblich,

a) **Daubenton.**

weißgrau, mit bräunlich und schwärzlich vermengt. An **den Seiten**
weißgrau. Die Kehle weißlich. Der Hals unten, und **die Brust**
bräunlich grau mit schwarz gemischt. Der Bauch licht gelbbräunlich, hin=
terwärts weißgrau. Die Vorderbeine gelbbräunlich, mit einem weissen=
Streif auf der innern, und einem schwarzen auf der obern Seite, wel=
cher bis dahin **reicht**, wo sich der Fuß anfängt. Die hintern Beine **auf**
der auswendigen Seite bräunlich, auf der inwendigen weißgrau, und an
der Gränze zwischen beyden auf dem bräunlichen Grunde grau *b*).

Dis ist die gemeinste Farbe der Wölfe, wie ich sie an einigen
Bälgen wahrgenommen habe. Sie ist aber nicht die einzige. Denn man
findet Wölfe, die mehr ins **gelbe** fallen; andere, **die wenig** braunes
haben, und im Winter fast ganz weiß werden; und solche, **wo** diese
Farbe die Oberhand hat und sehr dunkel ausfällt, d. i. schwarze Wölfe.

Die Beschaffenheit der Zähne weicht von derjenigen merklich ab,
die wir an den Hunden wahrnehmen. Die beyden äussern Vorderzähne
in **der** obern Kinnlade *c*) haben nur eine Spize, **und** sind **gegen** ihre
Nachbarn zu schief abgeschnitten. **Die nehmlichen in der** untern Kinn=
lade haben an der an die Seitenzähne gränzenden Seite ein Zäckchen *d*);
die beyden folgenden in der obern und untern Kinnlade gleichfalls *e*);
und die zween mittelsten *f*) an beyden Seiten eins. Jeder **hat auf der**
innern Fläche fast ringsherum, eine erhabene Einfassung, **die in der**
untern Kinnlade weniger stark ist. Die Seitenzähne *g*) sind **etwas aus=**
wärts gebogen, und an der vordern sowohl als hintern Seite mit einer
stumpfen Schneide versehen. Der vorderste Backenzahn *h*) ist klein,
rundlich, und stumpf, der zweyte *i*) breiter und die folgenden dreyspizig
u. s. f.

Diese Gattung hat sich durch **alle vier Welttheile** so ausgebreitet,
daß man sie nicht nur in und ausserhalb Teutschland **in ganz Europa,**
sondern auch in ganz Asien und Afrika, **auch in dem** nördlichen Theile

Y y 2

---

b) Daubenton.

c) *a, a* Fig. 2. 3.

d) *a, a* Fig. 4. 5.

e) *b, b* Fig. 2 – 5.

f) *c, c* Fig. 2 – 5.

g) *d, d.*

h) *e, e.*

i) *f, f.*

von America antrist. Die weißgrauen Wölfe fallen auf den Norwegischen k) und Lappländischen l) Gebirgen, wie auch in den kältern Gegenden von Sibirien m) und in Kamtschatka n). Die schwarzen sind
besonders in Nordamerica o) häufig, doch aber in Europa nicht fremd,
wie man denn in Teutschland dergleichen bemerket hat p). Viel grösser,
als die Wölfe gemässigterer Länder, sind die auf der Westküste von
Afrika q). In Großbritannien sind die Wölfe schon vor mehr als einem
Jahrhunderte ganz ausgerottet worden r). Auch glaube ich nicht, daß
es in Island und Grönland welche gibt s); und vermuthe, sie werden
auch auf mehrern von dem festen Lande entlegenen Inseln nicht einheimisch seyn.

Der liebste Aufenthalt des Wolfes sind einsame stille Gegenden,
Wildnisse, Dickungen, besonders Brücher, worin trockne Stellen sind.
Daselbst liegt er die meiste Zeit des Tages verborgen und gehet am
liebsten in der Nacht aus, um Beute zu machen.

Er nähret sich von dem Fleische aller und jeder Thiere, die er
bezwingen kan. Er bezwingt aber einen Hirsch, auch ein noch nicht
vollwüchsiges junges Pferd. Ein Reh, ein Hirschkalb, oder zwey Schafe
kan ein Wolf auf einmal verzehren, wenn er Zeit hat. Fehlt es ihm
daran, oder er kan seinen Raub nicht auf einmal bezwingen: so kommt er
gern wieder, um das übrige nachzuholen.

Die Wölfe gehen zum öftern allein aus Beute zu machen. Sie
schleichen sich zu den Schafen in die Hürden und Ställe, beissen viele
tod und nehmen einige mit, welche sie, wie man sagt, auf die Schulter zu werfen und so fortzutragen wissen. Sie holen auch Federvieh,

---

k) Pontoppidans Naturgesch. von
Norwegen II. Th. S. 35.

l) Scheffers Lappland S. 382. Mar-
tiniere R. in die nordischen L. S. 32.

m) Georgi Reisebemerkungen 1. Theil
S. 158.

n) Steller Beschr. von Kamtschatka
S. 118.

o) Kalms R. II. Th. S. 387.

p) Döbels Jägerpractica 1. Th. S. 34

q) Adansons R. S. 137.

r) PENN. brit. zool. tom. I. p. 61.

s) In der sehr genauen Beschreibung jener Insel, welche wir den Herrn Olaffen
und Povelsen zu danken haben, ist seiner
eben so wenig gedacht als in Herrn Cran-
zens Historie von Grönland.

und im Nothfalle die Hunde von der Kette weg. Im Herbste und Winter begeben sie sich in Gesellschaft auf die Jagd. Wenn sie an einem Orte nichts finden, so gehen sie weiter, und sind im Stande, in einer Nacht mehrere Meilen Wegs zurücke zu legen. Gemeiniglich laufen sie in einer Reihe hintereinander her, und der folgende tritt immer in die Fußtapfen des vorhergehenden, so daß es scheint, **als ob** nur einer gegangen wäre. Soll aber ein Hirsch oder Thier angejagt werden: so vertheilen sie sich, verrennen ihm den Weg, und einer reisset **es nieder;** worauf die andern hinzukommen, und es verzehren helfen. Sie zerreissen zuweilen einen aus ihrem Mittel und fressen ihn; man **sagt, sie** thäten dieses besonders denenjenigen, die mit **dem** Blute der geraubten Thiere besudelt wären.

Den Menschen fallen sie **nicht** eher an, als bis sie der äusserte Hunger dazu zwingt. Und dann wählen sie, wenn es bey ihnen stehet, vorzüglich solche Personen, deren Ausdünstung den Geruch irgend eines starkriechenden Nahrungsmittels, z. B. des Knoblauchs, hat. Hat aber einmal ein Wolf Menschenfleisch gekostet: so ziehet er es hernach allem andern vor, und wird den Einwohnern der Gegend seines Aufenthalts überaus gefährlich. Dis bezeugen die Nachrichten von den Wölfen in Gevaudan und andern Bezirken des südlichen Frankreichs, welche von Zeit **zu Zeit, anfänglich** nicht ohne abentheuerliche Zusäze, ins Publicum **gekommen sind.** Dergleichen Thiere haben, wie es scheinet, zu den **Mährchen von den Wehrwölfen** Gelegenheit gegeben.

Neben dem frischen Fleische sättigt sich der Wolf auch mit allerley Aas. Hat **er** auch dieses nicht, so frißt er Moos, Baumknospen, ja selbst, wie man sagt, Leimen [1]. Er kan aber auch mehr als einen Tag ohne alle Nahrung zubringen, wenn er nur Wasser hat. Der **Durst** scheinet ihm weniger, **als** der Hunger erträglich zu seyn.

Beym Rauben bezeigt sich **der** Wolf überaus schlau. Er weiß die Thiere, **deren er** sich bemächtigen **will,** so zu überraschen, daß sie ihm selten entgehen, ohnerachtet sie ihm **an Größe** und Stärke nichts nach-

Yy 3

[1] Pontoppidans N. G. von Norwegen II Th. S. 37.

geben. Er iſt daher ein gefährlicher Feind des Rothwildes, und in den nordiſchen Gegenden der Elenne und Reene. Bey jeder Gelegenheit iſt er argwöhniſch, fürchtet jeden Strick als eine Schlinge, und jede Oefnung als eine Falle. Er nähert ſich daher, ſagt man, keiner angebundenen Reene *u*) und gehet in keinen ofnen Hof, wenn er über die Befriedigung deſſelben ſpringen kan *v*). Denn er iſt, ſeiner Stärke und Geſchicklichkeit ohnerachtet, furchtſam. Er weicht einer Kuh, einem Ziegenbocke, die ihm die Hörner vorhalten, einer Herde Schafe, die ſich zuſammen ſchlieſſen und die Köpfe vorwärts kehren. Durch Blaſen auf Hörnern, und den Klang anderer Inſtrumente kan man ihn verjagen *w*). Am meiſten aber verräth er ſolches, wenn er gefangen worden. Indeſſen weiß ein in die Enge getriebener Wolf doch Gebrauch von ſeiner Stärke zu machen, und ſich mit ſeinem Gebiſſe aufs äuſſerſte zu wehren. Dis geſchicht auch von der ſonſt zaghaftern Wölfin, wenn ſie Junge hat.

Er hat einen überaus feinen Geruch, ſo daß er das Wild in groſſer Entfernung und Aas wohl eine Viertelmeile weit wittert. Eben ſo fein iſt ſein Gehör.

Im Laufe iſt der Wolf ſehr flüchtig; im Gehen ſchreitet er weiter als der Hund, und ſein Gang gibt ihm faſt das Anſehen, als ob er kreuzlahm wäre. Seine Fußtapfen gleichen denen von einem groſſen Hunde; nur ſind die Klauen deutlicher ausgedrückt.

Die Stimme der Wölfe iſt ein ſehr übellautendes Gehenle, das ſie beſonders bey groſſer Kälte hören laſſen, zumal wenn ſie aus einander gekommen ſind. Sobald einer anfängt zu heulen: ſo antworten die andern, und zwar die Alten mit gröbern Tönen als die Jungen.

Die Ranzzeit der Wölfe iſt im Winter, von Weihnachten bis zu Lichtmeß. Sie verhalten ſich dabey wie die Hunde, gehen, gleich dieſen, neun, oder wie andere *x*) wollen beobachtet haben, vierzehn Wochen dicke, und bringen ſechs bis neun Junge, wozu ſie ſich Baue in die Erde ma-

---

u Scheffer S. 372.

v) LINNÉ.

w) Pontoppid. Ein lächerliches Bey-

ſpiel hievon erzählt Römer in den Nachr. von der Küſte Guinea S. 296.

x) Nouveau traité de la vénerie. Paris 1750. p. 75. 76.

chen oder die Fuchsbaue vergrößern. Diese sind neun Tage blind, werden von der Mutter etliche Wochen gesäuget, und hernach mit kleinen Thieren gefüttert, die sie ihnen bringt, rupft und vorlegt. Sie wachsen bis ins dritte Jahr, da sie ihre völlige Größe und Stärke erhalten. Eine Wölfin kan indessen schon im andern Jahre, und zwar vier bis sechs Junge, werfen. Das Alter eines Wolfes kan sich auf zwölf bis funfzehen Jahre erstrecken.

Um diese schädlichen Thiere zu vertilgen, stellet man Treibjagen an, wo sie mit Menschen und Hunden zusammen getrieben und dann erlegt werden. Nicht alle Hunde sind zur Wolfsjagd zu gebrauchen, viele packen den Wolf nicht, besonders, wie man sagt, wenn Wolf und Hund von verschiedenem Geschlechte sind. Die Kirgisen beizen sie mittelst des Goldadlers y). Sie werden auch in eignen - Gruben und Fallen, Garnen, in Wolfsgärten, sodenn mit Schwanhälsen und Tellereisen gefangen. Auch legt man den Wölfen Gift, um sie damit zu tödten, vorzüglich Krähenaugen, die ihnen in kleinen an beyden Enden offenen Fleischwürsten beygebracht werden. In Norwegen vermeint man diese Absicht mit einer gewissen Art Flechten erreichen zu können z).

Versuche, welche von teutschen Jägern angestellet worden, haben gelehret, daß sich der Wolf, wenn er ganz jung gefangen und gehörig behandelt wird, gar wohl zahm machen lasse. Auch kan man, eben demselben zu Folge, den Wolf mit dem Hunde paaren, und Bastarte davon ziehen. Döbel erzählt, er habe in Dessau eine zahme Wölfin gesehen, welche mit einem Hezhunde zugekommen, aber unter dem Werfen gestorben

---

y) Falco Chrysaëtos L. Tatarisch Bjurkut. Pallas R. i. Th. S. 235. Rytschkow orenb. Topogr. in Büschings Mag. Th. VII. S. 41.

z) Pontoppidans Naturgesch. von Norwegen II. Th. S. 38. Es ist dis der Lichen vulpinus LINN. Fl. suec. p. 426. n. 1129. welche in Schweden und Norwegen, in Teutschland aber auf den Tyrolischen Gebirgen wächset, wo er von dem Herr Bergrath Scopoli entdeckt und unter dem Namen Lichen luteus rugosus tinctorius, sureulis brevioribus MICH. im zweeten anno hist. nat p. 68. angezeigt worden. Ich kan indessen dieser Flechte dergleichen Wirkung nicht zutrauen, sondern glaube, das gestoßene Glas, welches, besage der Schwedischen Flora, mit dazu genommen wird, werde eigentlich das Mittel seyn, das den Wolf tödtet.

sey, bey welcher man, als sie geöfnet worden, sechs Junge gefunden habe *a*). Solche Bastarte sollen zur Jagd zu gebrauchen seyn *b*).

In Persien richtet man den Wolf zu einer Art Tänzen ab *c*).

Der Balg wird zu Wildschuren gebraucht. Das Fleisch dienet, so viel ich weiß, keinem Volke zur Speise.

3.

Der **Mexicanische Wolf**.

Canis **mexicanus**; Canis cauda **deflexa** lævi, corpore cinereo fasciis fuscis maculisque fulvis **variegato**. LINN. *syst. p. 60. n. 8.*

Canis cinereus maculis fulvis variegatus, tæniis subnigris a dorso ad latera deorsum hinc inde deductis. BRISS. *qu. p. 172.* GRONOV. *zooph. n. 50.*

Xoloitcuintli, lupus mexicanus. HERNAND. *Mex. p. 479.* nebst einer Abbildung.

Cuetlachtli, lupus indicus. FERNAND. *Nov. Hisp. 7.*

Quauhpecotli s. felis montana americana. SEB. *thes. 1. p. 68. n. 2. tab. 42. fig 2.*

Loup de Mexique. BUFF. *15. p. 149.*

Mexican wolf. PENN. *syn. p. 151.*

Der **Kopf** ist dicker als am gemeinen Wolfe, weißgrau, mit schwarzen Querstreifen, und breiten fuchsrothen Flecken auf der Stirne. Die **Ohren** grau. Der **Leib** hat auf einem weißgrauen Grunde schwarze Streifen, die von dem Rücken an den Seiten herunter gehen. An dem **Halse**, auf der Brust und vorn auf dem Bauche stehen längliche fuchsrothe Flecke. Der weniger als an dem gemeinen haarige Schwanz ist grau

---

a) Döbel I. Th. S. 35.   mehrerer oben erzählter Umstände als
b) Döbel II. Th. S. 160. Diesen   meinen Gewährsmann anführen.
erfahrnen Jäger muß ich in Ansehung   *c*) CHARDIN.

grau mit einem vertriebenen fuchsrothen Fleck in der Mitte. Die Beine
der Länge nach grau und schwarz gestreift. In der Grösse kommt er
dem vorhergehenden bey [a]).

Er hat seinen Aufenthalt in den wärmern Gegenden von Neuspanien. Fernandes hält ihn für eine bloße Spielart des gemeinen Wolfes, und sagt, er falle zuweilen ganz weiß. Er ist eben so räuberisch
als der gemeine Wolf, und wagt sich an Stiere, zuweilen auch an
Menschen.

4.

Der schwarze Fuchs.

Tab. LXXXIX.

Vulpes nigra. GESN. *quadr.* *p.* 967.

Loup noir. BUFF. 9. *p.* 362. *tab.* 44 [a]).

Tscherno-buroi; Russisch.

Er hat Aehnlichkeit mit dem Wolfe, besonders in der schiefen Oefnung der Augen, die aber kleiner, und weiter von einander entfernt sind.
Die Ohren stehen auch weiter von einander ab, und sind spiziger. Das
Haar ist mitten auf dem Rücken, besonders vorwärts, länger, und macht
eine Art von Mähne. Die Farbe ist überall schwarz. Doch hat man
eine Spielart, die ins graue fällt, und eine andere wo die Spizen der
Haare silberweiß aussehen. Letztere führet daher den Namen des Sil-
berfuchses.

Die schwarzen Füchse übertreffen an Größe den Birkfuchs, ohne
dem Wolfe beyzukommen.

Sie sind sowohl in der Nachbarschaft des Nordpoles, als in südlicher gelegenen, jedoch kalten Ländern einheimisch. Europa bringt sie in
Norwegen [b]) und Lappland hervor [c]) Sibirien hat sie schon an dem

---

a) FERNANDES.

a) Daß dieses Thier fein Wolf, sondern
der nordische schwarze Fuchs sey, bezeugt
der Herr Professor Pallas in den *Nov.*

comm. Acad. Petrop. Th. XIII. S. 461.

b) Pontoppidan II. Th. S. 42.

c) Scheffers Lappland S. 384. Mar-
tiniere Reise S. 24.

Ob *), aber je östlicher, desto mehr aufzuweisen. Sie kommen um den Baikalsee *), und noch südlicher in der Tartarey *) vor. Am häufigsten findet man sie in gewissen Gegenden von Kamtschatka *), und auf den Inseln zwischen selbigen, und dem festen Lande von America *). Kennete man die westliche Küste von demselben: so würde es ohnfehlbar mehr als Vermuthung seyn, daß sie auch dort ihren Aufenthalt haben; denn man findet sie in Canada wieder *).

Diese Füchse liefern das feinste und theuerste Pelzwerk. Ein Balg wird zuweilen mit vierhundert Rubel bezahlet.

5.

Der Birkfuchs.

Tab. XC.

Canis Vulpes; Canis cauda recta: apice albo. LINN. *syst. p.* 59. *Faun. suec. p.* 3. *n.* 7.

Vulpes. GESN. *quadr. p.* 966. mit einer Abbildung. ALDROV. *an. digit. p.* 195. IONST. *quadr. p.* 92. *tab.* 56. RAI. *quadr. p.* 177.

Renard. BUFF. 7. *p.* 75. *tab.* 6.

Fox PENN. *br. zool.* I. *p.* 58. *syn.* 152. *n.* 112.

Fuchs. Ridingers jagdbare Thiere *tab.* 14. Wilde Thiere *tab.* 23. Kleine Thiere *tab.* 74. 75.

'Αλώπηξ; Griechisch. Vos; Niederteutsch. Fox; Englisch. Llwynog; Llwynoges; Britannisch. Renard; Französisch. Räf; Schwedisch. Zorra; Spanisch. Rapoza; Spanisch, Portugiesisch; Lis; Liszka; Polnisch. Lisitza; Russisch. Tulki: Persisch *). Schulak; Tungusisch. Schual: Ebräisch. Taaleb, Dorân; Arabisch. Nari; Malabarisch bey den Tamulern auf Coromandel: Gjambûcaha; Hochmalabarisch oder Grendisch *).

---

d) Le BRUYN *roy. 1. p. 109.*
e) Georgi Reisebemerk. I. Th. S. 158.
f) A. H. d. R. VII. Th. S. 21.
g) Steller S. 124.
h) Ebendaselbst.

i) Kalms Reise III. Th. S. 484. A. H. d. R. XVII. Th. S. 229.
a) Olearius.
b) Berichte der Königl. Dän. Missionarien 43 Cont.

5. Der Birkfuchs. Canis Vulpes.

Quassi; bey den Negern. Diese Namen deuten in allen Sprachen die Füchse überhaupt an.

Die Füchse haben insgesammt einen breiten Kopf, dünne spizige Schnauze, platte Stirne, schief geöfnete Augen, spizige aufrechte Ohren, einen von Haaren dicken Leib und geraden wolligen Schwanz.

Die Farbe des Birkfuchses ist fuchsroth, wie man es nennet, oder eigentlicher gelbbraun, und auf der Stirne, den Schultern, dem Hinter=theile des Rückens, bis dahin, wo sich der Schwanz anfängt, und der auswendigen Seite der Hinterbeine mit weiß vermengt. Die Lippen, Backen, Kehle, sind weiß, und ein Streif von gleicher Farbe läuft an den Beinen herunter. Brust und Bauch aschgrau, in den Weichen aber weißgrau. Die Spizen der Ohren und die Füsse schwarz. Der Schwanz ist auswendig gelbröthlich mit etwas schwarz, innwendig bräun=lich weißgelb und schwarz gemischt; die Spize desselben mischweiß.

Es gibt auch ganz weisse Birkfüchse, wiewohl sehr selten [c].

Die Länge des Thieres beträgt etwas über zween Fuß.

Der Birkfuchs bewohnt nicht nur ganz Europa, sondern auch das nördliche [d], und selbst das wärmere Asien; indem man ihn in Paläsi=na [e], in Bengalen [f], und auf der Küste Coromandel [g] häufig antrift.

Sein Aufenthalt ist unter der Erde, in einem Bau, den er entweder sich auf freyem Felde, unter Anhöhen oder Bäumen, in Felsen ꝛc. selbst gräbt, welches er aber selten thut; oder dem Dachse abnimmt und hernach erweitert. Er versieht ihn auch wohl mit besondern Fluchtröhren, durch

3 ʒ 2

c) Die Abbildung eines solchen hat Ri=dinger geliefert. Allerley Thiere tab. 56.

d) Rytschkows Orenburg. Topogr. in Büschings Magazin, Th. VII. S. 44. Georgi Reise I. Th. S. 158. Stellers Beschr. von Kamtschatka S. 123.

e) Hasselqvist Reise S. 191.

f) Ich kann hierüber den mehrbelobten Herrn Hofrath Rudolph als Gewährsmann anführen.

g) S. die Berichte der Kön. Dänischen Missionarien Cont. 25. S. 165. Ihnen zu Folge ist der Fuchs hier mehr fahl als roth, und wird zum Unterschiede des Scha=gals, der keine Baue macht, Kúchi-nâri, d. i. Grubenfuchs, Indostanisch Lómud'i genennet. Ebendas. 43. Cont. S. 840.

die er im Nothfalle seinen Ausgang nimmt. In diesem Baue steckt er gemeiniglich den Tag über; in der Nacht gehet er auf den Raub aus. Bey gutem Wetter legt er sich gerne auf alte Stämme oder Stöcke an die Sonne, um sich zu wärmen.

Seine Nahrung besteht in grössern Thieren, deren er sich bemächtigen kan; als junge Rehe, Hasen, Kaninchen, Lämmer; in Feldmäusen, mit denen er, wie die Kaze, spielt ehe er sie verzehret; in allerley Federwild, dem er, wie dem zahmen Geflügel, überaus verderblich ist; in Fröschen, Kröten, Eidexen, Fischen, Käfern und andern Insecten. Er frißt aber auch saftige Erd= und Baumfrüchte, und gehet besonders den Trauben nach. Eben so angenehm ist ihm das Honig, um dessentwillen er die Stöcke der wilden Bienen und Wespen aufsucht und zerstöret. Im Nothfalle nähret er sich vom Aase.

Als ein schlaues und furchtsames Thier raubt der Fuchs mehr mit List als Gewalt. Sein Geruch ist so fein, daß er sowohl seine Beute, als seinen Feind auf zwey bis drey hundert Schritte weit entdecken kan. Er tödtet mehr, als er auf einmal geniessen kan, weiß aber den Ueberfluß unter das Gesträuch, Gras oder Moos zu verbergen, und fängt nicht eher an zu fressen, als bis er alles in Sicherheit gebracht hat, um es zu seiner Zeit nachholen zu können. Eine verdächtige Beute untersucht er sehr genau, und verläßt sie lieber, ehe er sich in Gefahr begiebt. Es vergehen daher zuweilen mehrere Tage, bevor sich der Fuchs entschließt, den Bissen, mittelst dessen er im Eisen gefangen werden soll, anzunehmen, insonderheit wenn er einen unbekannten Geruch daran vermerket. Hat er sich nur an Einem Beine gefangen: so nagt er dasselbe ab, und entrinnet auf den drey übrigen, welche ihm hinlänglich sind, seine Nahrung ferner zu suchen.

Im Laufe ist er flüchtig, und weiß den Hund, der ihn jagt, dadurch zu ermüden, daß er seinen Weg durch Gesträuche und unwegsame Oerter nimmt. Er springt auch wohl auf einen Baum, wenn er solchen erreichen kann. Gewöhnlich aber sucht er seine Zuflucht in seinem Baue.

Seine Stimme ist ein kurzes Bellen, welches sich mit einem stärkern, höhern und dem Geschreye eines Pfauen nicht ungleichen Laute endigt.

Er hat einen tiefen Schlaf, wobey er sich, wie der Hund, in die Runde legt. Wenn er aber ruhet, oder auf seinen Raub lauret: so pflegt er mit von sich gestreckten Beinen auf dem Bauche zu liegen.

Der Geruch den der Fuchs von sich gibt, ist widrig und stark; aber an dem Schwanze befindet sich ein Fleckchen, welches einen violenartigen Geruch von sich gibt [k]).

Der Fuchs ranzet im zweyten, bisweilen schon im ersten Jahre seines Alters, im Februar. Jeder Füchsin folgen allemal zween bis drey Füchse, die Nacht durch, und kriechen mit ihr in Baue, Teichrinnen oder hole Bäume, wenn sie der Tag übereilet. Sie gehet neun Wochen dicke, und wirft fünf, sechs, sieben und mehrere junge Füchse, die sie einige Wochen im Baue säugt, ihnen allerley Geflügel bringt, mit der Vorsicht, den Bau vorher einigemal zu kreissen, ehe sie sich in denselben hinein waget. Bey vorhandener Gefahr trägt sie solche am Halse weg. Wenn sie laufen können, führt sie sie mit aus, bis sie sich selbst zu ernähren im Stande sind. Das Alter, das der Fuchs gewöhnlich erreicht, ist dreyzehen oder vierzehen Jahre.

Die starke Vermehrung der Füchse, und der vielfache und beträchtliche Schaden, den sie thun, macht es nothwendig, sich ihrer, so viel möglich, zu entledigen. Man läßt den Fuchs durch Dachshunde aus dem Baue treiben, und fängt ihn in Nezen, die man um denselben aufstellt. Bisweilen kan man ihn ohne Hund aus dem Baue treiben, indem man genugsames Wasser hinein gießt. In Ermangelung dessen und der Hunde pflegt man ihn aus dem Baue auszugraben.

Man schießt den Fuchs im Treiben, nachdem man im Winter seinen Aufenthalt mit Hülfe des frischen Schnees ausgemacht, oder die Wechsel in Hölzern, welche er sehr ordentlich hält, bemerkt hat; auch im Frühjahre bey Gelegenheit der Schnepfenjagd. Alte Füchsinnen kan man, jedoch mit Beobachtung der nöthigen Vorsicht, schiessen, wenn sie ihren Jungen den Raub bringen.

Z 3

k) Döbel I. Th. S. 38. u. f.

Am bequemsten fängt man den Fuchs mit Stangen= und Schwa=
nenhalseisen, zu welchen man ihn nicht so wohl durch Witterungen, die
ihm immer bedenklich sind, als mittelst einer gebratenen Kaze, die man
nach dem Eisen hinschleppt, anlockt. Auch mit Tellereisen. Die oben[i])
erwähnten mit Krähenaugen vergifteten Würstchen sind auch dienlich den
Fuchs zu vergeben[k]).

Das Fleisch des Fuchses wird in und ausserhalb Teutschland von
geringen Leuten gegessen. Den Balg, der aber, wie von den meisten
Raubthieren, nur im Winter brauchbar ist, verarbeitet der Kürschner.
Das Fett findet man nebst der Lunge noch in den Apotheken. Letzteres
wurde ehedem für ein Heilmittel gegen die Schwindsucht gehalten; so
wie das warm getrunkene Blut für steintreibend.

Es gehet an, den Fuchs zahm zu machen; er legt aber niemals
seine Tücke und Furchtsamkeit gänzlich ab. Teutsche Jäger versichern,
man könne von ihm und dem Hunde Bastarte ziehen[l]). Allein der
Herr Graf von Büffon hat Versuche hierüber angestellt, welche auf keine
Weise haben gelingen wollen, so daß man an der Richtigkeit jenes Vor=
gebens annoch zu zweifeln Ursache hat.

6.
Der Brandfuchs.
Tab. XCI.

Canis Alopex; Canis cauda recta: apice nigro. LINN. *syst.*
    p. 59. *n.* 5.

Vulpes villo densiore & nigricante. GESN. *quadr. p.* 967.

Charbonnier. BUFF. 7. *p.* 82.

Brant fox. PENN. *syn. p.* 453. *d.*

Brand räf. Schwedisch.

Kohlbrenner. Köhler.

i) S. 351.
k) Hiebey verdient des Herrn Landcam=
merraths von Schönfeld verbesserte Land=
wirthschaft S. 612. 652. u. f. nachgelesen
zu werden.
l) Döbels J. P. I. Th. S. 38.

Der Unterschied zwischen diesem und dem vorhergehenden ist nicht groß. Die gelbbraune Farbe ist am Brandfuchse bey weitem nicht so schön roth, und mehr mit schwarz vermengt [a]). Die Hinterschenkel haben mehr weiß, jedoch mit einem schwarzen Schatten überlaufen. Brust und Bauch sehen oft ganz dunkel aschgrau und beynahe schwarz; in den Weichen hell aschgrau. Der weiße Streif an den Vorderbeinen ist unkenntlich, und sie haben, wie die hintern, mehr schwarz. Der Schwanz fällt oben dunkler braun, unten mehr weißgrau, als am vorigen, ist aber überall weit mehr mit schwarz überlaufen als der vorige; wie denn auch die Spize schwarz fällt, und am Ende nur einige wenige milchweisse Haare hat.

Der Brandfuchs ist etwas kleiner als der Birkfuchs.

Er hält sich in eben den Ländern auf, welche der Birkfuchs bewohnet, aber mehr in gebirgigen Gegenden, und nicht so häufig. Der Balg wird weniger geachtet als der von dem vorhergehenden.

7.
Der Karagan.

Karagan (Schwarzohr). Pallas Reise I. Th. S. 199. 234.

Die Farbe dieses Thieres, welches ich weiter nicht als aus den Nachrichten des Herrn Professor Pallas kenne, ist grau, fast wolfsfarbig. Es hält sich auf der kalmuckischen und kirgisischen Steppe auf, und ist ein Handelsartikel der Kirgisen.

8.
Der Korsak.
Tab. XCI. B.

Canis Corsac; Canis cauta fulva basi apiceque nigra. LINN. syst. 3. p. 223.

a) Die Spizen der längsten Haare sind an jenem bey weitem nicht alle, an diesem aber insgesammt schwarz. Daher ist der Brandfuchs mehr schwarz überlaufen, und fällt überhaupt dunkler, ohnerachtet sein Roth, wenn man es genau betrachtet, vielmehr etwas ins Gelbe als ins Braune fället.

Corsac-fox. PENN. *syn. p.* 154.

Korsak. Bey den Kirgisen.

Die Farbe dieses Fuchses ist im Sommer hell fuchsgelb, im Winter stark mit grau gemischt, mitten auf dem Rücken dunkler, am Bauche weiß, an den Füssen röther. Die Augen sind mit einer weißlichen Einfassung umgeben. Von ihnen läuft ein brauner Streif nach der Nase zu. Die Ohren haben die Farbe des Rückens, wie auch der Schwanz, welcher jedoch am Anfange und der Spize schwärzlich ist. Die Ohren sind kurz. Der Schwanz fast so lang als der Leib. An Grösse kömmt der Korsak dem Birkfuchse nicht bey.

Er bewohnet die bergigen Gegenden der Steppe zwischen dem Jaik und Irtisch, allwo er sich in Bauen unter der Erde aufhält, und dem Federwilde vielen Schaden thut. Den Sitten nach kommt er mit dem Birkfuchse überein. Die Kirgisen jagen ihn mit den oben *) gedachten Berkuten und **Hunden**, so häufig, daß sie jährlich allein an die Russen **vierzig bis funfzig tausend** Stück Bälge vertauschen, wovon viele in die **Türkey** gehen. Die Kirgisen brauchen sie im Handel und Wandel, bey **Kauf und Tausch fast wie** Geld, und bestimmen den Preis ihrer Waaren nach der Anzahl der Korsakenbälge, die man dafür geben muß *).

Die Abbildung des Korsaks, welche ich hier liefere, habe ich nach einer Zeichnung machen lassen, deren Mittheilung ich der Güte des Herrn Professor Pallas verdanke. Sie ist, wie diejenige, nach welcher der Herr Archiater von Linné seine Beschreibung dieses Thieres entworfen hat, unter den Augen des Freyherrn von Demidow gemahlet worden.

9.

Der Grisfuchs.

Tab. XCII. A.

Der Scheitel, Hals und Rücken ist grau, schwarz und weiß melirt; die feinern Haare sehen weißgrau, die stärkern hingegen abwechselnd schwarz und

---

a) S. 351.   Büschings Magazin, VII. Th. S. 43.

                                    Pallas Reise I. Th. S. 234. LINN.

b) Rytschkows Orenburg. Topogr. in *syst. nat.* a. a. O.

und weiß wie die Stachelthierfedern. Die Ohren auswendig braungelb, gegen die Spize zu mit schwarz melirt. Um die Ohren herum und an den Seiten des Halses zeigt sich ein fuchsgelber Fleck. Kehle, Brust und Bauch sind weiß. Die Beine auswendig braungelb. An den vordern läuft vorn von oben herunter ein sehr schmaler schwarz und weiß melirter Streif, der sich unten in eine breite Schwärze verlieret. An den hintern gehet inwendig ein weißer Streif herunter, an den sich unten ein schwärzlicher hinterwärts anschließt. Der Schwanz ist braun, mit etwas gelblich vermengt. Die Größe kommt derjenigen nicht bey, welche die hiesigen Füchse haben.

Das Vaterland dieses Fuchses ist Nordamerica, von wannen die Bälge häufig nach Europa gebracht, und hier verarbeitet werden.

Sollte wohl der Grisfuchs mit dem nächstfolgenden einerley seyn? Die Abbildung des Catesby gibt eben so wenig als seine Beschreibung Anlaß es zu vermuthen; man mag sie entweder nach der Proportion der Theile, oder nach der Farbe des Thieres beurtheilen.

10.
Der virginische Fuchs.
Tab. XCII. B.

Canis Vulpes cinerea. BRISS. quadr. p. 174.

Vulpes cinereus americanus. KLEIN. quadr. p. 74.

Grey fox. CATESBY Carolin. tom. 2. p. 78. PENN. syn. p. 157. n. 114.

Dieser Fuchs, den ich nur aus dem Catesby kenne, hat eine lange Schnauze, spizige Ohren, gestreckte Beine, und überall eine weißgraue Farbe, ein wenig Noth um die Ohren ausgenommen. Der Statur nach kömmt er mit den inländischen Füchsen überein.

Sein Vaterland ist Carolina und die wärmern Gegenden von Nordamerica, vielleicht auch Surinam*). Er lebt nicht in unterirdischen

*) Wenn anders der erste von den drey min in der Beschreibung von Surinam surinamischen Füchsen, deren Herr D. Fer- I. Th. S. 91. gedenkt, mit diesem einerley

Bauen, sondern in holen Bäumen, aus welchen man ihn vermittelst des Rauches vertreibt. Er thut viel Schaden an dem zahmen Geflügel.

11.

Der Steinfuchs.

Tab. XCIII.

Canis **Lagopus**; Canis cauda recta, apice concolore. LINN. *syst.* p. 59. *n.* 6. *Faun. suec. n.* 8. PHIPPS *voy.* p. 184.

Canis **hieme albus**, æstate ex cinereo cærulescens. BRISS. *quadr* p. 174..

Vulpes alba. ALDROV. *dig.* p. 221. IONST. *quadr.* p. 95.

Isatis. GMELIN *Nov. comm. Acad. Sc. Petrop. tom. V. p. 558.* BUFF. 13. p. 272.

Arctic fox. PENN. *syn.* p. 155. *n.* 113. *tab.* 17. *fig.* 1.

Fuchs. **Martens** Spizberg. Reise p. 72. *tab.* O. *fig. b.*

Fiällracka; Schwedisch. Fesez; Russisch.

Der Kopf ist kurz und dick, mehr hündisch als fuchsartig; die Schnauze aber dennoch spizig. Die Ohren sind kurz und rundlich. Das Haar ist dicht, weich, wollenartig, aber gerade, am Leibe lang, auf dem Kopfe kürzer, an den Beinen noch kürzer. Die Farbe desselben an einigen Thieren weiß, an andern blau, oder vielmehr grau mit gelbbraun überlaufen, und an den Seiten des Kopfes, wie auch auf der Stirne mit etwas weiß gemischt. Nase und Kinn sind kahl, und haben eine schwarze Farbe. Die Pfoten unten haarig.

Die Länge dieser Thiere von der Nase bis an den Anfang des Schwanzes beträgt 22, die Länge des Schwanzes ohngefähr 12 Zoll [a]).

Sie sind in allen Ländern und Inseln einheimisch, die innerhalb des nördlichen Polarkreises liegen, oder nahe an selbigen gränzen. Man

---

ist, wie ich aus der Anzeige: die Farbe   [a]) Gmelin *Act. petrop.* a. a. O. S. falle ins graue, fast vermuthe.   359. u. f.

findet sie daher längs der ganzen asiatischen und europäischen Küste des Eismeeres, auch in den grössern dahineinfallenden Flüssen [b]) tiefer Land einwärts; auf Spizbergen [c]), Island [d]), Grönland [e]); um die Hudsonsbay [f]), auf den Küsten von Kamtschatka [g]) und gegen über in America, auch den dazwischen gelegenen Inseln [h]); ferner auf den lappländischen und norwegischen Schneegebirgen [i]) u. s. f.

Sie lieben freye unbewaldete Gegenden [k]), wo sie sich Baue machen, welches aber selten geschieht, oder die alten verlassenen einnehmen, räumen und erweitern, oder ihre Wohnung in den Klüften der Felsen aufschlagen. Den Bauen geben sie sechs, acht bis zehen theils gerade theils schiefe Röhren, und machen ein Lager von Moos hinein. Es wohnen immer ein Paar, bisweilen auch einige, aber wenige, beysammen in einem Bau oder in einer Kluft.

Ihre Speise ist vornehmlich der Lemming, sodann allerley Geflügel, insonderheit Wasservögel, die im Norden häufig nisten, und deren Eyer [l]). Im Winter sind nächst jenem die Hasen und Schneehüner [m]) ihre liebste Speise. Sie fressen auch Fische; um solche zu fangen, platschern sie mit den Pfoten im Wasser, und erhaschen diejenigen, die herzukommen um zu sehen was vorgeht. Ins Wasser gehen sie nicht [n]). In Ermangelung anderes Raubes nähren sie sich von Muscheln, Krabben und was die See sonst auswirft; oder von Beeren [o]); oder gehen an Aas, und fressen selbst Leichen von Menschen, wenn sie welche finden [p])

Sie bellen fast wie die Hunde, aber mit einer rauhern Stimme. Bisweilen heulen sie [q]).

A a a 2

[b]) Gmelin a. a. D. S. 364.
[c]) Martens. Phipps ꝛc.
[d]) Olaffen.
[e]) Egede. Cranz Hist. von Grönland I. Th. S. 97.
[f]) D. Forster. Phil. transact. Th. 62. S. 370.
[g]) Stellers Kamtsch. S. 126.
[h]) Steller in den Nov. Comm. Acad. Petrop. tom. II. p. 321.

[i]) LINN. Faun. Suec. Scheffers Lapland S. 384. Pontoppid N. G. von Norwegen II. Th. S. 42.
[k]) Gmelin. Scheffer.
[l]) Martens S. 72.
[m]) Tetrao Lagopus L.
[n]) Martens.
[o]) Cranz I. Th. S. 98.
[p]) Cranz.
[q]) Cranz. Gmelin.

Die Zeit, wenn sie sich paaren, fällt in den Anfang des Aprils, und währet zwo bis drey Wochen, welche sie unter freyem Himmel herum= schweifend zubringen, nach Verlauf derselben in die Baue kriechen und einige Tage darinne bleiben, hernach aber täglich auf den Raub ausgehen. Das trächtige Weibchen wirft nach ohngefähr neun Wochen sechs, sieben bis acht Junge; man sagt bis fünf und zwanzig, das ist aber unstreitig eine Fabel. Es säugt solche fünf bis sechs Wochen, wobey es wenig aus dem Baue kömmt, welches in der Folge fleissiger geschicht, bis es sie, ohn= gefähr in der Mitte des Augusts, mit ausführen kan. Von Einer Mutter fallen, nach dem Berichte glaubwürdiger Jäger, Junge von beyderley oben angezeigter Farbe. Diejenigen, aus welchen weiße Steinfüchse werden, sind kurzhaarig und sehen röthlich gelb, die im Alter grauen aber schwärz= lich, wenn sie auf die Welt kommen. Nach einem Vierteljahre werden die Haare länger, und die Farbe der erstern verwandelt sich mitten auf dem Rücken in graugelb mit schwarz vermengt; in diesem Alter unter= scheidet man sie in Rußland mit dem Namen Norniki. Die leztern be= halten ihre Farbe, nur daß die Haare glänzender werden. Nach und nach werden sie grau. Zu Ausgange des Septembers sind jene schon ganz weiß, ausser mitten auf dem Rücken und einem Querstreise über die Schultern, wo sie schwärzlich sehen, und deswegen in Rußland den Namen der Kreuzfüchse, Krestowiki, führen. Im October verliert sich der Quer= streif, und der Rücken wird mit weiß vermengt. Im November sind sie schon ganz weiß, aber noch nicht ganz langhaarig. Dann heissen sie in Rußland unausgewachsene, Nedopeszi. Im December haben die Haare ihre vollkommene Länge, und sie werden ausgewachsene, Roslopeszi, genennet. In dem folgenden Frühjahre hären sie sich in der Hälfte des Mayes, und bekommen wieder die kurzen Haare und die Farbe, die sie als Norniki hatten. Die weissen Steinfüchse werden niemals grau; so wie auch die grauen nie weiß werden.

In Lappland und dem nordlichen Asien hat man bemerkt, daß diese Thiere bisweilen wandern, wie die Lemminge solches thun. Es geschicht nicht periodisch, doch weiß man voraus, daß sie wegziehen wollen, wenn sie vorher ungewöhnlich heulen; und wenn sie häufig ankommen, so schließt man aus ihrem Bellen, daß sie einige Zeit bleiben wollen. Ihre Züge geschehen in Nordasien von dem Jenisei nach dem Ob, wie man vermuthet, und wieder zurück; doch bleiben immer einige einzelne, die nicht mit hin= wegziehen *).

Man fängt die Steinfüchse in Fallen, **wo** sie aber nicht **selten** von Filfrassen und Raubvögeln aufgefressen werden. Ihr Fleisch wird **von den** Grönländern dem Hasenwildpret vorgezogen*). Es ist leicht zu **erachten,** daß es schmackhafter sey als das Wildpret der übrigen Füchse, **da** das Thier selbst nicht den widrigen Geruch hat, den man an diesen bemerkt*). Die Bälge werden von den Kürschnern verarbeitet.

12.

Der Schakall.

Tab. XCIV.

Canis aureus. LINN. *syst. p.* **59**. *n.* **7**.

Canis flavus. BRISS. *quadr. p.* 171.

Lupus aureus. KAEMPFER *amœn. exot. p.* 413. *tab.* 407 *fig.* 3. RAI. *quadr. p.* 174. KLEIN *quadr p.* 70.

Adil. BELLON. *obs. p.* 160.

Vulpes Indiæ orientalis. VALENT. **mus.** *p.* 452. *tab.* 452.

Chacal. Adive. BUFF. 13. *p.* 255. ohne Abbildung

Chien sauvage indien. VOSMAER *descr. (Amst.* 1773.) nebst einer Abbildung.

Schakall. S. G. Gmelins Reise durch Rußland 3. Th. S. 80. *tab.* 15. nach einem ausgestopften Thiere gezeichnet.

Skilachi der izigen Griechen: (von dem ächt griechischen Worte σκυλάκιον, welches einen jungen Hund bedeutet). Schagall, bey den Persern und Kirgisen. Schakall; bey den Tartarn und Russen; **aus** welchem Worte Chacal, Siacalle, Siachal, Schachal, Siechal,

A a a 3

*) Gmelin.   *) Gmelin S 362. Phipps S. 184.
*) Cranz.

Siacah, Jackal, Jackhals, und das türkische Chical, auch das neu=
griechische Zacalia entstanden sind. Deeb oder vielmehr Dib; in
der Barbarey *). Waui; in Arabien. Adibe; bey den Portugiesen
in Indien. Narl. d. i. Fuchs, und zwar insonderheit Kâdtu-narl,
d. i. Strauchfuchs, bey den Tamulern auf der Küste Coromandel.
Gôlà; Indostanisch *).

Dem äusserlichen Ansehen nach gleichet der Schakall mehr dem Wolfe
als Fuchse. Er ist auch grösser und hochbeinigter als dieser. Der Kopf
ist oben fuchsroth mit langen grauen Haaren, die einen schwarzen Ring
und dergleichen Spize haben, vermischt. Die Oberlippe siehet an beyden
Seiten der Nase weiß. Eben die Farbe hat die Kehle. Die Bartborsten,
die an dem Kinne zerstreueten langen Haare, und die Borsten über den
Augen, deren ohngefähr fünfe sind, sehen schwarz. Die Ohren sind aus=
wendig fuchsroth, inwendig weiß. Der Hals und Rücken ist über und
über graugelb, und beyde, besonders der leztere, mit einem Schatten von
langen Haaren überlaufen, welche an der Spize schwarz sind. Unten ist
der Leib, nebst den Beinen, gelbröthlich; die Arme und Schenkel aber
auswendig fuchsroth. Die Nägel sind schwarz; der Daumnagel steht höher
als am Hunde, und ist gekrümmet. Der Schwanz gerade, etwas länger
und haariger als am Wolfe, graugelb, endwärts mehr fuchsroth; die
längern Haare desselben sind an der Spize schwarz, und mithin hat der
Schwanz eine schwarze Spize.

Das Haar ist fast gröber und steifer als Wolfshaar, am längsten
auf den Schultern und dem Schwanze, wo es bis vier Zoll misset; kürzer,
etwa dreyzollig, auf dem Halse und Rücken. Zwischen demselben stehet
eine graue Wolle.

Die vier mittlern Vorderzähne sind stumpf abgeschnitten, ziemlich
platt, nicht merklich eingekerbt; die beyden äussersten grösser, in der obern
Kinnlade fast kegelförmig, in der untern abgerundet. Die obern Seiten=
zähne sind etwas grösser als die untern. Der Backenzähne sind auf jeder
Seite sechs: der erste ist der kleinste, konisch, die folgenden, zween in der
obern, drey in der untern Kinnlade, stufenweisse immer grösser und in
drey Spizen getheilt; der vierte oben, und der fünfte unten, sind die

*) Shaw.   *) K. Dän. Miss. Berichte 43. Cont. S. 840.

größten, und haben zwo Spizen: die übrigen weiter hinter stehenden sind kleiner. Die Zunge hat an der Seite eine Einfassung von Wärzchen

Diese Beschreibung, nebst der dazu gehörigen Figur, habe ich der Freundschaft des verdienstvollen Herrn Professor Pallas zu verdanken, welcher die lezte nach einem aus der Levante nach Holland gebrachten lebendigen Schakall unter seiner Aufsicht zeichnen, und in Petersburg, einigen aus Persien gekommenen Bälgen gemäß, ausmahlen lassen, auf welche auch bey der Beschreibung mit Rücksicht genommmen worden ist. Ihm gebühret also die Ehre, den Liebhabern der Naturgeschichte die erste richtige und schöne Abbildung dieses Thieres mitgetheilt, und sie von der äussern Bildung desselben vollkommner, als von andern geschehen, unterrichtet zu haben. Zu obiger Beschreibung kan ich, aus den Gmelinischen Nachrichten [*]), noch hinzusezen: daß die Länge dieses Thieres gegen viertehalb Fuß betrage; daß das Weibchen etwas kleiner als das Männchen sey, und sechs bis acht Zizen habe. Der Herr Professor Pallas zählete an einem jungen Schakall am Bauche auf einer Seite drey, vuf der andern vier Saugwarzen, wovon die vordersten am Rande der Brust stunden.

Diese Gattung ist in Kleinasien, Mingrelien, Georgien [*]), Persien [*]), Bengalen, auf der Küste Coromandel und Malabar, auf Zeylan, Arabien [*]), Palästina [*]), Syrien [*]) und der Barbarey [*]) überaus häufig.

Die Schakalle wohnen nicht unter der Erde, sondern halten sich am Tage in Gebirgen, Waldungen und andern Schlupfwinkeln verborgen. In der Nacht thun sie Streifereyen in die anliegenden Städte, Flecken, Dörfer und Bauerhöfe; zu welchem Ende sich mehrere zusammen schlagen, und Haufen formiren, die zuweilen zweyhundert stark sind. Wenn sie auf den Raub ausgehen: so laufen sie sehr langsam, mit vorhängendem Kopfe,

---

*) S. 81. 82.
d) DUMONT voy. tom. IV. pag. 29.
LE BRUYN voy. au Levant pag. 56.
CHARDIN voy. tom. II. pag. 29. etc.
Olearius Persische Reiseb. S. 216.
f) Kämpfer. Gmelin. Olearius.
l) Niebuhr Beschreibung von Arabien

S. 166. BOULAYE LE GOUZ voy.
p. 254.
g) HASSELQUIST Resa pag. 191. TE
BRUYN l. c. p. 253.
h) RUSSEL'S Nat. hist. of Aleppo
pag. 60
i) Shaw.

um selbigen desto besser auszuspüren. Haben sie etwas auf der Spur: so laufen sie mit einer Geschwindigkeit, in welcher sie den Wolf übertreffen, und ohne Scheu für den Menschen darauf los. Erwachsene Personen fallen sie zwar nicht an, ausser wenn sie äusserst hungrig sind; da man Beyspiele hat [k]), daß sie welche zerrissen haben. Kinder aber schonen sie nicht, falls sie welche allein antreffen. Sie besuchen die Herden und Ställe, wo sie das kleine Vieh und Geflügel rauben, gehen in die offenen Stuben und Zelte, und holen nicht nur Eßwaaren, sondern auch Stiefeln, Schuhe und andere von Leder gemachte Sachen, fast unter den Händen weg. Sonst nähren sie sich von Obst und Wurzelwerk. Todte Körper sind ihnen ein Leckerbissen, welchem sie weit nachgehen. Sie wissen die Kirchhöfe und Begräbnißpläze zu finden, und scharren die Leichen aus den Gräbern, wenn selbige nicht tief genug, und mit Steinen oder Dornen genugsam verwahret sind. Auch folgen sie, um der todten Körper willen, den Cara-vanen und Armeen weit nach [l]).

Ihr Geschrey, welches sie die Nacht hindurch hören lassen, ist ab-scheulich, und bestehet in einem Geheul, das oft mit Bellen unterbrochen ist. Wenn einer zu heulen anfängt, so stimmen die andern mit ein, die ihn hören können [m]).

Sie begatten sich wie die Hunde oder Wölfe, und zwar jährlich nur einmal, nehmlich im Frühlinge. Das Weibchen wirft fünf bis acht Junge, wozu es sich ein Lager, wie der Fuchs, macht [n]).

In Ostindien glaubt man diese Thiere mit gedörreter und gestosse-ner Kalmuswurzel [o]) von den Gräbern entfernen zu können, wenn man selbige darauf streuet [p]). In Persien fängt man sie in gewissen Fallen, worinne

---

[k]) Berichte der Königl. Dän. Missiona-rien in Ostindien 43. Cont. S. 840 u. f. 48. Cont. S. 1641.

[l]) Gmelins Reise 3 Th. S. 81. 82. KAEMPFERI amœn. exot. pag. 413. Berichte der Königl. Dänis. Missionarien in Ostindien 21. Cont. S. 717. 22. Cont. S. 165. 43. Contin. S. 840. u. f.

SHAW voy. tom. I. p. 520.

[m]) Kämpfer a. a. O. P. VINCENT MARIE etc.

[n]) Gmelin.

[o]) Wasamba Malabarisch. Acorus Ca-lamus verus. LINN. sp. pl. p. 463.

[p]) Berichte der Kön. Dän. Missionarien 56. Cont. S. 1306.

worin in Rußland auch Füchse und Wölfe pflegen gefangen zu werden?). Der Balg wird, soviel mir bekannt ist, nicht genuzt; vermuthlich weil das Haar zu grob ist.

Es scheint, daß auf dieses Thier in einigen Stellen der heiligen Schrift gezielet werde*), ohnerachtet dasselbe dort den Namen nach von dem Fuchse nicht unterschieden wird. Auch hält man den Schakall nicht unwahrscheinlich für den Thos*) des Aristoteles*) und Plinius*); mit mehr Gewißheit aber für den gelben Wolf in Oppians Gedichte über die Jagd*). Daß er der Spürhund des Löwen*) oder Tigers*) ist, und ihnen das Wild zujagt, geschicht wohl sehr zufälliger Weise, wenn es keine Fabel ist.

Den Beobachtungen zu Folge, welche der Herr Prof Pallas an oben erwähntem Thiere angestellet hat, kan der Schakall nicht nur zahm, sondern auch weit zahmer als der Fuchs gemacht werden, so, daß er schmeichelhaft wird, gern mit sich spielen läßt, ohne jemals zu beissen, und gern mit den Hunden spielt*).

*) Gmellns Reise 3. Th. S. 281.

*) Nehmlich bey Erzählung der Fehde Simsons gegen die Philister, da derselbe ihr Getraide auf dem Felde durch Füchse mit brennenden Fackeln verheerte, B. der **Richter XV. 4.** Shaw und Hassel= qvist waren der Meinung, diese Füchse seyen nichts anders als Schakallen ge= wesen. Shaw Reise S. 155. HASSEL-QUIST *Rosa til heliga landet p. 512.* Jenen treten der Herr Hofrath und Ritter **Michaelis,** der Herr D. E. R. Büsching u. a. bey; wogegen aber der sel. Herr **Prof. Faber** in der Archäologie der Hebräer S. 140. und in den Anmerkungen zu Har= mars Beobachtungen über den Orient Th. II. S. 270. u. f. manches erinnert hat. Ich halte dennoch für wahrschein= licher, daß Simsons Füchse Schakalle ge=

wesen; weil sich dieses Thier viel leichter fangen läßt, als der Fuchs, dessen Fang dem Simson allzuviel Mühe verursacht haben würde; und weil der **Schakall** zu Simsons Vorhaben zweckmässiger war, als welcher allerley Schlupfwinkel über der Erde sucht; wogegen die Füchse bald in ihre Baue gekrochen seyn, und also den Feldern nicht viel Schaden zugefügt haben würden. — Auch vielleicht Ps. LXIII. 10. u. f. f.

*) Θὼς

*) *De nat. anim. VI. 55. IX. 4.*

*) VIII. 34.

*) Λύχος ξουθός. OPPIANI χυνηγ. III. 297.

*) SHAW voy. tom. I. p. 520.

*) Berichte der Königl. Dän. Missiona= rien in Ostindien 29. Cont. S. 432.

*) PALLAS spicil. zool. fasclcul. XI. pag. 3.

Bb b

13.

Der capiſche Schakall.

Tab. XCV.

Jackhals, von den Hottentotten Tenlie oder Kênleo genannt. Kolbe
Beſchreibung des Vorgeb. der guten Hofnung S. 150.

Der Kopf iſt gelbbräunlich, weiß und ſchwarz melirt; er wird je
weiter hinterwärts, deſto ſchwärzer. Die ſtärkern Haare ſind unten weiß,
an der Spize ſchwarz. Der Nacken, und Rücken bis an den Schwanz,
iſt ſchwarz mit weiß vermenget. Auf dem Halſe bildet ſich ein ſchwarzes
weißeingefaßtes Schild, das zwiſchen den Schultern ſpizig zuläuft, und
zu beyden Seiten, auf ſelbigen, einen weißen weniger ſchwarzgemiſchten in
der Mitte ſchwarzen Fleck hat; ſich hernach wieder erweitert und in den
ſchwarzen am Schwanze zugeſpizten Rückenſtreif übergeht, deſſen weiſſe Flecken
keine gewiſſe Zeichnung darſtellen, und ſich, nachdem die Lage der Haare
geändert wird, auf allerley Art ändern. Die Ohren ſind gelbbräunlich,
mit einzelnen ſchwarzen Haaren vermengt. Die Seiten des Halſes ſehr
licht braungelblich, mit einzelnen untermengten ſchwarzen Haaren. Die
Seiten des Leibes und äuſſere Seite der Beine braungelb, am Leibe etwas
lichter. Kehle, Bruſt und Bauch weiß. Des Schwanzes obere Hälfte
braungelb mit einem über die Mitte längshin laufenden ſchmalen ſchwarzen
Streife; die untere ſchwarz mit ein paar ſchmalen lichten Ringen. An der
Spize einige weißliche Haare. Ueber jedem Auge und auf jedem Backen
ſtehet eine Warze mit zwey langen ſchwarzen Haaren. Die Bartborſten
ſind ſchwärzlich. Die Länge des Thieres beträgt zween und drey viertel
Fuß, ohne den Schwanz; des Schwanzes einen Fuß, der Beine eben
ſo viel ꝛc.

Er iſt an dem Vorgebirge der guten Hofnung nicht ſelten, woher
der Balg, nach welchem obige Beſchreibung, und die Figur gemacht worden,
gekommen war. Ich vermuthe aber, die Schakalle, von welchen verſchiedene
Schriftſteller a) als von Einwohnern des an der Linie liegenden Theils
von Afrika reden, ſeyen mit ſelbigem einerley. Die allzu ſehr ab=

---

a) S. die A. H. d. N. III. Th. S. 311. IV. Th. S. 257. 258. ꝛc.

weichende Grösse und Farbe verstattet nicht, dis Thier für eine Abart des vorigen anzusehen.

Die Beschreibung des Schakalls, welche Herr Daubenton in dem Büffonischen Werke [b] gegeben, scheinet mir vielmehr diesen, als den vorhergehenden zu bezeichnen.

14.

Der surinamische Fuchs.

Canis Thous; Canis cauda deflexa lævi, corpore subgriseo subtus albo. LINN. syst. p. 60. n. 9. PENN. syn. p. 160. n. 117.

Die Farbe ist auf dem Rücken grau, unten weiß. Der Schwanz niedergebogen und platt. Die Grösse einer grossen Kaze. Ein surinamisches, mir unbekanntes Thier.

15.

Die Hyäne.

Tab. XCVI.

Canis Hyæna; Canis cauda recta annulata, pilis cervicis erectis, auriculis nudis, palmis tetradactylis. LINN. syst. p. 58. n. 5.

Taxus porcinus, sive hyæna veterum. KAEMPF. amœn. exot. p. 411. tab. 407. fig. 4.

Hyæna. BRISS. quadr. p. 169. welcher den Filfras damit verwechselt.

Hyæne. BUFF. 9. p. 268. tab. 25.

Striped hyæna. PENN. syn. p. 161. n. 118.

Loup cervier. LE BAS anim. de chasse tab. 7.

Indianischer Wolf. Ridingers allerley Thiere tab. 57. eine sehr gute Figur.

Bbb 2

[b] Hist. nat. tom. XIII. p. 268.

Ὕαινα; Γλάνος; bey den alten Griechen. Gannus; Belbus; bey den Römern. Dabbá; oder vielmehr Dsabbá; Arabisch. Dubbah; in der Barbarey. Kaſtaar; Perſiſch.

Der Kopf iſt dick. Die Schnauze dünne, vorn ausgeschweift wie am Dachſe. Die Ohren aufrecht und faſt kahl. Die Augen der Naſe näher als bey den vorhergehenden Hundegattungen. Der Hals dick. Der Leib zusammengedruckt. Auf dem Halſe und Rücken eine Mähne, welche das Thier nach Belieben aufrichten und niederlaſſen kan. Das Haar am ganzen Leibe rauh und borſtenartig; der Schwanz langhaarig. Zwiſchen dem Schwanze und After befindet ſich eine Querspalte, die zu einem geraumigen Sacke führet, in welchem ſich, aus einigen anliegenden Drüſen, eine schmierige ſehr übelriechende Materie ſamlet. Die Beine hoch, die vordern höher als die hintern. Jeder Fuß hat vier Zehen mit langen Klauen a).

Die Farbe iſt weißgrau mit schwärzlichen Spizen an den Mähnhaaren, und dergleichen Querstreifen am Leibe und den Beinen, bisweilen auch auf dem Schwanze, welcher jedoch häufiger einfärbig iſt. Am Kopfe ſiehet das Thier schwarzbraun b).

Das Weibchen hat vier Säugwarzen auf dem Bauche c).

Die Länge beträgt etwas über drey Fuß; es hat also die Statur eines groſſen Hundes d).

Es wohnt in Perſien e), Syrien f), Aegypten g), Abyſſinien h) und der Barbarey i), an den Orten in den Klüften der Gebirge und in Hölen, die es ſich in die Erde gräbt, einzeln, einsam und am Tage versteckt. In der Nacht gehet es auf den Raub aus, welcher in Schafen, Ziegen, Eseln und andern Thieren, auch Aaſe und Leichen besteht, die es, gleich

---

a) Kämpfer. Daubenton. Forsſkol *Faun. Arab. p. V.* Sköldebrand in den *nov. act. Vpsal. tom. I. p. 77. u. f.*

b) Ebendaſ.

c) Sköldebrand.

d) Daubenton

e) Kämpfer. Niebuhr.

f) Ruſſel.

g) Forsſkol.

h) Ludolf *hist. æthiop.*

i) Shaw. Sköldebrand.

dem Schakall, aus den Gräbern scharret. Auch nähret sichs von Wurzeln
der Gewächse, und den jungen Schößlingen der Palmbäume. Es kan
lange ohne Speise dauren. Sein Naturell ist grausam, wild und un=
bändig; nach Kämpfers Berichte, ist es so herzhaft, daß zween Löwen
einem solchen Thiere haben weichen müssen. Was es anpackt, läßt es
nicht wieder fahren, man mag es schlagen wie man will. Die Mohren
fangen es demnach, indem sie ihm einen Sack vorwerfen, mittelst dessen
sie es schleppen können wohin sie wollen [k]). Sein Laut ist ein heiseres
Brüllen, wie eines Kalbes.

Das Fleisch gebrauchen die Araber in Aegypten zur Arzney [l]). Von
dem Genusse des Gehirnes, glauben sie, werde man rasend [m]).

Dis Thier ist die Hyäna der Alten [n]), von welcher sie viel Fabeln
erzählten; z. E. daß sie die menschliche Stimme nachahmte, welches
vielleicht gewissermaaßen eher vom Schakall gesagt werden könnte, der nicht
selten mit der Hyäne verwechselt worden ist; daß sie das Geschlecht änderte,
und wechselweise männlich und weiblich wäre [o]), wozu vielleicht die obge=
dachte Spalte, welche beyden Geschlechtern gemein ist, (Gelegenheit ge=
geben hat u. s. f. [p]).

Da dieselbe, nebst dem dazu gehörigen Sacke, an dem Dachse wie
an der Hyäne, und bey beyden an einerley Orte, angetroffen wird, und
da beyde Thiere, was die Gestalt und Proportion, besonders des Kopfes,
und, wie es scheint, die Zähne betrift, nicht weit von einander abgehen,
auch in ihrer Lebensart einander nicht unähnlich sind; so dürfte es
vielleicht so unrecht nicht seyn, aus beyden Ein besonderes Geschlecht
zu machen.

Bbb 3

[k]) Stöldebrand S. 79.
[l]) Forsstol.
[m]) Stöldebrand.
[n]) Gesner hält den Pavian, Belon
das Zibethtier für die Hyäne; beide aus
Misverstand des Namens, oder einiger
Eigenschaften.

[o]) OPPIAN. κυνηγ. III. 288. Ari=
stoteles hat die Mährchen schon wider=
legt hist. an. VI. 32. gen. an. III. 6.

[p]) Die Crocuta, Κροκότας, Κροκούτας
der Alten scheint von der Hyäne nicht
verschieden zu seyn.

Spotted **Hyæna.** **PENN.** *syn. p. 162. n. 119. tab. 17. fig. 2.*

Ein Thier, deſſen Bildung der vorbeſchriebenen geſtreiften Hyäne gleich, das aber am Kopfe ſchwarz, am Leibe und Beinen röthlich braun und mit runden ſchwarzen Flecken beſtreuet, mit einer kurzen ſchwarzen Mähne und dergleichen Schwanze verſehen, und in Afrika einheimiſch iſt, verdient hier im Vorbeygehen mit angezeigt zu werden. Es ſcheinet mir noch nicht ganz ausgemacht, ob es eine wirkliche Gattung, oder nur eine Ausartung der Hyäne ſey. Herr Pennant hält es für den Tigerwolf des Kolbe.

Vierzehentes Geschlecht.

Die Kaze.

FELIS.

LINN. syst. nat. gen. 13. p. 60.
BRISS. quadr. gen. 39. p. (264.) 191.

· CAT.

PENN. syn. gen. 19. p. 164.

Vorderzähne sind in beyden Kinnladen sechse.. Sie sind in die Quere gleich abgeschnitten; die beyden äussersten, oben und unten, grösser als die übrigen viere, und in der obern Kinnlade grösser als in der untern.

Die Seitenzähne stehen einzeln; die obern von den vordern, die untern von den Backenzähnen abgesondert. Sie sind konisch, und viel länger als beyde; die untern kürzer als die obern.

Der Backenzähne sind oben und unten drey auf jeder Seite. In der obern Kinnlade ist der vorderste sehr klein und einfach, der folgende grösser und undeutlich dreyzackig, der hinterste der größte und ungleich dreyzackig. In der untern ist der vorderste kleiner als der folgende, und beyde dreyzackig; der hinterste der größte, und zweyzackig.

Die Vorderfüsse haben fünf, die Hinterfüsse vier Zehen, auf welchen diese Thiere gehen. Sie sind unten mittelst einer kurzen Haut unter einander verbunden. Die fünfte an den Vorderfüſſen iſt von den übrigen getrennt, nach Art eines Daumen. Die Klauen ſind krumm, und können ausgeſtreckt oder in eine ihnen eigne Scheide zum Theil zurück gezogen werden.

Der Kopf iſt rundlich, platt, zwiſchen den Augen etwas erhabener als vor= und hinterwärts. Die Schnauze kurz und dick, ſo daß die Augen der Spize derſelben näher ſind als den Ohren. Die Zunge ſtachlich. Der Leib vorne und hinten gleich dicke.

Die Kazen ſind leicht und behend im Laufe und Sprunge. Sie klettern geſchickt.

Ihre Nahrung ſind · allerley Thiere, denen ſie auflauren, ſie mit den Krallen erwiſchen und freſſen, oder das Blut aus= ſaugen. Vegetabiliſche Speiſen· freſſen ſie freywillig nicht.

Die Weibchen werfen mehrere Junge, und ernähren ſie aus den längs dem Leibe in zwo Reihen ſtehenden Saugwarzen, deren auf der Bruſt viere, und auf dem Bauche viere ſind.

1.

Der Löwe.

Tab. XCVII. A. B.

Felis Leo; **Felis** cauda elongata, corpore **helvolo.** LINN. *syst.*
    p. 60. n. 1.

Felis cauda in floccum desinente. **BRISS. quadr.** *p. 194.*

Leo. GESN. *quadr.* *p. 572.* ALDR. *dig. p. 2.* RAI. *quadr. p. 162.*

Lion. *Mém. de l'Acad. des sciences de Paris tom. III. P. I. p. 5.*
    tab. 1. 5. BUFF. 9. *p. 1. tab. 1. 2.*

                                                  Löwe.

Löwe. Löwin. Ridingers Thiere *tab. 52. 55.* Kleine Thiere *tab. 19. bis 30.* Wilde Thiere *tab. 7.* Jagdbare Thiere *tab. 1.* Löwen *tab. 1. bis 8.*

Λέων, Λέαινα; Griechisch. Leone; Italiänisch. Leon; Spanisch. Lion; Französisch. Lion; Englisch. Leyon; Schwedisch. Asad; Arabisch. Sjir; Gehad; Persisch.

Der Kopf ist groß. Das Gesicht platt, viereckig, länglich, zuweilen im Verhältniß der Breite ziemlich lang. Die Nase weißlich gelbbraun. Die Lippen sind weißgelblich, hinterwärts schwarzbraun. Die obersten beyden Reihen Bartborsten braun, die untersten weiß. Ueber jedem Auge stehen einige weißgelbe Haare. Das obere Augenlied ist braun. Die Ohren weißlich graugelb. Vor den Ohren stehen lange weißgelbliche Haare; hinter denselben ein schwarzer Fleck. Die Kehle ist weißlich. Der Leib ist oben auf dem Rücken bräunlich, fällt an den Seiten mehr ins graue, und am Bauche weißgelblich. Zuweilen sind die Seiten und der Bauch mit dunklern nicht sehr deutlichen Flecken getleget. Die Beine sehen aus= wärts bräunlich weißgrau, und haben manchmal eben dergleichen Flecke; inwärts wie der Bauch, und wenn Flecke daran befindlich, so sind sie ein= zelner. Auf der Brust und hinten an dem Ellbogen stehen lange weißgelb= liche mit schwärzlichen gemischte Haare. Die Fußsohlen sind braunhaarig. Der Schwanz oben weißlich, bräunlich und schwarz gemischt, unten weiß= gelb. Er endigt sich mit einer Quaste längerer Haare, welche braun siehet.

Haarnäthe habe ich folgende bemerket: Eine kurze an den vordern Augenwinkeln. Eine in der Mitte zwischen beyden Augen. Eine an jeder Seite des Halses, welche aus langen schwärzlichen, mit weißgelblichen Haaren zusammengesezt ist. Eine die zwischen den Ohren anfängt, in der Mitte des Rückens sich verlieret, und gleichfalls aus langen Haaren bestehet, welche braun und weißgelblich gefleckt sind.

Die vorgedachten längern Haare sind an dem Weibchen nicht viel über ein paar Zoll lang, und fallen daher an selbigem nicht sonderlich in die Augen. An dem männlichen Geschlechte aber errreichen sie eine desto ansehnlichere Länge, besonders die vor den Ohren, auf dem Hinter=

Ccc

haupte und Halse, nicht selten auch die unter dem Kinne, ferner auf der
Brust und dem Bauche, auch an dem Ellbogen, welche leztern jedoch am
wenigsten lang werden. Die zuerst genannten werden gegen oder über
zween Fuß lang, und hängen zu beyden Seiten des Kopfes und Halses
als eine Mähne herunter, welche eine weißgelbe ins bräunliche fallende
Farbe hat, einen Theil derselben ausgenommen, welcher schwarz siehet.
Durch diesen Kopfzierrath unterscheidet sich der Löwe von den folgenden
Gattungen. Die übrigen Haare liegen dicht an der Haut an, und sind
ganz kurz.

Die Farbe der Löwen ist nicht immer völlig einerley, sondern fällt
zuweilen etwas dunkler, als ich sie oben beschrieben habe.

Eben so ist auch die Größe veränderlich. Die Länge des Männchens
beträgt ohngefähr acht bis neun Fuß. Das Weibchen ist ohngefähr um
den vierten Theil kleiner [a]).

Die meisten Löwen sind izo in den sandigten Wüsteneyen im Innern
von Afrika und auf der Westküste dieses Welttheils. Ob, wie man glaubt,
in den Einöden Indiens und Persiens, auch zwischen Bagdad und Basra,
Löwen wohnen? kan ich nicht mit Gewißheit entscheiden. Noch im vorigen
Jahrhunderte gab es, nach Berniers und Taverniers Erzählungen [b]), in
dem wärmern Asien welche, und in dem Alterthume hatten sie sich gar
bis nach Palästina [c]), Armenien [d]) und Thracien [e]) ausgebreitet Je mehr
aber die Bevölkerung eines Landes zunimmt, desto mehr ziehen sich diese
und andere Raubthiere zurück, wovon das Vorgebirge der guten Hofnung
einen Beweis gibt [f]). America bringt, so viel man weiß, keine Löwen
hervor. Was die Reisenden, welche von diesem Welttheile Beschreibungen
bekannt gemacht, Löwen genennet haben [g]), sind zwey Thiere von eben dem
Geschlechte, aber einer ganz verschiedenen Gattung, ohnfehlbar Kuguare.

---

[a]) Büffon.

[b]) S. die A. H. d. R. XI. Th. S. 109. 147.

[c]) Die heilige Schrift bezeugt es an verschiedenen Orten.

[d]) OPPIAN. Cyneg. III. am Anfange.

[e]) ARISTOTELES. S. GESN. quadr. p. 573.

[f]) LA CAILLE. voy. p. 291.

[g]) A. H. d. R. XIII. Th. S. 672. XV. Th. S. 49. 335. XVI. Th. S. 129. 134.

Der Löwe besizt eine gewisse edle Trägheit, welche seinen Gang lang=
sam und majestätisch macht. Der Hunger und der Geschlechtstrieb aber
beschleunigt denselben zuweilen, und dann gibt der Löwe an **Schnelligkeit**
keinem Thiere etwas nach. Zum Klettern **scheint er** nicht recht aufgelegt **zu
seyn;** er thut es selten.

Seiner **Nahrung** gehet er mehrentheils **in** der Nacht nach. Sie be=
stehet **in dem Fleische** allerley grosser Thiere. Wenn ihn der Hunger sehr
drückt, **fällt er Menschen** an. Er pflegt nicht gern zu jagen, sondern legt
sich ins Gebüsche, und belauret die vorbeygehenden Thiere, welche er mit
wenigen seiner Grösse angemessenen Sprüngen überfällt. Zuweilen kriecht
er ganz sachte auf dem Bauche **durch** das Gebüsche, bis er ein Rind er=
reichen kan, welches er sodenn mit der Taze auf einen Schlag **zu Boden**
schlägt, auf den Rücken wirft und fortträgt. Auch springt **er bey Nacht**
über die Mauren in die Höfe, tödtet einen Ochsen und **wirft ihn über**
selbige heraus [h]). Durch **Feuer läßt er sich verjagen** [i]). An Aas gehet er
nicht gern.

Ein erzürnter Löwe weiset die Zähne, ziehet **die Stirne, schüttelt die**
Mähne, **hebt** den Schwanz in die Höhe und schlägt **damit auf die Erde;**
richtet sich auch wohl auf die Hinterfüsse, und ist in dieser Stellung das
schrecklichste unter allen Thieren. Der Laut, welchen er dabey hören **läßt,**
ist kurz und **wird** oft wiederholt. Er unterscheidet sich vom Brüllen, **der**
gewöhnlichsten Stimme des Löwen, welches in einem tiefen, gedähnten, in
gleichen Zwischenräumen abgesezten Tone bestehet, und sehr weit gehöret
werden kan. Noch anders soll seine Stimme seyn, wenn er hungrig ist;
sie wird mit dem oft abgesezten Meckern verglichen, das man bisweilen von
den Kazen hört [k]). Er mag sich aber verrathen wie er will, so ist er das
Schrecken aller Thiere, welche seine Gegenwart so erstarren macht, daß sie
zur Flucht untüchtig werden. Daher hält es schwer, dem Löwen zu Pferde
zu entgehen. Indessen kan man Hunde zur Löwenjagd abrichten.

Ccc2

[h]) **Kolbe vom** Vorgeb. der guten **Hof-**
nung S. **154.** u. f. LA CAILLE voy.
p. 294.

[i]) SHAW voy. I. p. 316.

[k]) Ridinger.

Obgleich der Löwe rückwärts harnet[l]): so geschicht doch seine Be=
gattung nicht in einer abweichenden, sondern in der den vierfüßigen Thieren
dabey gewöhnlichsten Stellung [m]). Ob aber selbige jährlich mehr als ein=
mal geschiehet, wie lange die Löwin trächtig gehet, ob, nach dem Aelian,
zween, oder nach dem Philostratus, sechs Monate, (lezteres kömmt dem
Herrn Grafen von Büffon, der Größe des Thieres wegen, glaublicher vor)
welches die gewöhnlichste Anzahl der Jungen, die in einem Wurfe fallen,
und ohngefähr viere bis fünfe ist [n]), davon ist man nicht hinlänglich unter=
richtet. In Neapolis hat einmal eine Löwin, von einem mit ihr in der
Gefangenschaft befindlichen Löwen, fünf Junge auf einmal zur Welt ge=
bracht[o]): eine Begebenheit, die sich in kalten Ländern äusserst selten
zuträgt.

Man fängt den Löwen in Gruben[p]). Wenn man sich seiner jung
bemächtigt, so kan er sehr zahm gemacht werden, daß man sich ihm an=
vertrauen kan wie einer Hauskaze. Dann wird er zuweilen zur Jagd ab=
gerichtet[q]), oder von den morgenländischen Fürsten zur Pracht unterhalten[r]).
Daß er bey den alten Römern überaus oft bey Thiergefechten mit auf=
geführet worden, ist aus der Geschichte bekannt[s]).

Das Fleisch ist bey den Mohren[t]) und Negern eßbar, und wird mit
dem Kalbfleische verglichen. Die Haut, ehedem ein Puz der Helden, wird
von den Negern zu Betten, in Europa zu Pferdedecken und allerley
Riemerarbeit verbraucht. Das Fett ward sonst in den Apotheken geführt.

---

[l]) Aristoteles.

[m]) DAUBENTON Hist. nat. tom.
IX. p. 37.

[n]) SHAW a. a. O.

[o]) WILLOUGHBY beym RAI. syn.
quadr. p. 165.

[p]) Einen so zahmen Löwen stehet man
unter den oben angeführten Ridingerischen
Figuren in Stellungen mit seinem Wärter,
die Verwunderung und Grauen erregen.

[q]) A. H. d. R. VII. Th. S. 480.

[r]) Kämpfers Amœn. exot. BELL'S
travels Vol. I. p. 102.

[s]) BECKMANN de hist. nat. vett.
p. 33.

[t]) SHAW p. 317.

2.

Der Tiger.

Tab. XCVIII.

Felis Tigris; **Felis** cauda elongata, **corpore maculis** omnibus virgatis.
　　LINN. *syst. p. 61.*

Felis flava, maculis longis nigris variegata. **BRISS.** *quadr. p. 195.*

Tigris. **GESN.** *quadr. p. 936.* mit einer Abbildung. **ALDROV.**
　　dig. p. 101. mit eben derselben. **IONST.** *quadr. p. 84. tab. 34.*
　　mit eben derselben. **BONT.** *Ind. p. 55.* mit einer undeutlichen
　　Abbildung.

Tigris maculis virgatis. **LUDOLF** *hist. æth. comm. p. 151. tab.*

Tigre. **BUFF.** *tom. 9. p. 129. tab. 9.*

Tiger. **PENN.** *syn. p. 167. n. 121.*

Tiger mit länglichten Streifen. Ridingers kleine Thiere *tab. 35.*

Τίγρις; Tigris; bey den alten Griechen und Römern. Paleng; Persisch.
　　Gmelin. Radja utang; Malayisch, in Java. **Bont.** Lau hu;
　　Chinesisch. Hari-mou; bey den Chinesern in Java. **Bont.**

Unter dem Namen **Tiger** begreift man im gemeinen Leben mehrere
Thiere aus diesem Geschlechte; solche nehmlich, die kurze stumpfe Ohren,
einen langen Schwanz, und, was das vornehmste ist, einen gefleckten Pelz
haben. In diesem Verstande werden nicht nur gegenwärtige, sondern auch
die nächstfolgenden Arten Tiger genennet.

Wenn aber diese Benennung eine einzelne Gattung anzeigen soll: so
verstehet **man,** mit den Alten, darunter die, welche izo zuweilen zum Unterschiede mit **dem** Namen des königlichen Tigers [a]) belegt wird.

Ccc 3

---

[a]) Tigre **royal.** Die Portugiesen haben ihn aufgebracht.

Die Grundfarbe ist weißlich, oder bräunlich[b]), auf dem Kinne, dem untern Theile der Backen, Halse, der Brust, dem Bauche und der innern Seite der Beine weiß. Der ganze Leib ist mit oft unterbrochenen schwarzen[c]) Querstreifen gezeichnet, welche von dem Rücken nach der Brust und dem Bauche schief herunter, und auf lezterem quer über laufen. Am Kopfe und den hintern Schenkeln sind sie schmäler, am Schwanze aber, den sie wie Ringe umgeben, breiter. Die Nase ist ungefleckt. Das Haar hinter den Ohren und auf den Backen ist länger als das übrige, und bildet dort eine Art Mähne, hier einen Bart[d]).

Die Grösse, worin er den Löwen übertrift, gleicht einem mässigen Rinde.

Er wohnt in Asien, wo man ihn schon um das caspische Meer in Masanderan und weiter in Persien[e]), häufiger aber und grösser in Indien, besonders Bengalen, und den gegen Norden daran gränzenden Ländern[f]) bis in China hinein[g]) antrift. Daß er auch ein Einwohner von Afrika sey, ist noch nicht erwiesen.

Sein Aufenthalt ist in Wäldern und Gebüschen, besonders an Flüssen, wo er im Hinterhalte auf einen Raub lauret, welchen er mit wenig, aber unglaublich weiten und geschwinden Sprüngen plözlich anfällt; wenn er ihn verfehlt, gehen läßt; wenn er ihn aber erreicht, mit den Krallen im Nacken faßt, auf einmal niederreißt, und nach ausgesaugtem Blute mit grösster Leichtigkeit davon trägt, wenn es auch ein noch so grosses Thier, ein Büffel, dreymal so groß als er selber, wäre[h]). Seine liebste Nahrung ist das Blut seiner Beute: das Fleisch davon pflegt er

---

[b]) Tigres, bestias insignes maculis, notæ et pernicitas memorabilis reddiderunt, fulvo nitent, hoc fulvum nigricantibus segmentis interundatum. SOLIN

[c]) Seltener mit grauen A. H. d. R. VII. Th. S. 76.

[d]) Daubenton rc.

[e]) S. G. Gmelins Reise Th. III. S. 432. 485. Die Gilanischen Tiger waren bey den Alten berühmt: man erinnere sich an VIRG. Aen. IV. 367.

[f]) A. H. d. R. VII. Th. S 76.

[g]) VI. Th. S. 546.

[h]) Bontius p. 53.

nicht ganz aufzufreſſen, ſondern überläßt das meiſte den Schakallen, welche ihm dagegen manchen Raub zutreiben, und daher ſeine Piloten genannt werden[i]. Das Naturell des Tigers iſt grauſam, er verſchonet Menſchen und alle Arten von Vieh zu keiner Zeit; kühn, er weicht niemand, und man hat in Bengalen mehr als ein Beyſpiel, daß er von mehrern **Leuten** einen gehohlt hat, ohne ſich an die übrigen **zu** kehren, ja, daß er **in den** Ganges gewatet **und aus einem** nahe **am Ufer** befindlichen Fahrzeuge **eine** Perſon weggetragen hat; übrigens iſt er **träge**, und zum anhaltenden **Laufe** nicht gemacht; er raubt alſo die Thiere am liebſten, denen er nicht weit **nachſezen darf**[k]. Deswegen, ſagt man, iſt er dem Menſchen gefährlicher **als den Thieren.** Er ſoll aber, wenn Indianer und Europäer beyſammen ſind, allemal jene zuerſt anfallen[l]. Mit Feuer kan man ihn abhalten[m]. In Perſien iſt er dem Menſchen bey weitem nicht ſo gefährlich, als in dem heiſſern Indien[n].

Er gibt einen widrigen Geruch von **ſich, ſo daß man ihn vom** weiten ſpüren kan. Sein Laut[o] gleicht einigermaſſen dem Brüllen eines Löwen.

Das Weibchen wirft im Frühjahre drey bis vier Junge, **die ſich zwar** in der Kindheit gut **anlaſſen**, nach Verlauf von einem Jahre aber Proben von ihrer Ungezähmtheit **ablegen**, und bey zunehmendem Alter nicht **zu** bändigen ſind[p]. Der **Vater frißt die Jungen**, und zerreiſſet die Mutter, **wenn ſie** ſie vertheidigt.

Man jagt[q], ſchießt oder fängt den Tiger in Gruben, die aber mit ſehr ſtarken und feſten Fallthüren verwahret ſeyn müſſen, damit das Thier ſie nicht öfnen **und entfliehen** könne[r]. Bey den Römern ward dieſes

[i] Dän. Miſſionsberichte XXIX. Cont. S. 432. A. H. d. R. XII. Th. S. 465.

[k] Bontius.

[l] Mandelslo N. A. H. d. R. XI. Th. S. 98. Saars Kriegsdienſt S. 69.

[m] A. H. d. R. XVIII. Th. S. 226. 263. 351.

[n] Gmelin.

[o] Im Lateiniſchen wird er durch das Wort Rancare angedeutet.

[p] Bontius. Gmelin a. a. O.

[q] A. H. d. R. VII. Th. S. 76. 656.

[r] Bontius.

Thier bisweilen, aber seltener als der **Löwe** und Panther, mit zu den Thiergefechten genommen[a]. Das Fleisch wird gegessen[b], und von den Häuten macht man Pferdedecken, überziehet die Wagen und Sänften da- mit u. s. w. Die klein gehackten und eingenommenen Bartborsten werden für ein starkes Gift gehalten[c]; allem Ansehen nach aber können sie nicht anders schaden, als daß sie durch ihre Schärfe die Verdauungswerkzeuge verlezen.

3.

Der Panther.

Tab. XCIX.

Felis Pardus; Felis cauda elongata, corpore maculis superioribus orbiculatis, inferioribus virgatis. LINN. *syst. p. 61.*

Felis ex albo flavicans, maculis nigris, in dorso orbiculatis, in ventre longis. Leopardus. BRISS. *quadr. p. 198.*

Panthera, Pardus, Pardalis, Leopardus. GESN. *quadr. p. 824.* mit einer Figur. RAI. *syn. p. 166.*

Pardus maculis seu scutulis varius. LUDOLF *hist. æthiop. comm. p. 51. tab.*

Tiger. **Ridingers** kleine Thiere *tab. 32? 33!* wilde Thiere *tab. 38.*

Panthere. BUFF. *9. p. 151. tab. 11. 12.* PENN. *syn. p. 170. n. 122.*

Nemr; Arabisch.

Die Grundfarbe dieses Thieres ist bräunlichgelb. Auf dem Rücken und an den Seiten ist es mit runden, länglichen oder unregelmässi- gen schwarzen Ringen gezeichnet, die einen Raum von etwas dunklerer
Farbe,

---

[a] BECKMANN *de hist. nat. vett. p. 38,*

[b] Saars ostindischer Kriegsdienst S. **18.**

[c] A. H. d. N. XI. Th. S. 98.

Farbe, als der Grund ist, einschliessen, in dessen Mitte sich öfters ein einzelner schwarzer Fleck zeigt. Der Kopf, Nacken, die Schultern und die vier Beine haben häufige einfache Flecke, von welchen die auf dem Kopfe die kleinsten sind. Die Nase ist ungefleckt. Kehle, Hals, Brust, Bauch und die innere Seite der Beine sind weiß und mit irregulären schwarzen Flecken bestreuet, welche öfters länglich ausfallen [a]). Die Länge dieses Thieres ist (ohne den zwey bis drittehalb Fuß langen Schwanz) fünf bis sechs Fuß.

Es wohnet in Afrika, Aegypten nicht ausgenommen [b]) und den wärmern Theilen von Asien. Sollte es nicht auch in Amerika gefunden werden? Der Herr Graf von Büffon läugnet es; und es ist wirklich schwer zu begreifen, wie Landthiere disseitiger heisser Gegenden in diesen abgesonderten Theil der Welt hätten kommen können. Demohnerachtet ist Herr Pennant zweifelhaft gemacht worden, ob nicht selbiges, oder wenig= stens eine Spielart, auch dort einheimisch sey, da ihm einige, dem Verneh= men nach aus den spanischen Ländern in Amerika nach London gebrachte Häute zu Gesicht gekommen, die den Pantherhäuten an Zeichnung, Schön= heit und Grösse fast ganz gleich gewesen sind [c]). Die Sache verdient, so wie überhaupt die Naturgeschichte der spanischen Colonien in Amerika, eine weitere Untersuchung.

[a]) Solche erfordert die Linneische Defi= nition; man nimmt sie freylich nicht an allen Thieren wahr; es ist aber offenbar zu weit gegangen, wenn behauptet werden will, daß sie auf diese Gattung eben so wenig als auf die beyden nachfolgenden passe.

[b]) FORSSKOL *animal. p. V.*

[c]) PENN. *syn. p. 171.* Folgende Grün= de scheinen ihm die Wahrscheinlichkeit der Sache zu vergrössern: 1) Die Abbildung und die Beschreibung des sogenannten Tigris mexicana in FABRI *hist. anim. nov. Hisp. p. 498. 507.* passen vollkom=

men auf den Panther. 2) Alle amerika= nische Tiger kommen an Grösse dem itz= gedachten nicht bey, dessen gewöhnliche Höhe, nach Faber, vier bis fünf Fuß be= trägt, und dessen meiste Nahrung in mit= dem Rindvieh, Pferden 2c. bestehet. Damit kömmt überein, was Condamine und der P. Cajetano Cattaneo von Tigern (d. i. Panthern) in America melden, daß sie so groß, ja grösser als die in Afrika, seyen, und eine Goldfarbe haben; ja Ulloa vergleicht sie mit kleinen Pferden. 3) Die Kaufleute sind zwar in Angabe der Ge= burtsörter nicht allemal glaubwürdig; hier aber stimmet ihr Zeugniß einmüthig überein.

Ddd

Im Naturell und der Art zu rauben kömmt der Panther mit dem Tiger überein. In Arabien und Aegypten ist er nicht so grausam, als in heissern Ländern: er beleidigt den Menschen nicht, wenn man ihn nicht reizt. In der Nacht schleicht er sich daselbst in die Häuser, und fängt die Kazen weg [d].

Die Alten haben dieses Thier sehr wohl gekannt; es hat oft bey den Römern auf den Kampfplätzen seine Kräfte und Geschicklichkeit sehen lassen [e]. Beym Oppian wird unter dem Namen des grössern Pardels [f] allem Ansehen nach eben dieses verstanden.

4.

Die Unze.

Tab. C.

Once. BUFF. 9. *p.* 151. *tab.* 13. PENN. *syn. p.* 175. *n.* 126

Fedh (Faadh beym Shaw, nach der englischen Aussprache) Arabisch. Kodhi-pili; malabarisch. Dän. Miss. Ber. XXXI. Cont. S. 773. Pu pi; Chinesisch. Müller. Hi nen pao; Chinesisch. Thevenot. Tigre d'Afrique; bei den französischen Rauchhändlern. BUFF.

Die Grundfarbe des ziemlich langhaarigen Körpers ist weißlich, an der Brust, dem Bauche und der inwendigen Seite der Beine weiß. Die Zeichnung kömmt fast mit der Zeichnung des Panthers überein, nur daß die Ringe auf dem Rücken länglicher und unregelmässiger ausfallen. Der Schwanz ist verhältnißmässig länger, als an der dritten und fünften Gattung. Die gegenwärtige ist übrigens kleiner als beyde, denn die Länge beträgt, den Schwanz (welcher drey Fuß und drüber lang ist) nicht mitgerechnet, ohngefähr viertehalb Fuß [g].

---

[d] FORSSKOL ebendas.

[e] BECKMANN *de hist. nat. vett.* p. 37.

[f] Πόρδαλις μείζων. OPPIAN. κυνηγ. l. v. 63. sqq.

[g] Büffon.

Sie wohnet in der Barbarey [b]), Persien [c]), Ostindien [d]) und China [e]).

Ihr Naturell ist milder als der vorhergehenden und folgenden Gattungen ihres; sie läßt sich daher leicht zahm machen, und selbst zur Jagd
auf Gazellen und Hasen abrichten. Der Jäger führt sie hinter sich auf
dem Pferde; wenn er das Wild eingehohlt hat, läßt er sie auf selbiges
los, welches sie fängt, und sich nachher willig wieder greifen und auf das
Pferd nehmen läßt [f]).

Sie ist wahrscheinlich Oppians kleineres Pardel [g]) und die Panthera
des Plinius [h]).

5.

Der Leopard.

Tab. CI.

Uncia. CAJ. op. p. 42. GESN. quadr. p. 825. mit der Figur.

Tiger. Ridinger kleine Thiere tab. 31? 34?

Leopard. Ridinger wilde Thiere tab. 34?

Leopard. BUFF. 9. p. 151. tab. 14. PENN. syn. p. 172. n. 123.

Engoi, in Kongo.

Die Grundfarbe ist auf dem Rücken und den Seiten des Leibes
bräunlich gelb, auf dem Kopfe, Halse und den Beinen mit einfachen,
auf dem Rücken mit vier- bis fünffach beysammen stehenden schwarzen
Flecken, die einen dunkler braunen Raum einschliessen, dicht bestreuet.
Die Nase ist ungefleckt. Kehle, Brust, Bauch und die innwendige Seite

D d d 2

[b]) SHAW voy. I. p. 317.

[c]) CHARDIN.

[d]) Dän. Miss. Ber. a. a. O.

[e]) Müllers Sammlung Th. III. S. 549. 608.

[f]) Olearius Pers. R. B. S. 231.

[g]) Πορδάλιες ὀλιζότεραι. OPP. xuv. I. 65.

[h]) Pantheris in candido breves macu-
larum oculi lib. VIII. c. 17.

der Beine auf weissem Grunde schwarz gefleckt. Das Haar so kurz wie am Panther. Die Länge des Körpers beträgt nicht viel über vier, des Schwanzes zween bis drittehalb Fuß [a]); und folglich ist der Leopard grösser als die Unze, aber kleiner als der Panther.

Sein Vaterland ist Afrika. Insonderheit bewohnt er die Westküste, vom Senegal an bis zum Vorgebirge der guten Hofnung, häufig.

Den Sitten nach ist dieses Thier von den vorhergehenden nicht unterschieden. Die Neger fangen es in Fallen [b]), und die Hottentotten essen das Fleisch, welches an Weisse dem Kalbfleische gleichen und gut schmecken soll [c]).

6.

Der Jaguar.

Tab. CII.

Felis Onca; Felis cauda mediocri, corpore flavescente, ocellis nigris rotundato angulatis medio flavis. LINN. *syst. p.* 61. mit einer Beschreibung.

Felis flavescens, maculis nigris orbiculatis, quibusdam rosam referentibus, variegata. BUFF. *quadr. p.* 196.

Felis cauda elongata, maculis subrotundis fere æqualibus. BROWN. *nat. hist. of Jam. p.* 485?

Pardus aut lynx brasiliensis, Jaguara dictus, lusitanis Onza. RAI. *syn. p* 168.

Jaguara. MARCGR. *Brasil. p.* 235. PISO *Brasil p.* 203.

Jaguar. BUFF. 9. *p.* 201. *tab.* 18.

Brasilian cat. PENN. *syn. p.* 176. *n.* 128.

Janu-ara. Jagu-ara; Brasilianisch. Onça; onza; Potugiesisch. Tiger, bey den Europäern in America.

---

[a]) Büffon.
[b]) DESMARCHAIS.

[c]) Kolbe A. H. d. R. V. Th. S. 94.

Die Grundfarbe ist, wie am Leoparden, bräunlich gelb, ausser an der Kehle, der untern Seite des Halses, der Brust und dem Bauche, auch der inwendigen Seite der Beine, welche weiß sind. Die Stirne ist mit einem doppelten unterbrochnen Streife, wozwischen Flecke von verschiedener Grösse befindlich; jeder Backen mit einem doppelten, und der Hals an jeder Seite mit einem dreyfachen Streife gezeichnet, der hinter den Schultern aufhört; mitten auf dem Rücken gehet ein oft unterbrochener Streif bis an den Schwanz, neben welchem viele und an den Seiten, längliche, eckige und runde Flecke von allerley Grösse stehen, wovon verschiedene inwendig bräunlich sind, da sonst die Farbe der sämtlichen Streifen und Flecke schwarzbraun, oder doch (besonders an den Seiten) dunkelbraun ist. An den Beinen sind sie durchgehends kleiner. Die weissen Stellen haben eben dergleichen Flecke. Die Barthaare sind an dieser Gattung besonders lang, und theils dunkelbraun, theils weiß. Er ist kleiner als die Unze: denn seine Länge beträgt nur ohngefähr drittehalb Fuß, und des Schwanzes einen und etwas drüber.

Die Heimath dieses Thieres ist das südliche Amerika, besonders Guiana [a]), Surinam [b]), Paraguay [c]), Brasilien [d]), und Patagonien bis zum 34ten Grade der Breite [e]).

Er nähret sich von allen Arten der Thiere. Wie er in allen Manieren mit dem Tiger übereinkommt: so lauret er, gleich diesem, in Gebüschen, vornehmlich an den Seiten der Flüsse, auf die vorbeygehenden Thiere, fällt sie mit etlichen Sprüngen an, saugt erst das Blut aus, und verzehret hernach einen Theil des Fleisches. In der Nacht gehet er in die Städte und Dörfer, um Hüner, Hunde und andere kleine Thiere zu holen. Bey der Gelegenheit nimmt er zuweilen Kinder mit. Wenn er einmal Menschenfleisch gekostet, so schmecken ihm Thiere nicht mehr; und dann wird er dem Menschen [f]), selbst erwachsenen Personen, gefähr-

D d d 3

[a]) Bankroft S. 82. Der Guianische Tiger.
[b]) Fermins Beschreib. von Surinam 2. Th. S. 85.
[c]) CHARLEVOIX.
[d]) Marcgrav.
[e]) Falkners Beschreibung von Patagonien S. 74.
[f]) Ulloa. A. H. d. R. IX. Th. S. 45. 77. XV. Th. S. 49.

lich ⁊). Doch ſoll er den Indianer dem Europäer vorziehen ʰ). Er
frißt auch Fiſche. Er iſt ſelbſt dem Krokodill, ſo wie dieſes ihm ge=
fährlich; wenn er ans Waſſer kömmt, um zu ſaufen, ſo ſteckt es den
Kopf zum Waſſer heraus, um nach ihm zu ſchnappen, worauf er ihm
die Klauen in die Augen ſchlägt, aber auch von dem Krokodille mit
unter das Waſſer gezogen wird, in welchem hernach gemeiniglich beyde
umkommen ⁱ). Indeſſen beſizt er bey weitem nicht die Herzhaftigkeit eines
Tigers der alten Welt. Er fürchtet das Feuer ſo ſehr, daß man ihn mit
einem Brande verſcheuchen kan. Wenn er ſatt iſt, läßt er ſich von einem
Hunde jagen.

 Man fängt die Jaguare in Fallen, oder mit Schlingen. Die Mulatten
wiſſen ſie im Zweykampfe zu tödten, nachdem ſie ihnen beym Angriffe die
Pfoten abgehauen haben ᵏ).

7.

Der Ozlot.

Tab. CIII.

Felis Pardalis; Felis cauda elongata, corpore maculis superioribus
 virgatis, inferioribus orbiculatis. LINN. syst. p. 68 mit einer Be=
 ſchreibung ᵃ)

Felis rufa, in ventre ex albo flavicans, maculis nigris, in dorso
 longis, in ventre orbiculatis variegata. BRISS. quadr. p. 199.

Catus pardus mexicanus. HERNAND. mexic. p. 512. mit einer
 Figur

⁊) Ein Beyſpiel ſiehe in der Nachricht
von Callfornien S. 64.
 ʰ) A. H. d. N. XIII. Th. S. 672.
 ⁱ) Condamine. A. H. d. N. XVI. Th.
S. 133.
 ᵏ) Ulloa IX. Th. S. 78.
 ᵃ) Daß dieſer Name den Ocelot des
Herrn Grafen von Büffon anzeige, hat

lezterer ſelbſt anerkannt, und die linneiſche
Beſchreibung widerſpricht keinesweges. Herr
Pennant indeſſen iſt anderer Meinung,
und hält die Felis Pardalis des Herrn
Archiaters für eine vom Ozlot verſchiedene
Gattung, die er S. 187. n. 134. unter
dem Namen mountain cat. beſchreibt, wo=
von der Serval eine Spielart ſeyn ſoll.

Catus pardus, s. catus americanorum.   RAI. *syn. p.* 169.

Ocelot. BUFF. 13. *p.* 239 *tab.* 35. 36.

Mexican cat.   PENN. *syn. p.* 177. *n.* 128.

Tlacoozlotl; Tlalocelotl.; Tlatlauhqui ocelotl; Mexicanisch. Hernandez.

Die Grundfarbe ist bräunlichgelb, unten weiß, wie an den vorher=
gehenden Arten. Der Rücken nebst den Seiten mit länglichen, geraden
oder gebogenen, bräunlichen schwarz eingefaßten Streifen, dergleichen schon
auf der Stirne und den Backen stehen, die Beine mit schwarzen Tupfen,
der Bauch aber und Schwanz mit dergleichen länglichen Flecken gezeichnet.
Er ist fast so groß als der Jaguar, denn die Länge beträgt, ohne den
Schwanz, über zween Fuß [b]).

Man findet ihn bloß im wärmern America, besonders in Mexiko [c]).
und Californien [d]), auch Tierra firma [e]).

Er ist zwar so wild, daß man ihn nicht wohl zähmen kan; er
thut unter dem jungen Rindviehe, und anderem Wilde viel Schaden,
dem er auf den Bäumen auflauret, und vornehmlich das Blut davon
genießet. Allein den Menschen scheuet er, und läßt sich von den Hun=
den in die Flucht treiben [f]). Von diesem Thiere wird erzählt, es wisse
die Affen mit List zu fangen, indem es sich für tod hinlege, und wenn
welche auf Antrieb ihrer natürlichen Neubegierde kommen und es besehen
wollen, auffahre und einen hasche [g]). Allein die Erzählung schmeckt
zu sehr nach dem Fabelhaften, als daß man ihr ohne neuere Bestätigung
Glauben beymessen könnte. Kan nicht etwas ähnliches einmal zufälliger
Weise geschehen, aber nicht sorgfältiger Beobachtung halben unrecht gedeutet
worden seyn? Dis ist mir wenigstens wahrscheinlich.

---

[b]) Büffon.   [e]) Dampier *voy. tom. III. p.* 506.

[c]) Hernandez.   [f]) Dampier. Hernandez.

[d]) Nachricht von Californien S. 63.   [g]) HERNANDEZ *Mex. p.* 514.

8.

Der Gepard.

Tab. CV.

Guépard. BUFF. 13. *p.* 249.

Hunting cat. PENN. *syn. p.* 174. *n.* 125. *tab.* 18. *fig* 1.

Der Kopf ist rund, bräunlich mit undeutlichen schwarzen Flecken gezeichnet. Ueber jeden Mundwinkel läuft ein breiter schwarzer Streif, der sich schief nach der Nase herüber, und von da nach dem innern Augen= winkel ziehet. Ueber dem Auge ist ein schwarzer mondförmiger Fleck, unter demselben eine schwarze Einfassung, die ein weißlicher Streif der Länge nach theilt. Die Bartborsten sind, wie die Krallen, weiß. Die Ohren kurz, schwarz, an der Spize weißgelblich. Auf dem Halse stehet eine aus langen weißlichen mit braunen vermengten Haaren zusammen= gesezte Mähne, welche bis über die Schultern hinaus gehet, und dieser Gattung zu einem besondern Unterscheidungszeichen dienet. Der Leib ist langhaarig, von weißlicher Grundfarbe, die sich aufs bräunliche ziehet, und an den Beinen nach und nach in bräunlich, am Bauche, der Brust, Kehle und dem Halse aber in weiß verwandelt. Der Rücken und die Seiten sind mit kleinen etwa halbzolligen runden schwarzbraunen Flecken dicht bestreuet, die nach dem Bauche zu einzelner stehen, und etwas größer und länglicher sind. Der Schwanz kürzer als der Leib, oben bräunlich, unten weiß, mit länglichen schwarzbraunen Flecken gezeichnet. Die Länge des ausgestopften Balges, nach welchem meine Zeichnung und Beschreibung entworfen ist, betrug von der Nase an bis an den Schwanz drittehalb, des Schwanzes etwas über einen Fuß, und des Haares, das die Mähne ausmachte, drey Zoll. Doch habe ich auch eine größere Haut gesehen, welche, fast wie die eine von Herrn Daubenton [a]) beschriebene, ohne den Schwanz über viertehalb Fuß, mit solchem aber fünf Fuß acht Zoll lang war.

Das Vaterland dieses Thieres ist das südliche Afrika; man be= kömmt die Felle vom Vorgebirge der guten Hofnung. Nach Herrn

Pennant

[a]) Th. XIII. S. 254.

Pennant ist es auch in Indien einheimisch, und derjenige Leopard, von welchem Bernier erzählet, daß er daselbst häufig statt des Hundes zur Jagd, besonders der Gazellen gebraucht werde. Man führt nämlich das Thier auf einem kleinen Wagen, an einer Kette und mit verbundenen Augen zu einer Herde Gazellen, und läßt es los. Wenn es sich in Freyheit siehet, so gehet es nicht sogleich auf die Gazellen los: sondern drückt sich an die Erde, sucht sich unvermerkt an eine hinan zu schleichen, und sobald es seinen Vortheil ersehen hat, thut es mit einer unglaublichen Geschwindigkeit fünf bis sechs weite Springe auf selbige, reißt sie nieder, und genießt nebst dem Blute einen Theil des Eingeweides. Verfehlt es aber die Gazelle: so weiß es ihr nicht nachzusezen, und würde auch, wie die übrigen Tiger, unvermögend seyn, so geschwind und so lange zu laufen, als es die Gazelle anhält. Der Führer nähert sich ihm dann behutsam, schmeichelt ihm, gibt ihm Fleisch, bedeckt ihm während der Zeit die Augen vom neuen, legt ihm die Kette wieder an, und bringt es auf den Wagen zurück [b]).

9.

Der schwarze Tiger.

Tab. CIV. B.

Black Tiger. PENN. *syn.* p. 180. n. 130. *tab.* 18. *fig.* 2.

Once. DES MARCHAIS *voy.* tom. 3. p. 300

? Jaguareté. MARCGR. *Brasil.* p. 235. PIS. *Brasil.* p. 103. RAI. *syn.* p. 169.

Der Kopf, Rücken, die Seiten, die Beine auswendig und der Schwanz sind mit kurzen Haaren von einer glänzend dunkelbraunen Farbe bedeckt. Die Oberlippen sind weiß; an jedem Mundwinkel stehet ein schwarzer Fleck. Die Unterlippen, Kehle, Brust, Bauch und innwendigen Seiten der Beine sehen weißlich, oder sehr blaß aschgrau; die Pfoten weiß. Der Größe nach gleicht der schwarze Tiger einem jährigen Kalbe [a])

[b]) BERNIER TAVERNIER. PENN.   [a]) Pennant.
p 274.

Eee

Er wohnt in Südamerika, ist, gleich dem vorhergehenden, stark und grausam, und wird daher von den Indianern sehr gefürchtet

Der Herr Graf von Büffon [b] ist nicht abgeneigt, den Jaguarete für eine Spielart des Jaguars zu halten. Weil aber die von Marcgrav und Piso beschriebene Grundfarbe mit der diesem schwarzen Tiger eigenen übereintrist, und der Unterschied blos in den schwarzen Flecken bestehet, die der Jaguarete hat, so halte ich mit Herrn Pennant für nicht unwahrscheinlich, daß er zu diesem gehöre, falls er nicht eine besondere Gattung ausmacht. Die von Des Marchais beschriebenen, und von Pennant gesehenen schwarzen Tiger hatten keine Flecke.

10.

Der Kuguar.

Tab. CIV.

Felis concolor; Felis cauda elongata, corpore immaculato fulvo. LINN. *mantiss. pl.* 2. *p.* 522.

Felis e flavo rufescens, mento & infimo ventre albicantibus. BRISS. *quadr. p.* 197

Cuguaçu arana. MARCGR. *Bras. p.* 235. RAI. *syn. p* 169.

Cuguaçu ara. PIS. *Bras. p.* 103.

Panther. LAWSON *Carol. p.* 117. CATESB. *Car. app.*

Tigris fulvus. BARR. *Fr. æquin. p.* 166.

Cougouar. BUFF. 9. *p.* 216. *tab.* 19.

Brown cat. PENN. *syn. p.* 179. *n.* 129.

Tigre rouge; in Guiana

Der Mangel aller Flecke scheint zwar die gegenwärtige, wie zum Theil die vorige Gattung von den Tigern zu unterscheiden; allein wenn man die Grösse und Verhältniß der Theile betrachtet, so ist die Aehnlichkeit nicht

[b] *Tom. IX. p.* 204. 205.

zu verkennen. Indeſſen macht der Kuguar, in Anſehung ſeiner etwas längern Ohren, den Uebergang von den Tigern zu den der Hauskaze ähnlichern Gattungen dieſes Geſchlechtes.

Die Farbe des Thieres iſt auf dem Kopfe, Halſe, Rücken, den Seiten des Leibes, der auswendigen Seite der Beine und dem Schwanze fuchsroth. Hals und Rücken mit einiger Schwärze überlaufen, welche von den ſchwarzen Spizen der längern und ſtärkern Haare verurſacht wird. Um die Augen miſcht ſich Grau und Schwarz unter das Roth. Die Lippen, der untere Theil der Backen, der Hals, die Bruſt, Mitte des Bauches und innere Seite der Beine ſind weiß. Die Spize des Schwanzes iſt ſchwarz. Die Länge des Kuguars beträgt viertehalb Fuß, und des Schwanzes etwas über zween Fuß [a]).

Er wohnt in America, von Canada an bis Patagonien; denn es iſt kaum zu zweifeln, daß die röthlichen Tiger bey den Irokeſen [b]) zu dieſer Gattung gehören. Inſonderheit findet man den Kuguar häufig in Mexico, Tierra firma, Braſilien, Paraguay und um den Amazonenfluß [c]).

Nach dem Baue des Körpers zu urtheilen, muß der Kuguar geſchwinder im Laufen und Klettern ſeyn, als ſeine amerikaniſchen Geſchlechtsverwandten. Sein Aufenthalt iſt vornehmlich in den Wäldern, und er beſizt die Geſchicklichkeit Bäume zu beſteigen, um die Thiere, welche er beſchlichen hat, darauf zu belauren. An den Menſchen wagt er ſich kaum, zumal wenn er Feuer ſiehet [d]). Das Fleiſch wird gegeſſen, und ſoll wie Kalbfleiſch ſchmecken.

Von dieſem Thiere ſcheinet das, welches die Spanier in Californien Leopard nennen, nicht verſchieden zu ſeyn [e]). Auch nach der Vermuthung des Herrn Grafen von Büffon, der Ocorome der Mozas in Peru [f]), von welchem man ſagt, er jage dem Tiger, d. i. dem Jaguar, den

Eee2

[a]) Daubenton.
[b]) CHARLEVOIX hist de la Nouv. France tom. I. p. 44.
[c]) A. H. d. R. XVI. Th. S. 134.
[d]) GUMILLA hist. nat. de l'Orenoque tom. II. p. 3.

[e]) Sie ſind dem Tiger faſt in allem gleich; die Farbe aber ſticht auf gelb und iſt ohne Flecke. Nachricht von Californien S. 63.

[f]) S. Büffon tom. 9. p. 217.

Raub zu [g]). Endlich dürfte auch der Puma wohl nichts anders als ein Ku=
guar seyn, welcher in den Tagebüchern der Amerikanischen Reisenden oft mit
dem Namen des Löwen beehret wird, aber viel kleiner als der afrikanische
Löwe, mit keiner Mähne versehen, der Farbe nach verschieden, und zwar theils
roth [h]), theils grau ist, für den Menschen fliehet, sich von den Hunden
jagen läßt und dann seine Zuflucht auf die Bäume nimmt, leicht in einen
Kreis von Menschen eingeschlossen und tod gesteinigt oder geschlagen
werden [i]), mithin nichts weniger als ein ächter Löwe seyn kan.

11.

Die Maragua.

Tab. CVI.

Felis tigrina; Felis ex griseo flavescens, maculis nigris variegata.
BRISS. *quadr. p.* 193.

Felis fera tigrina. BARR. *Fr. æqu. p.* 152. Fermin Beschreibung von
Surinam. 2. Th. S. 85.

Maraguao sive Maracaja. MARCGR. *Brasil. p.* 233.

Tepe Maxtlaton. FERNAND. *nov. Hisp. p.* 9.

Margay. BUFF. 13. *p.* 248. *tab.* 38.

Cayenne cat. PENN. *syn. p.* 182. *n* 132.

Maragua; Maragaia; Brasilisch.

In der Gestalt kömmt sie mit der wilden Kaze überein. Die Schnauze
ist länger als an der wilden Kaze. Die Ohren eben so lang, aber mehr
abgerundet. Der Schwanz so lang als der Leib. Das Haar kürzer als
an der wilden Kaze. Die Grundfarbe gelbbräunlich, oder weißlich, unten
weiß; auf solcher stehen viele schwarze theils der Länge nach, theils in die
Quere laufende Streife und unregelmäßige Flecke. Der Schwanz ist gelb=

---

[g]) Dänis. Missionsberichte XXIX. Cont.
S. 432.

[h]) A. H. d. R. XVI. Th. S. 129.

[i]) XIII. Th. S. 672. XV. Th. S. 49.
335. XVI. Th. S. 134.

bräunlich und schwarz geringelt. Sie hat die Statur einer wilden Kaze [a]), und ist in dem ganzen südlichen Amerika gemein.

Gleich der wilden Kaze, mit welcher sie auch in den Sitten über= einkömmt, thut sie an dem Geflügel viel Schaden; läßt sich aber zahm machen.

12.

Die Kaze.

(1)

Die wilde Kaze.

Tab. CVII. A. CVII. A a.

Felis (Catus) silvestris; Felis pilis ex fusco flavicante & albido variegatis, cauda annulis alternatim nigris & ex sordide albo flavicàntibus. BRISS. *quadr. p.* 192.

Felis silvestris. ALDROV. *dig. p.* 582. *fig. p.* 583. JONST. *quadr. p.* 127. *tab.* 72.

Catus silvestris. GESN. *quadr. p.* 353. mit einer Abbildung. KLEIN *quadr. p.* 75.

Chat sauvage. BUFF 6. *p.* 1. *tab.* 1.

Wild cat. PENN. *syn. p.* 183. *n.* 133. *brit. zool.* 1. *p.* 47. *tab.* 22.

Wilde Kaze. Ridingers kleine Thiere *tab.* 80. 81. wilde Thiere *tab.* 24. jagdbare Thiere *tab.* 18.

(2)

Die Hauskaze.

Tab. CVII. B. Fig. 1.

Felis Catus (domestica); Felis cauda elongata fusco annulata, corpore fasciis nigricàntibus; dorsalibus longitudinalibus tribus, lateralibus spiralibus. LINN. *faun. p.* 4. *n.* 9. *syst. nat. p.* 62.

E e e 3

[a]) Maregrav. Büffon.

Felis domestica. BRISS. *quadr.* p. 191.

Felis. ALDROV. *dig.* p. 564.

Felis vel catus. GESN. *quadr.* p. 344. *fig.* p. 345.

Felis domestica. JONST. *quadr.* p. 126 *tab.* 72. RAI. *syn.* p. 170.

Chat domestique.   BUFF. 6. *tab.* 2   Chat d'Espagne *tab.* 3. Chat des
    chartreux *tab.* 4.

Domestic cat. PENN. *brit. zool.* 1. p. 45. *tab.* 21.

Αιλουρος; Griechiſch. Cat; Engliſch. Cath; Britanniſch. Chat, Franzöſiſch.
    Catto, Catta; Italiäniſch. Gato; Portugieſiſch, Spaniſch. Katta;
    Schwediſch. Kat; Däniſch, Holländiſch. Kos; Polniſch. Koschka;
    Ruſſiſch. Kotschka; Illyriſch.

(3)

Die angoriſche Kaze.

Tab. CVII. Fig. 2.

Felis angorensis; Felis pilis longissimis. BRISS. *quadr.* p. 192.

Chat d'Angora   BUFF. 6. *tab* 5

Der Kopf iſt rundlich, oben platt. Die Schnauze kurz und abgerundet. Das Maul klein. Die Naſe vorn, wo ſie kahl iſt, dreyeckig,
in der Mitte durch eine tiefe Furche ſenkrecht getheilt, welche bis an den
Rand der Oberlippe hinab gehet. Die Augen groß; die Richtung der
Augenlieder ſchief. Die Ohren dreyeckig, oben zugerundet, vor= und
hinterwärts beweglich. Die Backen dicke. Der Hals rund. Der Leib
etwas zuſammengedrückt, vorn und hinten gleich dicke. Die Beine von
mittelmäſſiger Länge. Der Schwanz kürzer als der Leib, gegen die
Spize hin dünner, ſehr beweglich. Gemeiniglich trägt ihn das Thier
aufrecht.

Die langen Bartborſten ſind in vier bis fünf Reihen auf dem dickern
Theile der Oberlippe vertheilt. Ueber jedem Auge gegen den vordern
Winkel deſſelben, ſtehen drey bis ſechs längere und mehrere kürzere Borſten

auf einem Haufen, und auf jedem Backen, in gerader Linie mit dem
Mundwinkel, zwo ziemlich kurze beysammen. Auf der Kehle keine. Haarnäthe: eine von dem innern Winkel jedes Auges nach der äussern Spize
der Nase; eine ungepaarte, quer über die Nase hinüber; eine ungepaarte,
über die Mitte der Brust und den Bauch längs hinunter, welche von einer
andern zwischen den Vorderbeinen übers Kreuz durchschnitten wird; eine auf
jedem Vorderbeine vom Ellbogen bis an den Fuß; eine unter jedem Hinter-
fusse, von der Ferse an bis zum Auftritte.

Die Vorderzähne sind sehr klein; die in der untern Kinnlade noch
kleiner als die in der obern. Die Seitenzähne hinterwärts mit einer
Schärfe versehen, die neben sich an jeder Seite eine Furche hat. Die in
der obern Kinnlade sind länger als die Lippe, und folglich die Spizen
unbedeckt. Backenzähne zähle ich oben und unten auf jeder Seite dreye;
in der untern Kinnlade stehet zuweilen vor jenen ein kleiner einfacher
Zahn, der aber mit der Zeit ausfällt.

Die Hauskaze hat kurzes Haar. Die Farbe desselben ist an sich
selbst sehr mannigfaltig, und noch mehr sind es die unendlichen Schattirungen, Streife und Flecke vieler von diesen Thieren. Kazen, welche
eine vorzüglich abstechende und in die Augen fallende Mischung schöner
Farben haben, nennt man spanische a); ganz aschgraue ins bläuliche
schielende, Cartheuserkazen b); Kazen mit schwarzen Streifen auf einem
hellern Grunde, welche auf dem Rücken gerade, auf den Schenkeln
gekrümmt sind, Cyperkazen c) u. s. w. Die Nase und der Rand der
Lippen sind an einigen rosenfarbig, an andern schwarz. Die Länge der
Hauskaze pflegt anderthalb Fuß, oder doch nicht viel drüber zu betragen.

Die wilde Kaze unterscheidet sich von jener äusserlich durch einen
etwas weniger platten Kopf, überall gleich dicken Schwanz, und weit
längeres feineres Haar über den ganzen Leib d). Nase und Lippen sehen
schwarz. Sie ist etwas grösser, denn ihre Länge macht gegen sieben

a) b) Büffon a. a. O.   tion an.
c) Solche deutet die linneische Defini-   d) Büffon. Daubenton.

Viertel Fuß [*]), aber das lange Haar vergrößert sie noch mehr. Ihre Farbe
ist weniger mannigfaltig, aber dennoch nicht immer einerley. Gemeiniglich
ist die Grundfarbe gelblich, mit gelblich weißgrau und schwarz dünne überlaufen Die Barthaare weißlich. Auf der Stirne fangen vier parallele
schwarze Streife an, die zwischen den Ohren durch laufen. Die beyden
äussern verlieren sich am Halse, die mittlern gehen auf den Rücken fort,
entfernen sich bisweilen von einander, sezen ab, vereinigen sich wieder und
bilden einen mitten auf dem Rücken und dem Schwanze hinlaufenden Streif,
von welchem auf beyden Seiten viele nicht sehr deutliche Querstreife, etwas
dunkler als die Grundfarbe, nach dem Bauche hinab, gehen. Hinter den
Ohren stehen zuweilen zween gelbliche Flecke. Der Schwanz hat theils
braune, theils schwarze Ringe, wovon die ersten bläßer sind und nicht
ganz herum gehen, die folgenden dunkler, und die beyden lezten vor der
schwarzen Spize ganz schwarz aussehen. Die Beine sind mit einigen
schwarzen Querstreifen gezeichnet, und gegen die Zehen hin gelber. Der
Umfang des Maules ist weiß. Von eben der Farbe stehet ein Fleck an
der Kehle, einer auf der Brust, welcher sich mit jenem fast vereinigt, und
einer zwischen den Hinterbeinen. Der Bauch ist gelb mit einigen schwarzen
Flecken; die inwendige Seite der Hinterbeine gleichfalls gelb, aber ohne
Flecken. Diese Farbe zieht sich auch auf die untere Seite des Schwanzes hin.

Eine andere wilde Kaze, deren Beschreibung und Abbildung ich
der Freundschaft des berühmten Herrn Professors Pallas verdanke [)],
siehet an der Schnauze um die Nase herum gelbbraun. Der Umfang
des Maules und die Kehle weiß. Die Barthaare, welche von mittelmässiger Länge sind, weiß. Der Raum zwischen und um die Augen
ist grau gepudert. Auf der Stirne fangen sich vier deutliche schwarze
Striche an, die über den Nacken hinlaufen. Zween etwas breitere
entstehen hinter den Augen und Mundwinkeln, und endigen sich unter
den Ohren. Diese haben auswendig einerley Farbe mit dem Kopfe,
                                                                inven-

---

[*]) Büffon. Daubenton.

[)] Man vergleiche damit die Descri-

ption d'un chat sauvage indien &c. par
M. VOSMAER. Amst. 1773. nebst der aus-
gemahlten Figur.

inwendig weißliche Haare, und vorn einen gelbbraunen Rand. Zween schwarze in der Mitte unterbrochene Halbzirkel gehen um den **Hals herum.** Der Rücken ist grau, fast unmerklich gelb überlaufen, mit **angenehm ab-wechselnden** weißlichern und braunen Wellen, beynahe wie man sie am Gramwerk oder auf dem Rücken der Rebhüner findet. Hals, Brust **und** Bauch sind langhäriger, und nebst der innern **Seite der Beine** weiß. Die **Beine** äufserlich mit häufigen schwarzen Querstreifen unvollkommen ge-**ringelt.** Die **Fußsohlen** schwarzbraun. Die Krallen weiß. Der Schwanz **kürzer, und fast etwas dünner als** an einer Hauskaze, oben der Länge nach **schwarz, an den Seiten geringelt,** unten grau. Die **Statur,** Ver-hältnisse, Zähne ꝛc. kommen mit einer sehr grossen **Hauskaze** überein. S. *Tab. CVII. A a.*

An noch andern ist die Grundfarbe hellgrau ohne Beymischung von Gelb, mit Schwarz zart überlaufen; die Streife aber **alle schwarz und stark** ausgedrückt u. s w.

Das Vaterland dieser Thiere ist, **so viel** man weiß, einzig Europa, und das nächst angränzende Asien; in welchem man sie aber, so viel be-kannt ist, nicht weit über das schwarze Meer hinaus antrift[*]. Zwar gab **der Besizer der Kaze,** deren Beschreibung ich kurz vorher mitgetheilt habe, **sie für eine Japanerin aus:** woran aber der Herr Professor Pallas mit **größter** Wahrscheinlichkeit zweifelt.

Ihr Aufenthalt ist in weitläuftigen Waldungen. Sie nähren sich **von jungen Rehen, Hasen, Hamstern, Mäusen, Maulwürfen,** allerley **Federwild, dem** sie überaus gefährlich sind, und sogar von Wassergeflügel **und Fischen, welchen** sie, ohnerachtet sie das Wasser sehr scheuen, im Schilfe am Ufer aufflauren. Auch schleichen sie in die **den Wäldern** benachbarten **Dörfer, und** rauben **die Hüner aus** den Bauerhöfen.

Ihre Begattung geschicht **im** Hornung. Sie gehen acht Wochen **trächtig, und** bringen vier bis sechs Junge in holen Bäumen oder Felsen wie auch in **Fuchs-** oder **alten Dachsbauen. Wenn** selbige heran wachsen,

[*] Nach den Beobachtungen des Herrn auf dem Kaukasus. *Nov. comm. Acad.* Professor **Güldenstädt** findet man sie *Petrop. tom. XX. p. 485.*

tragen ſie ihnen allerley kleine Vögel zu, wovon man bey ihren Bauen öfters die Spuren findet [h]).

Von dieſer wilden Kaze nun ſind die zahmen Kazen eine bloſſe durch die Cultur entſtandene Ausartung. Daran läßt ſich nicht zweifeln, wenn man die groſſe Aehnlichkeit zwiſchen beyden, und die freywillige Begattung beyder mit einander erwäget, die ſich nicht ſehr ſelten zuträgt, weil die zahmen Kazen öfters in die Forſte, und, wie gedacht, die wilden dann und wann in die Dörfer auf den Raub gehen. Daher entſtehen denn bisweilen Ausartungen der wilden Kazen in der Farbe, noch öfter aber **zahme, die den** wilden an Zeichnung und **Sitten** gleichen. Die **Aehnlichkeit der wilden und zahmen** Kazen, welche wirklich gröſſer iſt als zwiſchen andern Hausthieren und ihrem wilden Stamme, den man oft nur muthmaaßlich angeben kan, ſcheint anzuzeigen, daß die Kaze der Cultur **nicht** ſeit ſo langer Zeit unterworfen worden ſey, als andere Hausthiere; wie **man** denn auch wirklich **ihrer** Dienſte ſpäter bedurft hat; zugleich aber, daß ſie des Grades der Cultur **unfähig** ſey, **den** andere Thiere angenommen haben, und wirklich annehmen.

In der That gehört die Kaze nicht unter die Thiere, die vorzüglich viel Naturgaben beſizen. Sie **hat zwar ein ſcharfes Geſicht bey** Nacht und Tage, zu welchem Ende **ſich die Pupille** ihrer Augen ſehr erweitern, **und wiederum bis in einen** ſchmalen Niz zuſammen ziehen läßt. Auch ein gutes Gehör, **und** überaus bewegliche Ohren. Deſto ſchlechter aber iſt ihr Geruch, ſo daß ſie ihren Raub durch denſelben vom weiten zu entdecken unvermögend ſind. Dieſes ſowohl als ihre Dummheit, und ihr Abſcheu an allen Arten des Zwanges macht, daß ſie ſelten völlig zahm wird; daß ſie ſich weit ſchwerer **an Perſonen,** als an Häuſer und Gegenden gewöhnet; daß ſie, nachdem **man ſie** an einen andern Ort gebracht hat, ihren gewohnten Aufenthalt wieder ſucht, und ihn vorziehet, ohne ſich durch die Anhänglichkeit an ihren Wohlthäter abhalten zu laſſen; daß ſie den geſuchten Ort nicht immer wieder findet; daß ſie überaus ſchwer abzurichten iſt. Man **hat** indeſſen Beyſpiele von **Kazen,** die ſich allerley Künſte haben

---

[h]) Döbel S. 41. **Ridinger** V. **Th.** N. 80.

beybringen laſſen; und eines von einer, die ſich ' ſelbſt gewöhnet hatte,
mit einem Klopfer an **eine** Thüre anzupochen'). Das Naturell der Kazen
iſt dem Anſcheine nach ſanft und ſchmeichelhaft; ſie ſpielen gern, beſonders
wenn ſie noch jung ſind, und belohnen den, der ihnen Gutes thut, mit
Streicheln und andern Liebkoſungen. Kaum halten ſie ſich aber beleidigt,
als die Fertigkeit ſich zu vertheidigen, und die Neigung angreifender Theil
zu werden, **erwacht;** und ſobald der Hunger, oder auch nur die bloſſe
Gefräſſigkeit rege wird, ſtellt es ſich von der ſchrecklichen Seite dar, und
der Trieb zu rauben, zu reiſſen und **zu** würgen wird ſo wirkſam, als es
die Gelegenheit verſtattet, ohne ſelbſt des Menſchen zu ſchonen.

Die Kaze iſt gefräſſig, und verſchmähet nicht leicht Speiſe, wenn
ſie nicht äuſſerſt geſättigt iſt. Ihre Nahrung beſtehet vornehmlich in allen
Arten von Mäuſen und andern kleinen Thieren, auch allen Vögeln, denen
ſie gewachſen iſt, die Raubvögel ausgenommen. Gleich einem Tiger belauret ſie ſolche an den Orten, wo ſie welche vermuthet oder entdeckt,
ſchreckt ſie mit feurigen von zitternden Bewegungen des Schwanzes be-
gleiteten Blicken, fällt ſie in Sprüngen an und erhaſcht ſie mit den ent-
blößten Krallen beyder einwärts gebogenen Vorderfüſſe, frißt ſie lebendig
wenn ſie hungert, und ſpielt mit ihnen wenn ſie ſatt iſt; weiß aber ihrer
Beute nicht nachzuſezen, falls ſie ſolche verfehlet. Sie ſchleicht ihnen in
die Gärten, **auf die Wieſen,** aufs Feld, und ſelbſt ·in die Forſte 'nach,
wo ſie auch die Neſter der Vögel beraubt. Nicht minder ſtellt ſie den
Fiſchen nach. In Ermangelung ſolcher wohlſchmeckenden Koſt begnügt ſie
ſich- mit Maulwürfen, Eidexen, Fröſchen, Kröten und Raupen, unter
welchen ſie die Seidenraupen vorzüglich ſchmackhaft zu finden ſcheinet. Sie
läßt ſich das zubereitete Fleiſchwerk wohl ſchmecken, gehet aber ungern an
vegetabiliſche Speiſen. So oft ſie etwas feuchtes nimmt, ſchüttelt ſie den
Kopf. Sie kauet langſam, unvollkommen und mit Mühe. Sie ſäuft oft,
aber nur wenig auf einmal. Ihres Unraths entledigt ſie ſich heimlich an
verborgenen Orten, oder verſcharret ihn.

') S. des Herrn **Bosmaer** oben angeführte *Description d'un chat sauvage p. 4.*

Der Gang einer Kaze ist leise. Im Gehen ziehet sie die Krallen zurück. Sie läuft ziemlich schnell, kann es aber nicht lange aushalten. So fertig sie im Klettern ist, mit eben so vieler Geschicklichkeit gehet sie auf den schmalsten Mauren, Forsten, Sparren und Latten der Dächer, auch Zweigen der Bäume, und springt geschickt von einem auf den andern. Muß sie einen Sprung von der Höhe herunter thun: so fällt sie allemal auf die Füße. Im Stehen hebt sie dieselben öfters wechselsweise auf, und der Schwanz ist in unaufhörlicher Bewegung. Sie ruhet auf den Hinter-füssen sizend, mit um die vordern geschlagenem Schwanze; oder auf allen vieren liegend, mit einwärts gebogenen Vorderfüssen. Sie schläft wenig, und gar nicht fest.

Eine wohl aufgeräumte Kaze gibt einen sanften schnarchenden Laut, den man Spinnen nennet. Verlangen drückt sie durch das miauzen; Furcht durch einen ähnlichen kläglichen Laut, und die Affecten, welche in der Brunst abwechseln, durch eben so abwechselnde, übellautende Töne aus. Im Zorne zischt sie mit aufgesperrtem Maule, und läßt mit funkelnden Augen, erhabenem gekrümmtem Rücken, und gebogenem Schwanze einen scharfen Ton hören, der dem Brüllen des Tigers entspricht. Unwillen drückt sie in der Stille durch Wedeln mit dem Schwanze aus.

Die Kazen gehen sehr nach der Wärme, um welcher willen sie sich gern an die Sonne, und in die warmen Oefen und Kamine legen. Wenn sie warm sind, und gestreichelt werden, gibt ihr Haar mit einem kleinen Geräusche häufige Funken, und andere Merkmaale der Elektricität. Im Finstern leuchten ihre Augen. Sie lieben die Reinlichkeit, puzen sich oft, und werden nicht gern und nicht ohne beschwerliche Empfindung naß. Sie sind Freunde von gewissen Gerüchen, besonders des Marumkrauts ^k), der Kazenmünze ^l) und der Baldrianwurzel ^m). Die Hunde hassen sie, lernen aber doch mit ihnen aus Einem Geschirre fressen.

Ihre Brunstzeit fällt in den Frühling und Herbst; einige sind auch im Sommer, und einige selbst im Winter hizig. Das Weibchen läuft,

---

k) Teucrium Marum LINN.   m) Valeriana officinalis LINN.

l) Nepeta Cataria LINN.

welches etwas seltenes ist, dem Männchen nach, ruft dasselbe, und weiß es im Nothfalle durch Bisse zur Begattung zu zwingen, welche mit vielem Geschrey und Streit begleitet zu seyn pflegt. Die Kaze gehet fünf und funfzig Tage trächtig, und wirft vier bis sechs Junge, die sie einige Wochen säugt, während der Zeit öfters beym Halse von einem Orte zum andern trägt, und ihnen hernach Mäuse, kleine Vögel und dergleichen bringt. Der Kater pflegt seine Jungen zu verzehren; und bisweilen, aber seltener, bekömmt die Kaze den nehmlichen unnatürlichen Appetit. Die jungen Kazen sind im Stande sich zu begatten, ehe sie noch ein Jahr alt werden. Ohngefähr in achtzehen Monaten erreichen sie ihren vollen Wuchs. Das ganze Alter einer Kaze kann sich bis auf achtzehen Jahre erstrecken [n]).

Die angorische Kaze zeichnet sich unter den übrigen durch ihr sehr langes seidenartiges glänzendes Haar deutlich aus. Es ist solches gemei= niglich schneeweiß, oder fällt etwas in das gelbliche; man hat sie aber auch grau [o]). Sie kommen aus Angora in Syrien, dem Vaterlande mehrerer langhaariger Thiere; und werden in Persien häufig [p]), in Europa aber selten gehalten. Ihre Sitten sind in manchen Stücken von denen, welche man an der gemeinen Kaze wahrnimmt, etwas abweichend; z. B. sie ruhen oft in der Stellung der Hunde; sie lecken gern u. s. f. Die Ursache, warum sie sich in Teutschland nicht stark vermehren, ist unfehlbar, weil sie die Kälte nicht gut vertragen können. Ob mit diesen die chinesischen langhärigen Kazen, welche zugleich hängende Ohren haben [q]), einerley seyn, ist noch nicht ausgemacht.

Man hält die Hauskazen zu Vertilgung der Mäuse und Ratten, auch zur Lust, wiewohl weit weniger als Hunde. In der That sind die Kazen der Achtung nicht werth, welche die Hunde verdienen; man muß sie als ein nothwendiges Uebel betrachten, und sich hüten, ihnen einen all= zufreyen Zutritt, besonders zu Schlafgemächern, zu verstatten, wo sie schon

Fff3

[n]) HALLER elem. physiol. tom. **VIII.** V. p. 98. 99. Büffon.
P. II. p. 93.   [p]) Ebendaselbst.

[o]) PIETRO della VALLE voy. tom.   [q]) A. H. d. N. VI. Th. S. 11.

viele betrübte Proben ihrer Mordsucht und Gefräßigkeit an Kindern und Erwachsenen abgelegt haben[7]). Nichts desto weniger sind sie bey den Muhammedanern, welche die Hunde äusserst verabscheuen, noch izt so beliebt, als sie schon bey dem Stifter ihrer Religion waren, von welchem man weiß, daß er sich einst den Ermel abschneiden ließ, um seine Kaze nicht im Schlafe zu stören. Indessen ist bey ihnen gewöhnlich, zur Unterhaltung beyder milde Stiftungen zu machen[2]). Die Chinesen essen das Fleisch der Kazen[3]), welches unter den europäischen Nationen auch seine Liebhaber hat. Die Bälge verarbeiten die Kürschner zu Aufschlägen der Kleider.

13.

Der Manul. ·

Felis Manul. **Pallas Reisen III. Th.** *p. 692* n. 2.

Manul; Tatarisch. Mogolisch. **Stepnaja** Koschka; Russisch.

Er hat einen grossen Kopf und starke Gliedmaassen, und deswegen das Ansehen eines Luchses. Die Farbe ist auf dem Rücken gelblich, weiß überlaufen und mit einzelnen schwarzen Haaren gemischt. Auf dem Kopfe stehen schwarze Punkte, und an jeder Seite gehen zween schwarze parallele Streife von den Augen über die Backen. Die Füsse haben auswendig undeutliche schwarzbraune Querstreife. Kehle, Brust, Bauch zc. sind weißlich. Der Schwanz ist lang, oben und unten gleich stark, dickhärig, mit schwarzen Spizen und sechs schwarzen Ringen, wovon die drey vördern undeutlicher und weiter von einander entfernt sind. In der Grösse kömmt er dem Fuchse bey.

Dis Thier wohnt in den freyen felsigten Gegenden der tatarisch-mogolischen Wüsten, hauptsächlich um den Selenga- und Dschidafluß[4]), wo es von dem Herrn Professor Pallas beobachtet worden. Ihm ge-

[7]) Ein sehr merkwürdiges Exempel hat der Herr D. Martini in der deutschen Uebersezung von Büffons Naturg. der vierfüssigen Thiere Th. II. S. 244. u f. aufbehalten.

[2]) MAILLET voy. p. 50.

[3]) A. H. d. N. VI. Th. S. 155.

[4]) Pallas Reise III. Th. S. 229.

bühret der Ruhm, es den Zoologen durch obige Beschreibung zuerst be=
kannt gemacht zu haben.

Es nähret sich von dem Ogotona [b]) und andern kleinen Thieren.

14.

Der Serval.

Tab. CVIII.

Serval. BUFF. *13. p. 235. tab. 55.* PENN. *syn. p. 186.*

Chat-pard. *Mém. pour servir à l'hist. des anim. tom. I. p. 110.*

Maraputé; In Malabar.   Serval; bey den dasigen Portugiesen.
Büffon.

Er hat das völlige Ansehen einer wilden Kaze, aber eine etwas
längere Schnauze, etwas längere Ohren, und einen Schwanz, der kaum
bis an die Ferfen reicht. Das ganze Thier ist oben bräunlich, unten
weiß. Die Schnauze bräunlich, mit grau vermengt. Die Ohren schwarz
gestreift. Der Rücken mit runden schwarzen Flecken ziemlich dicht bestreuet.
Der Hals, die Backen, und die inwendige Seite der Beine weiß mit
schwarzen Flecken, und zu oberst mit schwarzen Querstreifen gezeichnet.
Der Schwanz gegen die Spize hin schwarz geringelt. An Größe übertrift
er die wilde Kaze [c]).

Er wohnt in Ostindien [b]) und Tibet [c]) in gebirgigen Gegenden,
vielleicht auch am Vorgebirge der guten Hofnung und dem heissern Afrika;
denn die Tigerkaze, deren Kolbe [c]) und andere Meldung thun, kommt der
Beschreibung nach mit dem Serval nicht uneben überein. Sein Aufenthalt
ist mehrentheils auf den Bäumen; er fliehet den Menschen, wenn man ihn
nicht reizt, wodurch er wütend wird. Er läßt sich nicht zähmen [c]).

---

[b]) Lepus dauuricus PALL. S. 221.

[c]) Perrault. Daubenton.

[b]) P. Vincent Maria S. Büffon.

[c]) D. Forster. S. Penn. a. a. O.

[d]) Vom Vergeb. der guten Hofnung.
S. 154.

[c]) Daubenton.

15.

Der Luchs.

Tab. CIX.

Felis Lynx; Felis cauda abbreviata, apice atra, auriculis apice bar-
batis. LINN. *faun. p. 4. n. 10. syst. p. 62. n. 7.* mit einer Be=
schreibung.

Felis cauda truncata, corpore rufescente maculato. LINN. *syst. ed. 6.
p. 55.*

Felis auricularum apicibus pilis longissimis præditis, cauda brevi.
BRISS. *quadr. p. 200.*

Lupus cervarius. GESN. *quadr. p. 678.*

Lynx. ALDROV. *dig. p. 90.* mit einer Figur. RAI. *syn. p. 166.*
JONST. *quadr. p. 85. tab. 71.* BUFF. *9. p. 231. tab. 21.* PENN.
syn. p. 186. n. 135.

Loup cervier. TOURNEF. *voy. 2. p. 193. tab. 193.*

Luchs. Ridingers kleine Thiere *tab. 65. 66.* wilde Thiere *tab. 22,*
jagdbare Thiere *tab. 10.*

Λύγξ; bey den Griechen. Oppian. Chaus; Lupus cervarius.[a]);
bey den Römern. Plin. Loup cervier; Französisch. Lo; Schwedisch.
Los; Dänisch. Goup; in Norwegen. Albos; Lappländisch. Ryss;
Russisch. Rys; Ostrowidz; Polnisch. Nondo; Tungusisch. Georgi.
Sylausyn; Tatarisch. Potzchori; Georgianisch. Güldenstädt.

Der Kopf ist länger als an der Kaze. Die Augen stehen et=
was näher an den Ohren, wodurch die Schnauze ein gestreckteres An=
sehen erhält. Die Lippen sind dick und mit einigen Reihen langer Bart=
borsten besezt. Ueber den Augen und an den Schläfen siehet man einige
grössere und kleinere borstentragende Wärzchen. Die Ohren weit, lang,
und

---

[a]) Sehr unschicklich hat sich Theod. λύς des Aristoteles damit zu bezeichnen,
Gaza dieses Wortes bedient, um den der von dem Luchse sehr verschieden ist.

und fpizig; auf der Spize deffelben ftehet ein Haufen langer gerade in
die Höhe gerichteter Haare dicht beyfammen, welche mit diefer die drey
folgenden Gattungen gemein haben.   Die Beine find höher und ftamm=
haftiger, auch die Füffe dicker als an der Kaze.   Der Schwanz cylin=
drifch, gerade, und fo kurz, daß er noch nicht an die Kniekehlen reicht.
Das Thier trägt ihn hängend.

Das Haar ift im Gefichte kurz, verlängert fich aber an den Backen
und am Halfe, und den ganzen Leib bedeckt ein langes, feines und fehr
weiches Haar.   In felbigem gehet eine Nath von dem hintern Ohrwin=
kel nach der Schulter; eine von der Kehle an vorn an dem Arme bis
zum Ellbogen hin; eine von dem After nach der Ferfe, und eine dop=
pelte von da an der Fußfohle hinunter [b]) Der Hals und Leib ift
oben melonenfärbig mit weiffen oder fchwarzen Spizen an den längern
Haaren; auf welchem Grunde braune vertriebene Flecke ftehen, die oft
fehr undeutlich find [c]) und manchen Luchfen [d]) gar mangeln.   Auf den
Beinen find fie am deutlichften.   Die Lippen haben kleine fchwarze Flecke.
Die Augenlieder find fchwarz gerändert und weiß eingefaßt.   Die Oh=
ren in der Mitte weiß, unten, und am Rande, nebft der Bürfte fchwarz [e]).
Der Schwanz ift weiß mit fchwarzer Spize.   Unten ift das Thier weiß=
lich oder hell melonenfarbig, und hat viele fchwärzliche Flecke, welche
fich bereits am Halfe anfangen.

[b] LINN. *Faun. Suec.*

[c] Z. E. dem welchen der Herr Graf
von Büffon hat abbilden laffen.

[d] Vornehmlich denen aus Canada.

[e] An zween von dem berühmten Ridin=
ger gemahlten Köpfen, vermuthlich teut=
fcher Luchfe, welche mir Herr Jo=
hann Martin Ridinger in Augs=
burg communicirt hat, ift der Um=
fang der Nafenlöcher fleifchfarbig; die Na=
fe und Mitte der Stirne hell caftanien=
braun und ohne Flecke, die Backen von
gleicher Farbe, aber mit einzelnen fchwar=
zen Flecken gezeichnet; die Ränder der
Augenlieder fchwarz, mit einer breiten

weißlichen Einfaffung umgeben; um diefe
geht am untern Augenliede ein ohnge=
fähr mitten unter dem Auge anfangender
fchwarzer Streif, der nach dem hintern
Augenwinkel läuft, fich dort umbiegt, un=
ter dem Ohre weg fchräg an dem Hal=
fe herunter läuft, und fich da verlieret;
über dem obern Augenliede fangen ein paar
fchwarze Streife an, die fich krumm auf
die Stirne hin ziehen; die vorn weiffen
Oberlippen gehen hinterwärts nach und
nach in die Farbe der Backen über, und
haben einige Reihen kleiner fchwarzer Fle=
cke; der Rand der Lippen ift fchwarz, die
Kehle weißlich 2c.

Der Luchs kömmt an Grösse einem Fuchse ziemlich gleich. Seine Länge beträgt drittehalb Fuß [f]).

Der Luchs liebt öde gebirgige, felsige und bewaldete Gegenden, wo er Klüfte und Höhlen zu seinem Aufenthalte findet, in deren Ermangelung er sich zu dem Ende tiefe Baue mit krummen Röhren gräbt [g]). Ehedem war er in Deutschland nicht selten; er ist aber so weit ausgerottet worden, daß man ihn nur sparsam in denen Provinzen siehet, die mit grossen und einsamen Waldungen versehen sind; wie denn auf unserem Fichtelberge zuweilen noch Luchse geschossen werden. In Frankreich trift man nirgend mehr welche an, ausser vielleicht auf den Alpen und Pyrenäen [h]); in Spanien und Italien dürften sie vermuthlich auch nicht häufig seyn. Desto zahlreicher finden sie sich in Norwegen [i]), Schweden [k]) Rußland [l]), Pohlen und den angränzenden Ländern [m]); in dem nordlichen Asien durch ganz Sibirien [n]) und die Tatarey bis an das schwarze Meer hinunter [o]), und in dem nordlichsten America [p]). Man unterscheidet in allen diesen Ländern den gemeinen Luchs, den man auch Wolfluchs [q]) nennet, von der Luchskaze [r]). Leztere ist kleiner [s]), von Farbe weisser und mit deutlichern Flecken versehen. In Norwegen setzt man noch einen Fuchsluchs [t]) und einen Fohlenluchs [u]) hinzu. Ich zweifle, daß die letztern mehr als blosse Spielarten vom Wolfsluchse

f) Büffon. Daubenton.

g) Pontoppidan.

h) Büffon.

i) Pontoppidan. N. G. von Norwegen II. Th. S. 40.

k) LINN. I. c.

l) Olearius Pers. R.

m) RZACZYNSKI.

n) Pallas R. I. Th. S. 143.

o) Güldenstädt *Nov. Comm. Acad. Imp. Petrop. tom. XX. p. 485.*

p) Kalms R.

q) Warglo; Schwedisch. ulv-goupe; in Norwegen.

r) Felis cauda truncata, corpore albo maculato. LINN. *Faun. ed. 2. p. 5. n. 11.* Katt-lo; Schwedisch. Katt-goupe; in Norwegen. Chat-cervier; bey den Franzosen.

s) Das zeigen die Bälge so von den Rauchhändlern unter diesem Namen geführt werden, und der Bischof Pontoppidan sagt das nehmliche S. 40. Andere Schriftsteller geben die Luchskaze für grösser an.

t) Ræv-goupe. Pontoppidan a. a. O. MULLER. *prodr. p. 2.*

u) Fol-goupe. Pontoppidan S. 41. MULLER. a. a. O.

seyn werden. Ob aber die Luchskaze eine eigne Gattung ausmache, ist
noch zu untersuchen.

Der Luchs ist ein dem kleinen sowohl als grossen Wilde sehr schäd=
liches Raubthier. Er stellet dem Federwilde, den Eichhörnern, Wieseln,
Mardern und Hasen nach, und wagt sich sogar an wilde Kazen, Rehe
und Hirsche. Er hat ein vorzüglich scharfes Gesicht, einen viel feinern
Geruch als andere Kazen, und Schlauigkeit genug, die Orte wo das
Wild seine Gänge und Wechsel hat, auszuspähen. Sobald er ein Wild
endecket, weiß er sich ihm unter dem Winde unvermerkt zu nähern, oder
es auf einem Baume zu belauren. Merkt er, daß es ihm nahe genug
ist: so springt er darauf zu, wobey er, wenn es nöthig ist, fünf
sechs Sprünge, jeden etliche Schritt weit, darnach thut. Hat
er es erreicht: so wirft er sich auf selbiges, und greift mit den Kral=
len so tief ein, daß er nicht herunter zu bringen ist. Dann würgt
er es, sauget das Blut aus den Drosseladern und verzehret einen Theil
des Fleisches, und zwar zuerst die Keulen und Lenden, als die schmack=
haftesten Theile. Was übrig bleibt, verscharret er bis auf den folgen=
den Tag, und frisset wieder etwas davon, wenn er nichts frisches fängt [x]).
Er gehet mehr bey der Nacht als bei Tage [y]) auf den Raub aus. Der
Hunger macht ihn zuweilen so dreist, daß er sich in die Dörfer wagt,
und die Hüner, auch, falls es möglich ist, gar Schaafe und Ziegen aus
den Bauerhöfen wegholet, in deren Ställe er sich durch Graben einen
Weg zu bereiten weiß [z]). Zum Lauffen ist er nicht aufgelegt [a]).

Er begattet sich in Februarius, und bringt nach neun Wochen
drey bis vier Junge, in Dickigten, Büschen und Hölen [b]).

Es ist schwer dem Luchse beyzukommen; doch wissen ihn die Nor=
weger aus seinen Schlupfwinkeln mit Feuer und Rauch herauszutreiben.
Gemeiniglich fängt man ihn mit Fallen oder Schlagbäumen.

Ggg 2

x) Döbel S. 33.
y) Ridinger. Pontoppidan.
z) GADD beskrining öfver Satacunda p. 66. Pontoppidan S. 41, wo er=
zählt wird, ein Ziegenbock habe einen
Luchs mit den Hörnern getödtet, als die=
ser in den Stall zu kriechen im Begriffe
gewesen sey.
a) Döbel.
b) Döbel.

Der Balg wird als ein schönes und kostbares Pelzwerk von den Kürschnern verarbeitet. Die Haare haben aber, bey aller Weiche, eine Sprödigkeit, welche die Ursache ist, daß sie bald abbrechen, und also die Dauer dieser Pelze nicht so langwierig ist, als man glauben sollte.

Diß Thier war den alten nicht unbekannt; sie trugen sich aber mit allerley Fabeln von ihm, als daß es durch Mauern sehen könne, daß sein Harn zu einem köstlichen Steine, dem Lynkur, werde u. s. f. welche kaum werth sind wiederholet zu werden.

16.
Der Rothluchs.
Tab. CIX. B.

Felis rufa. GVLDENST. *nov. Comm.* **Acad. Imp. Sc.** *Petr.* tom. 20. p. 499.

Bay cat. PENN. *syn. p.* 488. *n.* 136. *t.* 19. *fig.* 1.

Er kömmt mit dem vorhergehenden in der Gestalt des Leibes und der Kürze des Schwanzes überein. Der Unterschied äussert sich vornehmlich in der Grösse, Farbe, und den Streifen auf den Backen und dem Schwanze. Die Ohren sind kurz, und scheinen kürzer als am gemeinen Luchse zu seyn. Sie endigen sich in eine mit langen schwarzen Haaren besetzte Spize. Die Farbe ist oben hell bräunlich roth. Die Oberlippen mit kleinen schwarzen Flecken auf weissem Grunde gezeichnet. Die Augen haben eine weisse Einfassung. Einige schwarze Streife ziehen sich über die Stirne nach dem Scheidel zu: der Rücken ist mit undeutlichen braunen Flecken überstreuet. Unten sieht das Thier weiß. Ueber die auch weissen Backen laufen ungleiche schwarze gekrümmte Streife von der Mitte des untern Augenliedes an nach dem Halse zu. Die Vorderbeine haben in der Gegend des Ellbogens inwendig zwo schwarze Binden. Quer über den Schwanz gehen breite Streife, von dunkelbrauner Farbe, den letzten ausgenommen welcher der breiteste und schwarz ist. Die Spize siehet nebst der untern Seite weiß. Das Haar ist kürzer und glätter als an dem gemeinen Luchs.

Der Rothluchs ist noch einmal so groß als eine grosse Kaze. Er wohnt in dem innern der Provinz Neu York in America.

Wir haben diese Beschreibung, nebst der Figur des Thieres dem verdienten Herrn Pennant zu danken. Der Balg kömmt bisweilen unter den Luchskazen nach Europa; und wird von den Kürschnern mit verarbeitet.

17.

Der Karakal.
Tab. CX.

Felis Caracal. GVLDENST. *Nov. Comm. Acad. Imp. Petrop.*
    tom 20. *p.* 500.

Siyah-ghush. CHARLESTON *ex.* 24. *tab. p.* 23. RAJ. *syn.*
    p. 463. *Phil. transact. vol.* 54. *part.* 2. *p.* 648. *tab.* 44.

Caracal. BVFF. 9. *p.* 262. *tab.* 24. 42. *p.* 442.

Persian cat. PENN. *syn. p.* 489. *n.* 137. *tab.* 49. *fig.* 2

Anak el ard; Arabisch. Kara-Kulak (d. i. Schwarzohr); Türkisch. Sia-gush (d. i. Schwarzohr); Persisch.

Das äusserliche Ansehen dieses Thieres kömmt mit dem Luchse überein; doch ist der Kopf etwas länger, und der Schwanz reicht bis an die Fersen. Der Kopf ist licht zimmetfarbig. Die vorn und an den Mundwinkeln weißliche Oberlippe hat an der Seite einen schwärzlichen Fleck, auf welchem die Baarthaare in etlichen Reihen stehen. Die obersten sehen ganz schwarz; die mittlern schwarz, an der Spitze aber weißlich, und die untersten ganz weiß. Von jeder Ecke der Nase gehet ein schwärzlicher Schatten nach dem innern Augenwinkel, und einer gerade unter dem Auge hin, der sich auf dem Backen verlieret. Die Augen umgiebt ein weißlicher Fleck, der gegen den hintern Augenwinkel durch eine kleine Schwärze unterbrochen wird. Die spizigen Ohren sind auswendig mit schwarzen und untermengten weissen glatt anliegenden Haaren bedeckt. Der vordere Rand ist braun mit schwarz vermengt. Die

Haare in den Ohren weiß. Die Bürsten auf den Spizen der Ohren bestehen aus langen schwarzen und weissen Haaren. Der Hals, Leib und die auswendige Seite der Beine ist hell zimmtfarbig, weiß überlaufen; jedoch längs dem Rückgrade hin dunkler. Jedes Haar ist unten bräunlich oder weiß, die Spize selbst aber schwarz. Unten ist das Thier weißlich, hat aber auf der Brust, und am Bauche, runde zimmetfarbige Flecke. Der Schwanz ist an der äussersten Spize schwarz. Die Haare sind kürzer und härter als die Luchshaare.

Ich habe diese Beschreibung nach einem Balge entworfen, welchen der Herr Hauptmann Bodenschaz vom Vorgebirge der guten Hofnung mitgebracht, und mir nebst mehrern theils ausgestopften, theils nicht ausgestopften Löwen= Panther= Leopard= Gepard= und andern Fellen geneigt mitgetheilet hat. Sonst wohnt das Thier in der Barbarey ᵃ), Persien und Indien, und kömmt an Grösse dem Luchse bey.

Er nähret sich von allerley Thieren, raubt in der Nacht, und sättigt sich bisweilen von den Ueberbleibseln des Löwen; welches zu der Erzählung Anlaß gegeben hat, er sey ein Spion des Löwen und jage ihm Thiere zu, wovon hernach letzterer ihm etwas zur Belohnung übrig lasse ᵇ).

Er pflegt in Ost Indien gezähmt und zur Jagd auf Hasen, Kaninchen und große Vögel abgerichtet zu werden ᶜ).

18.

Der Kirmyschak.

Tab. CX. B

Felis Chaus. GVLDENSTEDT. *nov. Comm. Acad. Imp. Petrop. tom.* 20. *p.* 483. 500. *tab.* 44.

Kir - myschak; Tatarisch. Moes - gedu; Tschirkassisch. Dikaja koschka, Russisch.

a) SHAW *voy. tom.* 1. *p. 320.*   andern. S. die Büffonische Beschreibung dieses Thieres.

b) Man findet sie beim Thevenot und   *c)* Büffon.

Er ist dem Karakal überaus ähnlich; der Kopf aber mehr der
Kaze gleich obgleich etwas länger, und die Physiognomie etwas anders.
Die Ohren sind mehr abgerundet, und kazenartiger; die Haare ziemlich
lang und hart; auch zeigt sich ein beträchtlicher Unterschied in der Farbe. Das ganze Thier ist oben gelb mit braun überlaufen; unten ganz
gelb. Das feinere Haar auf dem Grunde grau, an der Spize weißgelblich. Das längere auf dem Rücken braun, mit einem gelben Fleck
unter der Spize; an den Seiten gelb mit einem braunen Fleck unterhalb der Spize; unten ganz gelb. Die Lippen und die Kehle sehen
weiß. Die Bart- und übrigen Borsten, welche theils auf der Warze
über dem Auge, theils auf der Backenwarze stehen, haben eben die Farbe. Die Ohren sind auswendig bräunlich, und nur die Bürste schwarz.
Der Schwanz ist, bis über die Mitte, oben dem Rücken an Farbe
gleich, unten weißlicher; weiter hinaus hat er zwischen drey weissen, zween
schwarze Ringe, und die Spize siehet schwarz. Er reicht dem Thiere biß
an die Fersen. Die kahle Haut um die Nasenlöcher und auf den Fußsohlen ist schwarz. Die Krallen weiß. Auf der Brust machen sich zwo
Näthe in den Haaren, die einander kreuzen. Die Länge des Körpers
ist gemeiniglich drittehalb, zuweilen drey Fuß und drüber; mithin übertrift er die wilde Kaze an Grösse.

Der Kirmyschak wohnt in den sumpfigen mit Schilf bewachsenen
oder bewaldeten Gegenden der Steppen um das kaspische Meer, und die
in selbiges fallenden Flüsse. Auf der Nordseite des Terekflusses und der
Festung Kißlar siehet man ihn selten, und gegen die Wolga hin gar
nicht; desto häufiger aber bey der Mündung des Kur, und in den per-
sischen Landschaften Gilan und Masanderan.

In dem Naturell und den Sitten kömmt er mit der wilden Kaze
sehr überein. Er gehet nur in der Nacht aus, um Fische, Mäuse und
Vögel die im Rohre nisten, zu fangen. Bäume besteigt er selten. In
bewohnte Gegenden wagt er sich nicht. Die Gefangenschaft scheinet er
nicht zu ertragen.

Dieses bisher ganz unbekannt gewesene Thier ist von dem Herrn
Professor Güldenstädt in S. Petersburg, welcher sich durch die oben ange-

führte genaue Abbildung und sehr umständliche Beschreibung desselben, wovon ich hier nur einen kurzen Auszug liefere, wie durch mehrere aus seiner Feder in die Commentarien der Kaiserlichen Akademie der Wissenschaften daselbst geflossene Aufsätze, wesentliche Verdienste um die Thierkunde erworben hat, auf seiner Reise nach Georgien entdeckt worden. Das Gemählde, wornach vorerwähnte Abbildung gestochen worden ist, habe ich von diesem würdigen Naturkündiger nebst mehreren Thierzeichnungen, mitgetheilt erhalten, und kann nicht unterlassen, bey dieser Gelegenheit seine Freundschaft mit Abstattung des gebührenden Dankes zu rühmen.

Funfzehentes Geschlecht.

Das Stinkthier.

VIVERRA.

LINN. *syst. nat. gen. 14. p. 63.*

$\mathfrak{V}$orderzähne sind sechse in jeder Kinnlade. Die mittlern sind kürzer als die äussern. Von denen in der untern Kinnlade pflegt der zwischen dem mittelsten und äussersten auf jeder Seite befindliche etwas weiter einwärts zu stehen.

Seitenzähne: einer, an jeder Seite, länger als die übrigen.

Backenzähne:oben und unten mehrentheils sechse an jeder Seite. Sie sind scharf, zackig, die vordern mehrentheils kleiner als die folgenden.

Zehen an den Vorder= und Hinterfüssen fünfe, wovon die äussern kürzer sind; mit unbeweglichen Klauen.

Der Kopf ist platt, und hat die Augen ohngefähr in der Mitte zwischen den kurzen Ohren und der spitzigen Schnauze. Die Zunge stachlicht. Der Leib lang, hinten und vorn gleich dick. Die Beine kurz.

Zwischen dem After und Geschlechtsgliede beyderley Geschlechts ist eine Spalte, welche zu einem doppelten Sacke

Hhh

führet, worinnen sich eine schmierige riechende [a] Materie
sammlet. Sie wird in eigenen zusammengesetzten Drüsen zube=
reitet, und läuft aus selbigen in diesen Sack zusammen, aus
welchem sie durch Hülfe eigener Muskeln herausgedrückt wer=
den kann [b].

Diese laufen überaus geschwind; einige treten auf die Fer=
sen auf, einige klettern; einige graben.

Ihre Nahrung ist Fleisch von allerley Thieren, Eyer der
Vögel, auch Vegetabilien.

Die Weibchen bringen mehrere Junge auf einmal zur Welt.

1.
Die Civette.
Tab. CXI.

Civetta; Meles fasciis & maculis albis, nigris & rufescentibus
variegata. BRISS. quadr. p. 486.

La Civette, qu'on nommoit anciennement hyæna. BELLON. obs.
208. fig p. 209. BELLON. obs. e vers. CLVS. p. 94.

Civetta. CLVS. cur. post. p. 57. eine, bis auf die Flecke, gute
Figur.

Felis zibethi. GESN. quadr. p. 836. eine schlechte Abbildung.
ALDROV. quadr. dig. p. 342. eine verbesserte Copie von je=
ner. Olearii Gottorf. Kunstkammer p. 7. tab. 6. fig. 3.

a) Sie riecht bey vielen Gattungen ab=
scheulich, bey andern, wenigstens so lange
sie frisch ist, widerwärtig· um des willen
wird der von mir gewählte Geschlechtsna=
me zu entschuldigen seyn, wenn er schon
nicht allen und jeden Gattungen mit glei=
chem Fug zukömmt. Man hat angefangen
diese Thiere im Teutschen Frätten zu nen=
nen; allein da sich dasjenige, dem dieser
Name eigentlich gebühret, nicht mit dar=
unter befindet: so scheint er mir nicht
recht schicklich zu seyn. Aus eben die=
ser Ursache wäre es gut gewesen, wenn
der Herr Archiater von Linné eine ande=
re lateinische Benennung, als Viverra
gewählet hätte.

b) Man sehe die zootomischen Beschrei=
bungen des Zibeths in den Mém de
l'Acad. des sc. de Paris 1733. tom. I.
p. 82. 83. und in den Büffonischen Werke.

Civette. *Mém. pour servir à l'hist. des animaux P. I. p.* 457.
tab. 23. BVFF. 9. *p.* 299. *tab.* 34. PENN. *syn. p.* 234.
n. 270.

Civette; Chat musqué; Französisch. Cato de Algalia; Spanisch.
Nzimo; Nzsusi; in Kongo. **Merolla.** Kankan; in Aethio=
pien. Kastor; in Guinea.

Der Kopf hat mit dem vom Mongus Aehnlichkeit; er ist in der
Gegend der kurzen Ohren dick; die Schnauze gehet schräge, und in der
Mitte etwas erhoben, nach der stumpfen Nase herunter. Der Leib ist
fast kazenförmig. Das Haar mitten auf dem Rücken so lang, daß es
eine Art einer Mähne bildet, die sich bis über den Schwanz ausdäh=
net. An dem Bauche ist das Haar ebenfalls lang. Die Schnauze sie=
het an der Spize weiß; in der Mitte vor den Augen hellbraun. Die
Stirne, und die Gegend um die Ohren, weißgelblich und braun melirt.
Unter jedem Auge stehet ein kastanienbrauner Fleck, der sich vorwärts
gegen die weisse Spize der Schnauze, hinterwärts an den Backen hin=
unter nach der Kehle hinziehet, und selbige mit einnimmt. Hinter den
Ohren ist das Genicke etwas lichter braun. An jeder Seite des Halses
stehet ein schräger schmuzig weisser, beynahe viereckigter Fleck, den oben
und hinten eine schmale schwarzbraune Binde begränzt, und ein Streif
von eben der Farbe, der hinter dem Ohre anfängt und im Fortgange
nach der Schulter zu immer breiter wird, in zween ungleiche Theile
theilt. Die Grundfarbe des übrigen Leibes ist schmuzig weiß, und fällt
stark ins gelbliche. Die Mähne kastanienbraun. Die Gegend auf den
Schultern mit kleinen Flecken von eben der Farbe gleichsam marmorirt,
welche sich gegen die Vorderbeine hinunter in schräge Streife verwandeln.
Den Rücken zieren zahlreiche rundliche und eckige kastanienbraune Flecke
von allerley Grösse und Gestalt, welche auf den hintern Schenkeln zu
unterbrochenen, der Länge nach hinterwärts laufenden dunkleren Streifen
werden. An dem etwas hellern Bauche sind die Flecken unbestimm=
ter. Die Beine schwarzbraun. Die Nägel weißlich. Die obere Hälfte
des Schwanzes hat an den Seiten einige weißlich gelbe Flecke; von da
ist er gegen die Spize ganz braun. — Die obern Bartborsten sehen
braun, die untern weißgrau mit braunen Spizen. Eben so die einzelne,

Hhh 2

welche sich auf jedem Backen befindet. An jeder Seite der kahlen Nasenhaut macht sich ein Haarwirbel, und oben auf der Nase eine kurze Haarnath. Die Länge des izt beschriebenen Balges ist zween Fuß neun Zoll; das von Herrn Daubenton gemessene Thier war nur gegen drey Zoll über zween Fuß lang. Es hatte auf einem weißgrauen, etwas ins gelblichen fallenden Grunde, Flecke und Streife von etwas anderer Einrichtung, und schwarzer Farbe. (S. die Kupfertafel.) Die vom Belon und Cay °) beschriebenen Thiere waren eben so gefleckt, und der Grund weißlich oder dachsfarbig.

Der Backenzähne sind in beyden Kinnladen auf jeder Seite sechse ᵇ).

Das Vaterland dieses Thieres ist Guinea, Kongo, das Vorgebirge der guten Hofnung und Aethiopien °).

2.
Das Zibeth.
Tab. CXII.

Viverra Zibetha; Viverra cauda annulata, dorso cinereo nigroque undatim striato. LINN. syst. p. 65. n. 5.

Felis Zibethi. GESN. quadrup. p. 837. mit einer erträglichen Abbildung.

Animal zibethi, vel hyæna veterum Bellonii. ALDROV. quadrup. digit. p. 343. eine schlechte Abbildung. RAJ. quadr. p. 478.

Civette. POMET. Drogues II. p. 47.

Animal du musc. Mém de l'Acad des Sciences de Paris 1734. p. 443.

Zibet. BVFF. 9. p. 299. tab. 31. PENN. syn. p. 235.

Qott el baar; (d. i. wilde Katze) Arabisch. FORSKÅL. (Zábâd. der Zibeth.) Sawâdu pûnei; Malabarisch.

a) Beym Geßner a. a. O.   Th. S. 258. V. Th. S. 89. Kolbe
b) Daubenton.   S. 454. (wenn wirklich dis Thier ge-
c) A. H. d. R. III. Th. S. 321. IV. meint ist).

Die lange und dünne, oben etwas ausgeschweifte Schnauze, kürzern Ohren, der längere schlanke Leib, mit kurzem glätter anliegendem
Haar, und der längere geringelte Schwanz, unterscheiden, nebst der Zeichnung des Pelzes, das Zibeth von der Civette so, daß man beide für
etwas mehr als blosse Spielarten anzunehmen Grund hat. Diß ist schon zu
Aldrovands Zeiten gemuthmaaset worden *); die meisten Naturhistoriker
aber haben sie dennoch vermengt, und dem Herrn Grafen von Büffon
gebühret die Ehre, den Unterschied gehörig bestimmet zu haben.

Die Schnauze ist an der Spize weißlich, übrigens nebst der Stirne und den Backen grau mit braun und gelblich gemischt. Die Ohren
braun; am Rande grau. Der Scheitel und die obere Seite des Halses schmuzig weiß, mit braun und schwarz vermengt. Auf dem Halse
fängt . in der Mitte ein schwarzer Streif an, der sich über den Rücken
bis an die Mitte des Schwanzes hin ziehet. An jeder Seite des Halses fängt hinter dem Ohre ein Streif an, der bis an die Schulter
läuft, und sich da rechtwinklich nach dem Anfange des Brustbeines zu
wendet. Er schließt einen weissen Grund ein; auf welchem von dem untern Ende des Ohres an ein kürzerer Streif, dem vorigen parallel, gezogen ist, der, ehe er den zweyten Schenkel desselben erreicht, sich umbiegt und mit dem von der andern Seite vereinigt. Innerhalb desselben ist
der Hals gefleckt. Diese Streife und Flecke sehen schwarz. Der Rücken ist weißgrau, mit schwärzlichen wellenförmigen an den Seiten senkrecht heruntergehenden Streifen gezeichnet, die den schwarzen Rückenstreif
nicht erreichen, sich aber nahe an demselben in einem ihm parallelen oft
unterbrochenen Nebenstreife vereinigen. Auf den vordern und hintern
Beinen gehen die Streife in die Quere. Der Schwanz ist schwarz und weiß
geringelt, doch sind die schwarzen Ringe auf der obern Seite des Schwanzes breiter, als auf der untern. Brust und Bauch sind weißlich; jene
hat einige braune Flecke. Die Füsse braun. Die Länge beträgt drittehalb Fuß *).

Die Zahl der Backenzähne ist in der obern Kinnlade an jeder
Seite sechs, in der untern fünf *).

Hhh 3

a) ALDROV. *qu. dig. viv. p.* **341.**   c) Daubenton.
b) Daubenton.

Diese Gattung wohnt vornehmlich in Arabien, Malabar, Siam, Java und den philippinischen Inseln *).

Beyde sind räuberisch, und ernähren sich von kleinen Thieren, Vögeln, Fischen, und, in Ermangelung derselben, von Wurzelwerk und Früchten. Sie saufen wenig. Sie sind leicht auf den Beinen, und springen gleich den Kazen, eben so fertig, als sie wie die Hunde laufen. Ihre Augen funkeln in der Nacht. Ihr Gewehr ist vornehmlich das Gebiß. Sie lassen sich zahm machen, nehmen aber oft mit der Zeit ihre Wildheit wieder an *).

Diese Thiere liefern den Apotheken den Zibeth *), eine schmierige starkriechende Drogue von der Consistenz des Honigs oder der Butter. Sie sammlet sich in den dazu bestimmten Säcken in solcher Menge, daß sie solche oft von sich lassen, wenn man sie ihnen nicht nimmt, welches wöchentlich ohngefähr zwey bis dreymal mittelst eines Löffels geschiehet, nachdem das Thier vorher in ein enges Behältniß, worinn es sich nicht umwenden und beissen kan, gesperret, und an den Hinterbeinen herausgezogen worden. Der Geruch des Zibeths ist Anfangs überaus stark und unangenehm, so daß er Schwindel und Kopfweh verursacht: mit der Zeit wird er milder und lieblicher. Die Farbe erst weißlich, hernach gelblich, bräunlich oder schwärzlich, welcher Unterschied jedoch nicht alleine vom Alter, sondern oft auch von der Verfälschung herrühret, der diese Waare vor andern unterworfen ist *). Der reinste kömmt aus Holland, allwo, besonders in Amsterdam, viele Zibeththiere eigends dazu gehalten werden, um den Zibeth von ihnen zu gewinnen. Man braucht ihn zum Parfümiren, wiewohl selten, da der Geruch, wenn er zu concentriret unangenehm ist, und überhaupt nicht jedermann gefällt.

d) A. H. d. N. XII. Th. S. 466. VIII. Th. S. 93. XI. Th. S. 427.

e) Olearius G. K. K. S. 7. S. auch die angeführten Schriftsteller, und die Beschr. des Herrn Grafen von Büffon.

f) Das Zibeth soll keinen so weissen und guten geben als die Civette, wie Pomet und die A. H. d. N. im VIII. Th. a. a. O. versichern.

g) ALPIN. hist. nat. Aeg. p. 239.

3. Die Genette.

Tab. CXIII.

Viverra Genetta; Viverra cauda annulata, corpore fulvo nigricante maculato. LINN. *syst. p.* 65. *n. 6.*

Mustela cauda ex annulis alternatim albidis & nigris variegata.
BRISS. *quadr. p.* 186.

Genetta. BELON. *obs. p.* 73.

Genetta. GESN. *quadr. p.* 549.

Genette. BVFF. 9. *p.* 343. *tab.* 36. PENN. *syn. p.* 236.
n. 274.

Genithkaze. Chat d'Espagne. Ridingers illuminirte Thiere *tab.*
Q. D. S. XXVIII.

Der Gestalt nach ist die Genette wenig von dem Zibeth unter=
schieden; doch ist die Schnauze spiziger, die Beine verhältnißmässig für=
zer, der Schwanz aber länger, und fast so lang als der Leib.

Die Farbe ist aschgrau mit braunroth überlaufen. (Jedes Haar,
sowohl von der längern als kürzern Sorte, ist aschgrau, die Spize an
den meisten ausgenommen, welche entweder braunroth oder schwarz ist.)
Der Kopf braunröthlich, die Augen vorn schwarz hinten roth einge=
faßt, vor dem Auge ein weisser, und weiter vorwärts ein schwarzer
Fleck, der bis an die Lippen gehet. Die Spize der Schnauze, das
Kinn, die Kehle und untere Seite des Halses, aschgrau. Vier schwar=
ze Streife laufen an den Seiten des Halses vom Kopfe nach den
Schultern, wo sie sich verlieren, und einer von dem Nacken bis gegen
den Schwanz. Der ganze Leib nebst den Beinen ist mit unregelmässi=
gen Flecken bestreuet, die mitten auf dem Rücken am größten und
schwärzesten, je weiter herunter, desto kleiner, runder und brauner fal=
len. Die Füsse sind schwarz, und dies ist auch die Farbe der hintern
Fußsolen. Der Schwanz ist schwarz und weiß geringelt; die schwarzen
Ringe werden gegen die Spize hin breiter. (Von diesen zählt man

achte, von den weiſſen aber nur ſieben.) Die Länge des Leibes bis an den Schwanz beträgt einen Fuß fünf Zoll, mit dem Schwanze dritte= halb Fuß [a]).

Der Backenzähne ſind auf jeder Seite ſechs. Der Zibethſack ent= hält eine Feuchtigkeit, die zwar einen nicht unangenehmen, aber ſchwa= chen Geruch gibt und ſich bald verriecht [b]).

Sie wohnt um Conſtantinopel, in dem weſtlichen Aſien und Spa= nien. Sie iſt gutartig und eben ſo geſchickt Mäuſe zu fangen, als eine Kaze, und wird zu dem Ende zahm in den Häuſern unterhalten. Der Balg wird von den Kürſchnern verarbeitet.

4.
Die Foſſane.
Tab. CXIV.

Foſſane. BVFF. 43. *p.* 163 *tab.* 20. PENN. *syn. p.* 237. *n.* 272. *tab.* 22. *fig.* 2.

Die Gröſſe und Geſtalt gleicht der Genette; allein die Zeichnung unterſcheidet beyde ſehr. Die Grundfarbe iſt hell aſchgrau, mit röthlich leicht überlauſen, die Streife und Flecke, welche darauf theils in die Länge, theils in die Quere gehen, ſind ſchwarzbraun. Bruſt, Bauch und die Beine grau, der Schwanz grau und unvollkommen braun ge= ringelt.

Ob die Foſſane wirklich zu dem Geſchlechte der Stinkthiere gerech= net werden könne, ſcheint zweifelhaft, da Herr Poivre, ein Mann von Einſichten, dem die Naturgeſchichte viel zu danken hat, nichts von den Theilen, woran man dieſe Thiere von dem Mardergeſchlechte unterſchei= det, auch keinen Zibethgeruch daran gefunden hat [c]). Allein die groſſe Aehnlichkeit mit der Genette verſtattet nicht, die Foſſane weit von ihr zu entfernen; und vielleicht entdeckt eine genauere Unterſuchung dennoch dasjenige, was vielleicht ein Zufall den Augen des Herrn Poivre ent= zogen hat.

Die

a) Daubenton.   c) Büffon.
b) Büffon.

Die Fossane ist auf der Insel Madagaskar, vielleicht auch auf dem festen Lande von Afrika, einheimisch. Wäre lezteres: so könnte sie, wie der Herr Graf von Büffon vermuthet, das Thier seyn, welches die guineischen Neger Berbé, und die Europäer Weinsack nennen, weil es nach dem Palmweine sehr lüstern ist *). Von der Fossane weiß man, daß sie dem Geflügel gefährlich ist, aber auch gerne Früchte, besonders Bananassen genießt, und sich schwer zahm machen läßt ǂ). Bälge werden von dem Vorgebirge der guten Hofnung zuweilen mit nach Holland gebracht.

5.

Die Bisamkaze.

Tab. CXV.

Chat - bizaam. VOSMAER descr. d'une espèce singulière de chat africain. Amst. 1774.

Ich kenne dieses Thier nur aus dieser Beschreibung und der dabey befindlichen Abbildung, die ich habe copiren lassen. Jener zu Folge ist der Grund licht aschgrau (die Illumination stellet ihn gelblich dar), mit einem schwarzen Streife vom Kopfe nach dem Schwanze, und vielen irregulären braunen Flecken verzieret. Die Füße haben viel Braun. Die Spize der Schnauze ist weiß, und unter den Augen stehen weiße Flecke; übrigens ist der Kopf braunstreifig. Die Ohren sind grau. Ueber dem innern Augenwinkel stehen zwey bis drey lange schwarze Haare; die Bartborsten sind theils braun, theils weiß. Brust und Bauch aschgrau. Der Schwanz schwarz und weiß geringelt, und die Spize schwarz, oder vielmehr dunkelbraun. Die Größe einer Hauskaze.

Der nunmehr verstorbene Gouverneur des Vorgebirges der guten Hofnung, Richard Tulbagh; dessen Verdienste um die Naturgeschichte groß und bekannt sind, schickte dieses Thier 1759 unter dem Namen einer Bisamkaze vom besagten Vorgebirge nach Holland, wo es in der Menagerie Sr. Durchl. des Prinzen Erbstatthalters, nach drey Jahren starb. Von seinen Sitten und Manieren ist wenig aufgezeichnet worden. Es fraß Fleisch, und liebte besonders das Geflügel. Sehr böse war es nicht.

*) A. H. d. N. IV. Th S. 259.   ǂ) FLACOURT. POIVRE.

Es mauete nicht, sondern brummte und schnaubte, **wenn es** verunruhigt ward. Ein Zibethgeruch war nicht daran zu spüren. Vielleicht ist es von der Fossane nicht verschieden.

6.

Das Zwitterstinkthier.

Viverra hermaphrodita. PALLAS.

Dis mir weiter nicht, als aus der vom Herrn Professor **Pallas** geneigt mitgetheilten Beschreibung, bekannte **Thier** scheinet eine **Mittelgattung zwischen** der Civette und Genette **zu** seyn; wie denn auch die Größe das Mittel **zwischen** beyden hält.

Die Schnauze bis an und über die Augen hinaus ist schwarz. So auch die langen Borsten **am Barte** und über den Augen, die Ohren, **die** Kehle nach ihrer ganzen Breite und die Füße. Vor den Ohren hat die Schwärze einen lichtgrauen Rand. Unter dem Auge zeigt sich ein weißer Fleck, und ein anderer zwischen den Bartborsten, fast wie an der Genette. Das Haar ist lang, an der Haut grau, an der Spize schwarz; daher bekömmt der Pelz eine melirte, jedoch mehr schwarze Farbe. Ueber **den** Rücken laufen drey ganz schwarze Streife. Der Bauch ist lichter. **Der** Schwanz ist länger als der Leib, am Ende schwarz. Die Nägel gelb.

Ueber der Ruthe ziehet sich ein länglicher kahler Fleck nach dem After hin, dessen zarte und weiße Haut unten, wo er sich anfängt, eine **doppelte Falte** mit dazwischen liegender erhabener Scheidung, macht. Sie hat **veranlaßt, daß** das Thier Unkundigen für einen Zwitter hat gezeigt werden können.

Die Vorderzähne in der obern Kinnlade sind gegen die Mitte stufenweise kürzer. Von denen in der untern sind die beyden mittelsten die kleinsten, die folgenden stehen etwas einwärts; die äußersten sind konisch. Die Seitenzähne groß, und mit einer doppelten Furche ausgekehlt.

Das Vaterland des beschriebenen Thieres ist die Barbarey.

7.

Der Ichneumon.

Tab. CXV. B.

Viverra Ichneumon; Viverra cauda e basi incrassata sensim attenuata, pollicibus remotiusculis. LINN. *syst. p. 63. n. 4.*

Mustela pilis ex albido et nigricante variegatis vestita. BRISS. *quadr. p. 181.*

Meles digitis mediis longioribus lateralibus, **aequalibus**, vnguibus subuniformibus. HASSELQ. *it. p. 191.*

Ichneumon, que **les Egyptiens** nomment **rat de** Pharaon. BELON. *obs. p. 95.* mit **einer Fig.** *poissons* **p. 35.** Die Figur *p. 37.*

Ichneumon. GESN. *quadr. p. 566.* mit Belons, und noch einer schlechtern aus einer alten Handschrift des Oppians entlehnten Figur. ALDR. *quadr. dig. p. 300. ic. p. 301.* ALP. *hist. Aeg. p. 234. tab. 14. f. 3.* MAILLET *descr. de l'Egypte p. 90. t. 88.* SHAW *voyage tom. 2. tab. ad p. 74. fig. sup.* PENN. *syn. p. 226. n. 162.*

Ichneumon s. Lutra Aegypti. ALDROV. *quadr. dig. p. 298.* die Figur *p. 301.*

Nems; bey den Arabern, in Aegypten. **Hasselquist. Forsskol.** Tezerdea; in der Barbarey. **Shaw.** Rat de Pharaon; französisch.

Der Kopf ist länglich, zwischen den Backen mäßig dick; die Stirne senkt sich nach der Schnauze schräge herunter, welche dünn ist und sich in eine hervorstehende Nase endigt. Die Oeffnung der Augenlieder hat eine schiefe Richtung. Die Augen sind klein. Die Ohren kurz, rundlich und haarig. Der Leib lang und dünne. Der Schwanz kürzer als der Leib, an dem Leibe merklich dicker, als weiter hin, und gegen die Spize zu sehr verdünnet. Die Beine kurz. Die kahlen Fußsohlen, weil das Thier auf den Fersen gehet, sehr lang. Das Haar ist an diesen und auf dem

Kopfe kurz; am Leibe lang und fast borstenartig *); am längsten aber oben an den **Beinen**, unter dem Bauche *) und bis gegen die Mitte des Schwanzes *), **von** da an es gegen die Spize zu immer mehr abnimmt, so daß der **Schwanz** dadurch eine konische Gestalt erhält; bis es endlich an derselben wieder lang **wird und eine Quaste** macht. Größtentheils **ist es** abwechselnd weißlich und dunkelbraun geringelt, auf eben die Art **wie** die Stacheln eines Stachelthieres; wodurch das Thier eine sehr artig **dunkelbraun und** grau gewässerte, vom weiten in das grünliche schielende **Farbe erhält. Jedoch ist das** Vordertheil der Schnauze, ein Streif **zwischen den Augen und der** Nase, das Kinn **nebst den** vier Füßen, dunkel kastanienbraun, und an den Beinen hat die braune Farbe vor der weiß-lichen die Oberhand. **Die** Bartborsten sind braun, mit weißlicher Spize, auch wohl einem und anderen solchen Ringe. Ueber den Augen stehen einige lange braune Borsten. Auf den Backen **drey** kürzere braun und **weißlich** geringelte. Haarnäthe finde ich viere: **eine** auf jeder Seite der Schnauze, die von der Nase nach dem vordern Augenwinkel läuft, und eine hinten auf jedem Vorderbeine. Der Zehen sind an jedem Fuße fünfe. Die Klauen sind ziemlich gerade, die äußerste und innerste etwas kürzer, und die leztere stehet weiter hinterwärts als die übrigen. Ihre Farbe ist schwärzlich. Die Länge des beschriebenen ausgestopften Balges beträgt von der Nase bis an den Schwanz zween Schuh, des Schwanzes aber einen Schuh und zehen Zoll. Das von dem **Thiere selbst** genommene Maaß gibt **21 Zoll Länge bis an den** Schwanz, **welcher 18** Zoll misset, und 5 Zoll Höhe der Vorderbeine; die hintern sind etwas länger. Mithin übertrift der Ichneumon die Kaze in der Größe.

Von den sechs Vorderzähnen der obern Kinnlade sind die beyden äußern größer als die übrigen Viere, und die beyden mittelsten ein wenig kleiner als die daran stoßenden. Die in der untern Kinnlade sind über-haupt kleiner als jene; die äußersten nicht beträchtlich größer als die übri-gen, die ohngefähr von gleicher Höhe sind, und darinn von denen in der obern Kinnlade abgehen, daß die beyden zwischen den mittelsten und äus-

*) Auf dem Rücken an 2 Zoll.
*) Gegen 3 Zoll.
*) Viertehalb Zoll und drüber. Man

sehe die Kupfertafel, wo über dem Thiere
ein solches Haar in natürlicher Größe vorgestellet ist.

serften befindlichen etwas weiter einwärts als die übrigen stehen. Die vier Seitenzähne, vornehmlich die in der obern Kinnlade, sind lang, stark, und ziemlich gerade. Der Backenzähne sind oben fünfe und unten sechse auf jeder Seite [e]).

Der Ichneumon hat seinen Aufenthalt durch ganz Aegypten auf den Feldern und an den Ufern des Nils. Wenn dieser austritt, weicht er der Ueberschwemmung aus, und ziehet sich in die Gärten und nach den Dörfern zurück. Seine Nahrung besteht in Mäusen, womit Aegypten so überhäuft ist, daß aus den Spalten des ausgetrockneten Erdreichs unzählige von allerley Gattungen herauslaufen, wenn man stark darauf tritt, auch die Häuser davon wimmeln [c]); in Geflügel, besonders Hünern, welchen er vorzüglich nachstellet; in Schlangen, Eydeken, Fröschen, Insecten, Gewürme, Eyern, auch Gewächsen. Er scheint seine Beute mehr mit dem Gesicht als der Nase auszuspähen, und beschleicht sie auf der Erde hinkriechend, bis er nahe genug ist sie mit einem Sprunge zu erhaschen. Einem Feinde, und wenn es der größte Hund wäre, gehet er mit größter Unerschrockenheit und empor gesträubtem Haar entgegen, wobey er einen brummenden Laut von sich hören läßt. Er ist ein Verfolger der Kazen, Wieseln und ähnlicher Thiere, die er erwürgt, wenn er ihrer habhaft wird [f]).

Die Eyer des Krokodills sind ihm, wie die vom Federvieh, ein vorzüglicher Leckerbissen. Er sucht sie auf, wo er sie finden kan, und vernichtet solchergestalt viele von diesen so schädlichen Thieren. Da er, wie gedacht, kein Verächter des Fleisches aller Amphibien ist, so wird durch ihn die Anzahl der schädlichen Thiere aus dieser Classe, welche in Aegypten wohnen, nicht wenig vermindert. Der wichtige Dienst, den er auf beyderley Art seinem Vaterlande leistet, war schon den Alten bekannt, und verschaffete ihm nicht nur eine Stelle unter den geheiligten Thieren, sondern erzeugte auch in der Folge die Mährchen vom Streite des Ichneumons mit dem Krokodil und der Aspis; von der List, mit welcher er sich in den Sand verberge und ihnen auflaure; wie er sich mit Sand überziehe, dem Krokodil

Iii 3

[e]) Daubenton.   [f]) Belon.
[c]) ALPINVS S. 234.

in den Leib krieche und sein Eingeweide, besonders die Leber fresse u. dgl. Auf eine nicht weniger fabelhafte Weise hat man ihn, wegen der Defnung seines Sackes, zu einem Zwitter gemacht, und vorgegeben, ein jeglicher Ichneumon sey zu den Verrichtungen des männlichen und weiblichen Geschlechts gleich geschickt.

Der Ichneumon läßt sich zahmer machen, als eine Kaze, und wird in Aegypten in den Häusern gehalten, um sie von den Mäusen zu reinigen, welches er geschickter als die Kaze verrichtet. Er läuft bisweilen weg, kömmt aber ordentlich wieder⁹). Es scheinet aber nicht, daß er sich in den Häusern vermehre; denn das Landvolk bringt die Jungen in die Städte zum Verkauf, die hernach durch die Erziehung zu Hausthieren gemacht werden, welches sie also eigentlich nicht sind ʰ).

8.

Die Manguste.

Tab. CXVI. CXVI. B.

Viverra Ichneumon β. LINN. *syst.* p. 63.

Viverra indica; V. ex griseo rubescens. BRISS *quadr.* p. 177.

Viverra Mungo. KAEMPFER *amœn. exot.* p. 574. *tab.* 567.

Quil, vel Quirpele. GARCIAS *arom.* p. 214. RAI. *quadr.* p. 197.

Serpenticida sive Moncus. RVMPH. *herbar. amboin. auctuar* p. 69. *tab.* 62. *f.* 2. 3.

Indian Ichneumon. EDW. p. 199. *tab.* 199.

Ichneumon indien. VOSMAER *descr.* (Amst. 1772. 4.)

Ichneumon. Gmelins N. III. Th. S. . . . *tab.* 30.

Mustela glauca. LINN. *amœn. tom.* 2. p. 109.

Mangouste. BVFF. 13. p. 150. *tab.* 19.

---

⁹) ALPINVS.   ʰ) Belon.

Moncus. Mangouste. BVC'HODZ *hist. univ. du règne végétal. tom. 1.
dec. 8. pl. 8. f. 2. 3.* das Rumphiſche Kupfer.

Mungutia; Javaniſch. Mungo; bey den Portugieſen in Indien. Muncus;
Moncos; Rottevanger; bey den Holländern daſelbſt. Chiri; Kirpelé;
in Malabar. Gagarangan; Javaniſch. Sunsa; Bengaliſch. **Rumph.**

Wie ſchon vom Rumph geſchehen iſt: ſo hält der Herr Graf von
Büffon, nebſt Herrn Daubenton, dieſes Thier für einerley mit dem Ichneu=
mon, und dieſen für ein nur durch die Cultur verändertes Thier. Der
Herr Archiater von Linné hält beyde, jedoch mit einigem Zweifel, für
Spielarten. Herr Briſſon, Edwards, und andere hingegen ſondern die
Manguſte als eine eigne Gattung von dem Ichneumon ab. Ich will die
Entſcheidung der Frage. wer Recht habe? lieber weitern Unterſuchungen
überlaſſen, als meine auf die Vergleichung mehrerer Abbildungen[a] der
Manguſte mit dem vorher beſchriebenen ausgeſtopften Balge des Ichneumons,
und die Nachrichten der Zoologen von dieſem Thiere gegründete Muthmaaſſung,
daß die letztern der Wahrheit näher kommen dürften, zu rechtfertigen ſuchen.
Vielmehr will ich anzeigen, worinn jene von dieſem unterſchieden ſey.

Sie gleichen einander beyde in der **Geſtalt**, in dem Verhältniß **der**
Theile und der Bildung des Schwanzes. Allein dieſem fehlt die Quaſte
des Ichneumons[b]. Der nicht minder harthaarige Pelz iſt grau **und**
ſchwarz melirt (S. Gmelins Figur), oder lichtbräunlich und ſchwarz **ge=**
mengt[c], welche letztere Farbe zuweilen in ſchmalen Querbinden zuſammen=
fließet, die mit nicht breitern grauen abwechſeln (S. Tab. CXVI. A. und
Edwards tab. 119.); zuweilen ins Grünliche ſchielet (S. Tab. CXVI. B.).
Allein jedes **Haar** hat weit **weniger** Abwechſelungen in der **Farbe,** welche
an dem untern Ende grau, in der Mitte ſchwarz, und an der Spitze

[a] **Ein** ſchönes Gemählde einer aus
Perſien nach St. Petersburg gebrachten
Manguſte habe ich der Güte des Herrn
Prof. Laxmann, und die Gelegenheit,
die wohlgetroffene, zum dritten bis izt
noch nicht ausgegebenen Theile der Gme=
liniſchen Reiſe, gehörige Figur zu betrach=
ten, der Freundſchaft des Herrn **Prof.**
Güldenſtädt, von der Kaiſerl. Akademie
der Wiſſenſchaften zu St. Petersburg, zu
verdanken.

[b] **Edwards.**

[c] **Rumph** S. 69.

grau oder bräunlich[d]), oder auch an der Spize schwarz und in der Mitte grünlich lichtbraun[e]) ist. Am Bauche ist sie lichter. Noch einen Hauptunterscheid macht die Größe. Die Manguste ist weit kleiner als der Ichneumon; ihre Länge bis an den Schwanz macht zwölf bis siebenzehen[f]) Zoll.

Der Augenstern siehet pomeranzenfarbig[g]).

Das Vaterland der Manguste ist Bengalen, Persien und andere warme Länder in Asien[h]). Auf Madagaskar wohnet eine Art, die sich in der **Größe** und Farbe unterscheidet, wie Herr Bosmaer[i]) berichtet, ohne den Unterschied anzuzeigen; vielleicht der nachher zu beschreibende capische Ichneumon?

Wie der Ichneumon, so **ist die** Manguste ein munteres behendes Thier, das oft auf den Hinterfüssen sizt, geschwind läuft und klettert, und sich **von** kleinen Säugthieren, Vögeln, besonders aber Schlangen, so wie von beyder Eyern nähret. Ihr Instinct lehrt sie jene mit größter Geschicklichkeit belauschen und fangen. Den Razen schleicht und gräbt sie in ihre Löcher nach; das Geflügel aber soll sie auf die Art berücken, daß sie sich so lange als tod hinstreckt, bis sich diese in Menge um sie versammlet haben, die sie sodann mit leichter Mühe erhaschet. Den gefangenen Thieren beißt sie die Kehle oder den Kopf entzwey, und saugt das Blut aus, ehe sie das Fleisch anrühret; was sie auf einmal nicht bezwingen kan, verscharret sie zu einer andern Mahlzeit. Vor allen stellet sie den Schlangen, **auch den** giftigsten, und selbst der Brillenschlange[k]), nach, und kämpft mit ihnen[l]). Von ihr ver**wundet** soll sie sich, **einer in Indien** allgemeinen Sage zu Folge, ent**fernen und** gewisse **Kräuter** oder Wurzeln kauen[m]); man sezt hinzu, das,

---

[d]) **Daubenton**.
[e]) **Bosmaer**.
[f]) **Daubenton**.
[g]) **Bosmaer. Gmelin**.
[h]) **Garcias. Kämpfer u. a.**
[i]) a. a. D. S. 7.

[k]) Coluber Naja. LINN. syst. p. 382. Cobras de Cabelo.

[l]) **Kämpfer** S. 574. **Rumph** a. a. D. S. 71.

[m]) **Ebendas.**

das, was ſie kaue, ſey die berühmte Schlangenwurzel °). Erzählungen, die viel Unbegreifliches haben, und deren Glaubwürdigkeit durch nähere Unterſuchungen beſtätigt zu werden verdient. So viel iſt gewiß, daß die Manguſte die Koſt aus dem Pflanzenreiche nicht ganz verſchmähet; Brod friſſet ſie zwar nicht, doch aber Kirſchen, Pflaumen und andere ſaftige und ſüſſe Früchte. Sie trinkt viel °).

Unter dem Freſſen brummt die Manguſte wie eine Kaze. Zuweilen läßt ſie einen pfeiſenden Laut, faſt wie ein Vogel, hören. Beym Anblick eines Hundes aber, oder eines andern Thieres, das ihr zuwider iſt, pfaucht ſie wie eine Kaze °). Einen andern ſcharfen Ton gibt ſie von ſich, wenn man ſie böſe macht. Dabey ſträubt ſie die Haare empor °).

Sie pflegt am Tage viel zu ſchlafen, in der Nacht hingegen wachſam zu ſeyn. Zum Schlafe legt ſie ſich in einen Kreis zuſammen, ſo daß man weder Kopf noch Beine ſiehet °).

Es iſt nicht ſchwer, die Manguſte zahm zu machen, welche ſodann ein artiges Thierchen wird, das ſich ſehr an den Menſchen gewöhnet, bey ihm ſchläft, mit ihm läuft wie ein Hund, gern ſpielt und nie an das Beißen denkt, ohnerachtet es den Finger in den Mund nimmt, auch von ſich ſelbſt reinlich iſt, ſo daß es ſeinen ſchwarzen flüßigen, gleich dem Harne ſehr überriechenden Unrath an einen beſondern Ort trägt. Man kan ſolchemnach dieſe Thiere frey herumlaufen laſſen, und ſie fangen die Mäuſe und Ratten wie eine Kaze hinweg, zu welchem Ende dieſelben in Indien häufig gehalten werden.

Die Kälte vertragen ſie nicht wohl, und laſſen ſich deswegen in Europa nicht lange beym Leben erhalten.

°) Ophiorrhiza Mungos LINN. *sp. pl.* p. 213. Rumph a. a. O. — angeführte Werke, auch Bosmaers descr. d'un Ichneumon p. 6.

°) Bosmaer. — °) Edwards.

°) Man ſehe Kämpfers und Rumphs — °) Rumph S. 70.

Kkk

9.
Der capische Ichneumon.

Ich kenne dieses Thier, nur aus der vom Herrn Professor Pallas mir schriftlich gütigst mitgetheilten **Beschreibung**, zu welcher ein vollständiger **Balg** desselben die Materialien an **die Hand** gegeben hat.

Im äußerlichen Ansehen gleicht er dem Iltis, mit welchem auch der Kopf und die Zähne viel Aehnlichkeit haben. Die Ohren sind ganz kurz und mit wolligem **Haar** bedeckt. Die Füsse kurz, mit fünf Zehen versehen, wovon die dem Daumen entsprechende **die kürzeste** ist. Der Schwanz läuft gegen die Spize hin dünner zu. Der Pelz ist harthaarig, glänzend. Die Farbe ist überall, auch unten, gelb, braun und schwarz melirt, fast **wie an dem Acuti** [a], aber dunkler, fällt aber besonders auf dem Rücken **ins schwarzbraune.** Die Bartborsten stehen einzeln, und sehen **schwarz.** Der Schwanz hat eine schwarze Spize, übrigens aber die Farbe **des Leibes.** Die Füsse sind schwärzlich. **Um** den After sahe man einen runden kahlen Fleck, worauf die Spur einer Spalte zu erkennen war; und vor demselben eine beträchtliche Oefnung der Vorhaut.

Nach dem Balge, welcher **von der Nase** bis zum **Schwanze** einen **Fuß zehen** und einen halben Zoll, **von da an** aber bis zur Spize des **Schwanzes** einen Fuß lang war, zu urtheilen, muß das Thier die Länge **eines fast** erwachsenen Fischotters haben.

10.
Der vierzehige Rüsselträger.

Tab. CXVII.

Viverra tetradactyla. PALLAS.

Suricate. BVFF. 13. p. 72. tab. 8. PENN. syn. p. 228 n. 465.

---

[a] Cavia acuti PALL. spicil. zool. fasc. II. p. 18.

Nicht allein von seinen Geschlechtsgenossen, sondern auch von allen übrigen Säugthieren, die Hyäne ausgenommen, sondert sich dieses Thier dadurch ab, daß es an allen vier Füßen nur vier Zehen hat [a]).

Im äusserlichen Ansehen gleicht es der Manguste, unterscheidet sich aber davon durch die rüsselförmig verlängerte bewegliche Nase, worinn es mit den beyden folgenden übereinkömmt. Die Spize derselben ist erhaben, und hat die Furche nicht, die selbige bey andern Thieren der Länge nach zu theilen pflegt. Die Borsten am Bart und über den Augen sind von mittlerer Länge. Die Augen groß. Die Ohren kurz und rundlich. Die Beine sind kurz, und das Thier gehet auf den Fersen. Die Füsse haben lange Klauen, vornehmlich die Vorderfüsse [b]). Ueber der Ruthe hat es eine doppelte Höle, fast wie die Viverra hermaphrodita [c]).

Die Spize der Schnauze und die Ohren sehen schwarz. Die Augen umgibt ein schwarzer Ring. Die Nase hat von jener Schwärze an bis an die Augen eine braune Farbe. Die Lippen, das Kinn, die Backen sind weißlich. Der Scheitel, Hals, Rücken und die äussere Seite der Beine weiß, braun gelblich und schwarz untermengt. Brust, Bauch und die Beine inwendig, gelblich. Der Schwanz desgleichen, doch ist er oben mit schwarz vermengt, und das Ende ist ganz schwarz. Das längere Haar ist schwarz und weiß geringelt, und an der Spize schwarz; das dazwischen stehende kürzere und weichere siehet gelblich braun. Die Länge des Thieres ist ohne den Schwanz ein Fuß, mit demselben anderthalb [d]).

Das Vaterland dieses Thieres ist nicht Surinam, wie der Herr Graf von Büffon sagt, sondern das südliche Afrika. Es wird vom Vorgebirge der guten Hofnung zuweilen nach Holland gebracht, und von einem dem Prinzen Erbstatthalter der vereinigten Niederlande daher zuge-sandten wurde ausdrücklich gemeldet, es sey nebst noch einem tief im Lande

Kkk 2

---

[a]) Eine Bemerkung des Herrn Grafen von Büffon

[b]) Daubenton.

[c]) Nach den mir geneigt mitgetheilten Beobachtungen des Herrn Prof. Pallas.

[d]) Daubenton.

gefangen worden¹). Auch soll es in Guinea anzutreffen seyn. Wie von
hier aus mehrere zahm gemachte afrikanische Thiere mit den Sclaven nach
Westindien gebracht werden: so kan es auch diesem wiederfahren, und also
das von dem Herrn Grafen aus Holland erhaltene gar wohl über Surinam
dahin gekommen seyn.

Seine Nahrung ist Fleischwerk, und es liebt insonderheit Fische und
Eyer. Sein Getränk leckt es wie ein Hund, und pflegt seinen Harn zu
saufen. Es gräbt mit den Vorderfüßen gern und leicht. Es sizt oft auf
den Hinterbeinen, mit herabhängenden Vorderpfoten, wobey es sich oft und
lebhaft umsiehet.

Man kan dieses Thier überaus zahm machen; es wird sehr zuthulich,
spielt mit Jedermann, ohne zu beißen, auch mit Kindern, und selbst mit
den Kazen, welche andern Thieren dieses Geschlechts unausstehlich sind.
Das in der Menagerie des Prinzen Erbstatthalters leckte sehr gerne Speichel;
es pflegte, um ihn zu bekommen, seinem Wärter mit den vordern Pfoten
die Lippen von einander zu thun, und mit daran gelegtem Maule selbigen
mit seiner etwas rauhen Zunge begierig aufzufangen. Doch mindert der
üble Geruch die Annehmlichkeit dieses Thieres'). Hier zu Lande ist es
wegen der ihm unangenehmen und nachtheiligen Kälte zu keinem beträchtlichen Alter zu bringen.

Der Name, den dieses artige Geschöpf in seinem Vaterlande führet,
ist unbekannt; ich finde nicht einmal eine ihm zugehörige holländische Benennung, denn das Wort Surikat oder Surikatjo gehöret den geschwänzten
Makis, besonders dem Mokoko zu, wie der Herr Professor Pallas sehr
wohl erinnert ⁹).

11.

Der rothe Rüsselträger.

Tab. CXVIII.

Viverra Nasua; Viverra rufa, cauda albo annulata. LINN. syst.
p. 64.

°) PALL. misc. zool. p. 60.   ⁹) Misc. zool. l. c.
) Pallas.

Vrsus naso producto et mobili, cauda annulatim variegata. BRISS.
  quadr. p. 190.

Vulpes minor, rostro superiori longiusculo, cauda annulatim ex nigro
  et rufo variegata. Quachy. BARR. Fr æqu. p. 467.

Coati. MARCGR. Brasil. p. 228.

Coati mondi. Mém. de l'Acad. de Paris tom. III. part. II. p. 47. fig.
  tab. 57. RAI. syn. p. 480. HOVTTVYN zamenstel 2. p. 258.
  t. 45. f. 2.

Coati noirâtre. BVFF. 8. p. 558. t. 48.

Brasilian weesel. PENN. syn. p. 229. n. 464. tab. 22. fig. 4.

Coati; Braſiliſch. Guache; in Mexico. Quachy; in Cayenne Badger;
  bey den Engländern in Guiana. Bancrofts Guiana S. 84.

Die in eine Art Rüſſel verlängerte, etwas gebogene, und ſowohl auf=
wärts als nach allen Seiten bewegliche Naſe, habe ich bereits ange=
zeigt. Sie hat vorn an der ſchief abgeſchnittenen Spize keine Furche.
Die Augen ſind klein. Die Ohren kurz und rundlich. Der Schwanz nicht
ganz rund, ſondern hinten platt[a]; das Thier trägt ihn aufrecht; er iſt
länger als der Leib. Die Beine kurz, die Füſſe fünfzehig. Das Thier
tritt auf die Ferſen auf.

Das Haar iſt hart und glänzend. Die Farbe der Naſe und der
Ohren ſchwarz. Kopf, Hals und Rücken ſehen gelbbraun, welche Farbe
mit dem Schwarz der Spizen an den längern Haaren überlaufen iſt.
Unter und hinter jedem Auge ſtehet ein blaſſer Fleck. Die Oberlippe,
Kehle, Bruſt und Bauch, auch die Beine inwendig ſind blaßgelb. Der
Schwanz iſt ſchwarzbraun und gelblich geringelt. Die Füſſe braun.

Warzen hat er ſieben: über den Augen, unter den Augen, auf den
Backen, und auf der Kehle; jede mit einigen Haaren beſezt[b]. Die Länge
des Thieres iſt anderthalb Fuß.

Kkk 3

---

[a] LINN.   [b] LINN.

Er wohnt in Südamerica, besonders in Guiana und Brasilien ᵉ).

Seine Nahrung besteht in Fleisch von allerley Thieren, besonders Mäusen, Geflügel, Eyern, Insecten und Würmern; er nimmt auch mit Früchten und Obst vorlieb. Er gräbt gerne nach Regenwürmern. Sein Gang ist langsam, er kan aber gut klettern. Zum Schlafen legt es sich in einen Kreis.

Man kan dieses Thier zahm machen, und es gewöhnt sich sehr an die Menschen und läßt sich ohne Gefahr behandeln; wobey es oft einen klagenden Ton hören läßt. Es liebt die Wärme, scheint aber nicht sehr weichlich zu seyn.

Ich habe 1760 ein solches Thier in dem botanischen Garten zu Upsal öfters zu sehen und zu beobachten das Vergnügen gehabt, welches von dem Herrn Archiater von Linné daselbst unterhalten wurde. Indessen ist nicht diese Gattung, wie der Herr Graf von Büffon irrig sagt, sondern vielmehr der Schupp diejenige, von welcher vorbenannter großer Naturkündiger in dem 7. Theile der Abhandlungen der Königl. Schwedischen Akademie der Wissenschaften einen Aufsatz hat einrücken lassen ᵈ); und es ist also nicht zu verwundern, wenn verschiedenes von dem Inhalte desselben nicht auf diesen Rüsselträger gedeutet werden kan.

12.

Der braune Rüsselträger.
Tab. CXIX.

Viverra **Narica**; Viverra subfusca, cauda **concolore**. LINN. *syst.*
    p. 64. Köngl. vet. acad. handl. 1768. p. 440. mit einer Figur
    tab. IV.

Vrsus naso **producto** et mobili, cauda vnicolore. BRISS. *quadr.*
    p. 190.

Coati brun. BVFF. *8. t. 48.* ill. fig. *tab. 53.*

ᵉ) S. die obangef. Schriftsteller.   : ᵈ) Vrsus Lotor LINN.

Bey aller Aehnlichkeit dieser und der vorhergehenden **Gattung, welche** Anlaß gegeben hat, beyde mit Büffon und Pennant für bloße Spiel= arten zu halten, ist dennoch der specifische Unterschied nicht zu verkennen. Die Schnauze der gegenwärtigen ist dünner und gerader. Die Nase vorn mit einer Furche getheilt: Der Schwanz völlig cylindrisch. Nase, Stirne und Backen sind, bis vor den vordern Augenwinkel, schwarz; und auf diesem schwarzen Grunde ein weißer Fleck über, und einer unter jedem Auge befindlich; von dem obern gehet ein weißer Streif vorwärts nach der Schnauze. Ein anderer steht auf jedem Backen. Die Schnauze, Lippen und Kehle weißlich. Die Bartborsten lang und schwarz. Der Kopf, Hals und Leib graubraun; so auch der Schwanz, der, besonders unterwärts, undeutliche dunklere Ringe hat; die untere Seite des Halses, die Schultern, Brust und der Bauch weißlich; der Raum zwischen den Hinterschenkeln fast gelb. Jedes Haar ist in der Mitte schwarz, an der Spize gelbbraun. Die Füsse sehen schwarz. An ihnen und dem Kopfe ist das Haar kurz und angedrückt, sonst lang und lose.

Warzen hat dis Thier elfe; eine über jedem Auge; eine in dem weißen Flecke der Backen; eine hinter jedem Mundwinkel, (wogegen die an dem rothen Rüsselträger unter dem Auge befindlichen mangeln); und eine einzelne unter dem Kinne. Jede ist mit fünf bis sechs schwarzen Borsten besezt. Näthe, zwey Paar; eins von den Mundwinkeln hinterwärts, und eins an den Borderfüssen. Zähne 40 °).

Die Länge des Thieres beträgt gegen zween Schuh ᵇ).

Das Vaterland ist das südliche America.

Es wühlt gern in der Erde nach Regenwürmern, und sucht sich ein= zugraben, wenn es möglich ist; klettert fertig; gehet auch ins Wasser. Es frißt trocken Brod, Früchte, Wurzeln u. dgl. ᶜ).

Nach Europa kömmt es weit seltener, als das rothe.

ᵃ) LINN. Daubenton.   ᶜ) LINN.
ᵇ) Daubenton.

13.
Die Coase.

Tab. CXX. .

Yzquiepatl, seu vulpecula quæ maizium torrefactum æmulatur colore. HERNAND. *Mex. p. 532.* RAI. *syn. p. 181.?*

Coase. BVFF. *15. p. 280. tab. 58.* ill. Fig. *tab. 84.*

Stifling. weesel. PENN. *syn. p. 230. n. 265,?*

Yzquiepatl, in Mexico.

Dieses und die nachstehenden in America einheimischen Thiere werden von dem Herrn Grafen von Büffon unter dem Namen Mouffettes begriffen. Er ist von dem unerträglichen Gestanke hergenommen, den sie, vermittelst einer von sich gesprützten Feuchtigkeit, erregen können, und wodurch die Luft fast auf ähnliche Art, wie durch erstickende Schwaden, zum Ein= athmen untüchtig gemacht wird. Um deswillen, und wegen der übrigen Aehnlichkeit, haben diese Thiere wirklich gegründeten Anspruch darauf, in dem System Nachbarn zu seyn. Daß sie aber insgesammt nur eine Gattung ausmachen, mithin bloße Spielarten seyn sollten, wie der Herr Archiater von Linné zu glauben scheint; das ist noch nicht erwiesen, und wird noch so lange zweifelhaft bleiben, bis wir mehrere und vollständigere Nachrichten von ihnen bekommen.

Die Coase hat einen langen, hinten breiten, vorn in eine spizige mit hervorragender Nase versehene Schnauze verdünnerten Kopf, langen Leib, den sie ausstrecken und zusammen ziehen kan, kurze rundliche an den Kopf angedrückte Ohren, einen kurzen Schwanz, und niedrige auf den Fersen auftretende Beine, wovon die vordern vier, die hintern fünf Zehen haben. Die Farbe ist ein sehr glänzendes dunkles Castanienbraun, welches auf dem Kopf mit grau vermischt ist. Die Bartborsten sehen schwarz. Länge sechszehen Zoll *).

Hernandez beschreibt das Haar seines Yzquiepatls schwarz und weiß melirt, welches; nach Herrn Daubenton, an der Coase durchgehends schwarz=

*) Daubenton.

schwarzbraun ist. Indessen kann dasselbe gar wohl für einerley mit dieser angenommen werden, da an dunklen Thieren eingemengte weiße Haare nichts seltenes sind.

Die Coase des Herrn Grafen von Büffon ist in Virginien, und das Yzquiepatl des Hernandez in Mexico zu Hause. Dies hält sich, seiner Erzählung nach, in Felsklüften auf, wo es auch seine Jungen wirft; lebt von Gewürm, Käfern und Federvieh, wovon es hauptsächlich nur den Kopf frisset.

14.

Das Quasje.

Viverra cauda fusca luteo annulata, corpore spadiceo subtus flavescente. LINN. *syst. ed. 10. p. 44. n.* 2. mit Ausschluß der Synonymen, welche zu N. 13. und der Beschreibung, die zu N. 15. gehört.

Meles surinamensis; Meles ex saturate spadiceo nigricans, cauda fusca: annulis flavicantibus quasi cincta. BRISS. *quadr p. 185.* mit Ausschluß des Hernandezischen Namens.

Ichneumon de yzquiepatl. SEB. *mus. 1. p. 68. tab. 42. f. 2.*

Tamandua mexicana, yzquiepatl, seu vulpecula dicta. SEB. *mus. 1. p. 66. t. 40. f. 2.?*

Quasje, in Surinam.

Der Herr Graf von Büffon nimmt mit dem Herrn Archiater von Linné an, daß dies Thier von dem vorhergehenden nicht verschieden sey. Indessen scheinet, wenn es auch ein Fehler des Zeichners wäre, daß der Schwanz in der Sebaischen Figur verhältnißmässig länger ist, als an der Coase, und die Vorderpfoten fünf deutliche Zehen haben; die Farbe einen grössern Unterschied, als zweyer zusammen gehöriger Spielarten anzuzeigen. Selbige ist auf dem Rücken dunkel castanien braun, am Kopfe

Lll

etwas lichter, auf dem Bauche gelb, und der Schwanz dunkelbraun und gelb geringelt. Das Haar ist lang und rauh. Die Größe unbekannt.

Seba, von dem diese Beschreibung ist, erhielt dies Thier lebendig aus Surinam. Es war zahm und ließ sich angreifen, nährte sich von Erdfrüchten, Insecten und Gewürm, grub mit der Schnauze und den Vorderpfoten gern in der Erde; in einem Loche, das es sich gemacht hatte, schlief es am Tage, und war die ganze Nacht hindurch in Bewegung. Die kalte Herbstwitterung tödtete es.

Dampier gedenket °) eines ähnlichen Thieres, unter dem Namen **Squash,** welches sich in der Bay von Campesche findet, aber kurzhärig und gelblich seyn soll. Ob dieses von dem Quasje verschieden sey oder nicht? läßt sich in Ermangelung genauerer Nachrichten nicht sagen

15.
Der Skunk.
Tab. CXXII.

Viverra Putorius; Viverra fusca (vielmehr nigricans), lineis quatuor (oder eigentlich quinque) dorsalibus parallelis albidis. LINN *syst.* p. 64. n. 4.

Mustela nigra; tæniis in dorso albis. BRISS. *quadr.* p. 181.

Pol-cat. CATESB. *Carol. tom.* 2. p. 62. *tab.* 62.

Conepate. BVFF. 13. p. 288. *tab.* 40. illum. Kupf. *tab.* 68.

Striated weesel. PENN. *syn.* p. 232. n. 166.

Skunk; in **Neuyork.** Pol-cat; bey den **Engländern** in America. Pekan; **Bête** puante; enfant du diable; bey den Franzosen daselbst. Fiskatta; bey den Schweden in Pensilvanien.

Der Kopf ist um die Backen breit, und vorwärts in eine lange dünne und spizige Schnauze verlängert. Die Augen klein. Die Ohren klein und rundlich. Der Schwanz, den das Thier aufrecht trägt, kürzer

---

°) Voy. Tom. III. p. 302.

als der Leib, und mit Haaren von mäßiger Länge bedeckt. Die Farbe ist schwarz. Längs dem Rücken läuft ein weißer Streif nach dem Schwanze zu und ferner über den untern Theil desselben hin; mit diesem gehen zu beyden Seiten zween von eben der Breite parallel bis an den Schwanz. Die Größe des Thieres kömmt ohngefähr mit der Statur des Marders überein[a]).

Nach Catesbys Berichte gibt es Skunke, die anders gezeichnet sind, als der vorbeschriebene; ob es aber nicht andere Gattungen seyen, ist damit noch nicht entschieden. Herr Prof. Kalm sahe einen, der fast ganz weiß war. Sollte dies nicht ein Chinche gewesen seyn?

Der Skunk ist in dem ganzen nördlichen America ziemlich häufig, er hält sich an öden und bewohnten Orten auf, und kömmt so gar oft in die Häuser, um seine Nahrung zu suchen, die in allerley Fleischwerk besteht; unter welchem er vorzüglich das Geflügel und dessen Junge, auch die Eyer liebt. Wenn ihn Hunde anfallen: so zieht er sich zusammen, daß der Rücken fast kugelrund wird, und sträubt das Haar empor. Weit wirksamer ist freylich diejenige Vertheidigung, von der ich unten mehr sagen werde.

Er gräbt eben so geschickt, als er klettert; und wirft seine Jungen theils in hole Bäume, theils in Hölen, die er in die Erde macht. Das Fleisch wird von den nordamericanischen Wilden gegessen, und aus dem Balge machen sie Tabacksbeutel[b]).

16.

Das Conepatl.

Conepatl, seu vulpecula puerilis. HERNAND. *Mex. p. 232.*

Aus der kurzen und zu einer deutlichen Kenntniß unzulänglichen Nachricht, die Hernandez von dem auf Mexicanisch Conepatl genannten Thiere giebt, ersiehet man, daß dieses nicht fünf, sondern nur zwei weiße Streife hat, welche auch auf dem Schwanze hinlaufen. Es scheint also

Lll 2

[a] [b] Catesby. Kalm *resa til norra America.* II. Th. S. 378.

von dem Stunk unterschieden zu seyn, dem es in dem Werke des Herrn Grafen von Büffon seinen Namen geliehen hat. Man würde vielleicht kaum irren, wenn man muthmaßte, es sey eine Spielart des Chinche des Herrn Grafen von Büffon.

Seine Heimath ist Mexico.

17.

Der Chinche.

Tab. CXXI.

Viverra Mephitis. **LINN.** *syst. nat. ed. 10. p. 44. n. 2.* Die Beschreibung gehört hieher, nicht aber die Namen.

Chinche. **BVFF.** *15. p. 294. tab. 59.*

Skunk weesel. **PENN.** *syn. p. 233. n. 467.* mit Ausschluß der Anführung des Kalm.

Der Kopf dieses Thieres ist klein, hinten breit, die Schnauze aber spizig. Der obere Kinnbacken länger als der untere. Der Schwanz halb so lang als der Leib. Die Beine niedrig, und an jedem Fuße fünf Zehen mit langen Klauen. Das Haar ist glänzend und lang, am meisten das am Schwanze. Die Farbe schwarz Von der Nase ziehet sich ein einfacher schmaler weisser Streif zwischen den Augen hindurch, erweitert sich auf der Stirne, wird auf dem Halse noch breiter, und gehet hernach in eine sehr breite weisse Binde über, welche erst um die Mitte des Rückens durch einen schmalen schwarzen Zwickel in zwey breite Streife getheilt wird, die abgesondert auf den Schwanz fortgehen, und sich da wieder vereinigen. Am Halse, auf den Schultern und der äussern Seite der Beine. zeigen sich kleine weisse Flecke, und die Brust sammt dem Bauche sind weiß und schwarz gefleckt. Der Schwanz ist größtentheils weiß, mit untermengten schwarzfleckigen Haaren. Die Länge sechszehen Zoll[a].

Auch von diesem Thiere ist America das Vaterland.

[a] **Daubenton.**

18.

Die Zorilla.

Tab. CXXIII.

Zorille. BVFF. 13. p. 289. tab. 44. PENN. syn. p. 233. n. 168.

Mapurito, Masutiliqui (bey den Spaniern und Indianern am Orinoko). GVMILLA Orenoq. tom. 3. p. 240.

Zorrilla. Bey den Spaniern in America.

Der Kopf ist rund, die Schnauze kurz und stumpf; der Leib schlank, die Beine kurz; der Zehen vorn und hinten fünfe, mit langen starken Klauen an den vordern, und kürzern an den hintern; der Schwanz kürzer als der Leib und sehr langhaarig. Die Farbe schwarz, mit weißen Streifen und Flecken. Die hintere Hälfte des Schwanzes weiß. In der Größe kommt sie dem Chinche nicht bey; ihre Länge beträgt, ohne den Schwanz, nur dreyzehen bis vierzehen Zoll").

Sie wohnt in Südamerica, und kömmt in den Eigenschaften mit den übrigen Musseten überein.

19.

Der Mapurito.

Viverra Putorius. MVTIS in den Abhandl. der Kön. Schwed. Akad. der Wissenschaften 1769. S: 68. LINN. mantiss. 2. p. 522.

Der Kopf ist klein, rund, die Schnauze lang, platt, stumpf, mit kleinen runden dicht an einander stehenden Nasenlöchern, und einer drey-fachen Reihe kurzer Bartborsten. Die Oefnung des Mundes ist klein. Die Zunge ganz glatt. Die Augen in der Mitte zwischen den Ohren und der Nase, klein, schief gespalten, dunkelbraun. Die Ohren fehlen; statt ihrer geht nur ein sehr wenig erhabener Rand um den Gehörgang. Der

Lll 3

") Daubenton.

Hals ist sehr kurz. Der Leib lang, im äusserlichen Ansehen dem rothen Coati gleich. Die Beine kurz. Das Thier gehet auf den Fersen. Die Füsse sind insgesammt fünfzehig. An den hintern ist die Zehe, welche die Stelle des Daumen vertritt, etwas von den übrigen abgesondert. Die Klauen lang, jedoch die an den vordern länger als an den hintern. Der Schwanz, den das Thier horizontal trägt, gerade, sehr langhaarig, etwa halb so lang als der Körper. Der Leib siehet überall ganz schwarz; einen schneeweißen Strich ausgenommen, der von der Stirne, wo er am breitesten ist, zu beyden Seiten längs dem Rücken hinläuft, immer schmäler wird, und sich um die Mitte desselben verliert *). Auch die Spize des Schwanzes ist weißlich. Die Länge beträgt zwanzig, des Schwanzes neun Zoll.

Die vordern Zähne sind in der obern Kinnlade platt, spizig, von gleicher Größe; in der untern zusammengedrückt, stumpf, und die äussern stärker als die innern. Die obern Seitenzähne gerade; die untern etwas hinterwärts gebogen, stärker und weniger spizig als jene. Backenzähne auf jeder Seite fünfe, wovon die vordern kleiner und spiziger als die hintern sind.

Dies Thier ist um die Bergwerke bey Pamplona in Mexico häufig, und gräbt tiefe Baue in die Erde, worinn es am Tage schläft. In der Nacht aber ist es munter, hat einen schnellen Gang, verläßt seine Wohnung und schnüffelt herum, seine Nahrung zu suchen, die vornehmlich in Regenwürmern, Käfern und Insecten bestehet.

Man hat diese Nachrichten dem Herrn D. Mutis, Leibarzte bey dem Vicekönige zu Santa Fe in Mexico, zu danken, dem auch das Verdienst gebühret, die erste Zootomie einer Mouffette unternommen zu haben. Der Aufsaz, welcher heydes enthält, ist von dem Herrn Commercienrath v. Alströmer in den Abhandlungen der Königl. Akademie der Wissenschaften zu Stockholm bekannt gemacht worden

---

*) So verstehe ich den Herrn D. Mutis. Vielleicht wird es nicht überflüssig seyn, seine eigenen Worte hier einzurücken: Color totius **corporis** nigerrimus est; corpus supra maculatum linea albissima, in fronte admodum latiori, ibidem utrinque connexa deinde retrorsum tenuiori facta, usque ad medium dorsi decurrente. Cauda tota nigerrima est, apice vero albida. S. **71.**

20.
Der Grison.
Tab. CXXIV.

Grison. BVFF. *ed.* ALLAM. *tom.* 15. *p.* 65. *tab.* 8.

Chinche. FEUILLEE *voy. tom.* 1. *p.* 272.?

Yaguane; Maikel. Falkners Beschr. von Patagonien S. 158. 159.?

Der längliche Kopf hat eine lange Schnauze. Die Ohren sind kurz. Die Beine kurz, die Füsse fünfzehig. Der Schwanz kürzer als der Leib, und nicht sehr langhaarig. Die Schnauze, Kehle, Brust, der Bauch und die Beine sind schwarz. Der Rücken bräunlich, mit weiß überlaufen; welches daher rühret, weil jedes Haar dunkelbraun, und an der Spize weiß ist. Dieses Weiß wird vorwärt auf dem Halse und Kopfe immer stärker, mithin diese Theile vorwärts immer lichter bräunlich, und endigt sich endlich an einer weissen Binde, welche auf der einen Schulter anfängt, über das Ohr nach der Stirne fortgeht, von da in gleicher Richtung nach der andern Schulter läuft und sich dort abschneidet. Die Länge des von Herrn Prof. Allamand beschriebenen und gemessenen Thieres betrug sieben Zoll, und die Höhe der Beine zwischen dritthalb und viertehalb Zoll. Aus der daran beobachteten Unvollkommenheit der Zähne aber läßt sich schließen, daß es noch jung und nicht ausgewachsen gewesen. Es ist aus Surinam nach Holland gesandt worden.

Von diesem Thiere scheint dasjenige nicht verschieden zu seyn, welches der P. Feuillée unter dem Namen Chinche beschreibt, mit dem Chinche des Herrn Grafen von Büffon aber nicht einerley seyn kan. Es hat die Grösse einer Hauskatze. Der Kopf ist lang, wird vorwärts immer schmäler, und endigt sich in eine über die Unterkinnlade hervorragende Schnauze. Die Ohren sind kurz, aber weit. Den Rücken trägt das Thier gebogen, den Bauch aber platt. Die Füsse sind fünfzehig. Der Schwanz ist so lang als der Leib, und einem Fuchsschwanze ähnlich. Das Haar lang, und von dunkelgrauer Farbe, die von dem P. Feuillée ziemlich unbestimmt mit derjenigen, die unsre Kazen haben, verglichen wird Zween weisse

Streife, die ihren Anfang auf dem Kopfe nehmen, gehen (auf jeder Seite, falls ich die Beschreibung recht verstehe, einer) über die Ohren weg, entfernen sich sodann von einander, und endigen sich an den Seiten des Leibes in einem Bogen. Der Farbe des Scheitels, welche am Grison so bemerkenswerth ist, geschieht zwar vom P. Feuillée keine Meldung; allein wer weiß, ob sie sich nicht am erwachsenen Thiere ändert? Da er den Schwanz nicht so haarig, als er an dem Mapurito ist, sondern nur fuchsmäßig beschreibt: so scheinet mir sein Chinche mehr mit dem Grison, als dem Mapurito überein zu kommen. Gedachter aufmerksamer Reisende beobachtete dieses Thier bey Buenos Ayres, und fand an ihm eben die Sitten und den nehmlichen Gestank, welche von den übrigen bemerkt worden sind.

Ich zweifle kaum, daß das Patagonische Thier, welches die Patagonier Yaguane nennen, mit dem vorigen, und also, wahrscheinlicher Weise, auch mit dem Grison, einerley sey. Nach Falkners Berichte hat es eine dunkel schwarzbraune Farbe, und zween lange und breite Streife an den Seiten. Das Haar ist, wegen der kältern Himmelsgegend, fein und weich, und die Patagonier tragen Mäntel davon.

Vielleicht gibt es noch mehrere, zu den bisher beschriebenen so genannten Muffeten gehörige Arten von Thieren in America. Es finden sich davon Spuren bey den Schriftstellern, aber nicht deutlich genug, um sie gehörig auseinander sezen zu können.

Das sonderbarste, was man an den Muffeten bemerkt, ist eine Art der Vertheidigung, die sie vor allen andern Thieren voraus haben. Sie sind zwar nichts weniger als träge oder langsam, sondern wissen gar wohl, sich der Verfolgung von Menschen oder Hunden durch die Flucht zu entziehen, die sie so schnell auf ebenem Boden zu nehmen, als auf die Bäume zu klettern geschickt sind. Ist aber dies Rettungsmittel unzulänglich, oder haben sie nicht Lust, sich desselben zu bedienen: so wehren sie sich auf das nachdrücklichste durch einen Saft, den sie ihrem Feinde bey drey Klaftern weit entgegen sprüzen, und welcher an üblem Geruche alles, was das Thierreich übelriechendes hervor bringt, weit übertrift. Er hat mit dem Geruche des Ruprechtskrautes *) viel Aehnlichkeit, nur nicht in der

*) Geranium robertianum. LINN. sp. pl. p. 955. n. 45.

Stärke, worinn er diesen um sehr vieles übertrift. Er vergiftet die Luft
auf hundert Schritte weit. Wer ihn in der Nähe des Thieres empfindet,
dem wird der Odem dergestalt dadurch versezt, daß er ersticken möchte;
und er verursacht die beschwerlichsten Zufälle von Kopfschmerzen, Eckel,
Schwindel ꝛc. Manchen Hunden ist er so unerträglich, daß sie ablassen
dem Thiere nachzusezen, wenn sie besprüzt worden sind; die solches nicht
thun, sind dennoch gezwungen, beym Nachsezen zuweilen mit der Nase in
die Erde zu wühlen, um des Geruchs los zu werden. Vermuthlich ist
dieser Saft scharf; denn wenn er in die Augen kömmt, so läuft man
Gefahr, sie einzubüßen. Der Geruch davon verliert sich so langsam, daß
es schwer hält, ihn wieder aus den Kleidern oder vom Leibe zu bringen,
nachdem man besprüzt worden ist, wenn nicht jene vier und zwanzig
Stunden in die Erde eingegraben, und die besprüzten Flecke der Haut mit
frischer Erde fleißig und lange gerieben werden. Man spürt ihn selbst in
freier Luft noch lange, nachdem er entstanden ist*). Was aber nun diese
stinkende Materie eigentlich sey? darüber waren bisher die Meinungen getheilt. Man glaubte entweder, sie komme aus den Gedärmen des Thieres,
und werde von ihm mit der Luft herausgetrieben; oder sie sey der Harn,
den das Thier entweder gerade aus der Harnröhre heraussprüze, oder,
welches für wahrscheinlicher gehalten ward, den Schwanz damit beneze,
und ihn damit wegsprüze. Nach der sehr schäzbaren Beobachtung des um
die Naturkunde verdienten Herrn D. Mutis ist es weder Darmfeuchtigkeit,
noch Harn, sondern eine dem Mandelöle an Farbe und Consistenz ähnliche
Feuchtigkeit, die in zwo zusammengesezten Drüsen ᶜ) abgeschieden wird. Sie
liegen an beyden Seiten des Schwanzes, und der Ausführungsgang einer
jeden endigt sich in einer Warze, die er durchbohrt, innerhalb einer zwischen
dem After und den Geschlechtstheilen liegenden Querspalte. Jede ist mit
einem dicken und starken Muskel bedeckt, vermittelst dessen die Feuchtigkeit
mit solcher Gewalt herausgetrieben werden kan, als nöthig ist, sie auf eine

---

*) S. KALM resa til norra Ame-
rica. S. 378. u. f. CATESBY hist.
nat. de la Caroline. tom. 2. p. 62 FE-
VILLÉE journ. tom. 1. p. 272. u. f.

GEMELLI CARRERI voy. tom. 6.
p. 212. 213. GVMILLA hist. nat. de
l'Orenoque. tom. 3. p. 340.
ᶜ) S. oben. S. 418.

beträchtliche Entfernung fortzutreiben [e]) Vielleicht hilft eine dienliche Bewegung des Schwanzes den Trieb verstärken. — Hieraus läßt sich erklären,
warum diese Thiere zum Theil in langer Zeit keinen üblen Geruch von
sich geben? Es ist in America nicht ungewöhnlich, sie zahm zu machen,
und sie werden es so, daß sie, wie ein Hund, hinter her laufen. Dann
thun sie es niemals, wenn man sie nicht martert. Rührte er von einer
der natürlichen Ausführungen her: so müßte er nothwendig immer zu
spüren seyn. — Herr D. Mutis empfiehlt dieses stinkende schmierige Wesen
als ein antihysterisches Heilmittel.

21.
Das Stinkbinksen.
Tab. CXXV.

Stinkbinksen. Kolbe vom Vorgeb. d. g. H. I. Th. S. 167.
Blaireau puant. LA CAILLE voy. p. 182.
Fizzler. PENN. syn. p. 234. n. 269.

Der Kopf ist rundlich. Die Schnauze kurz und etwas spizig. Die
Ohren fehlen. Der Schwanz ist kurz. Die Beine niedrig. Die Nägel
an den Vorderzehen ohngefähr zollig; die an den hintern ganz kurz. Das
Haar ist ziemlich lang und rauh, am Kopfe, Halse, den Seiten des Leibes,
der Brust und dem Bauche, auch dem Schwanze und den Beinen, schwarzbraun, unter welche sich am Halse, Schwanze und den Beinen einzelne
weiße mischen. Zwischen den Augen fängt sich ein breiter von starken
weißen und feinen lichtcastanienbraunen Haaren gemischter, weiß eingefaßter
Streif an, welcher etwas erweitert über den Hals weg gehet, auf dem Leibe
noch breiter wird, so daß er den ganzen Rücken einnimmt; hinten sich
zusammenziehet, und auf dem Schwanze kurz zuspizt. Um deswillen siehet
das Thier so aus, als wenn es mit einer bräunlichen weiß besezten Schabracke belegt wäre. Die Länge des Thieres beträgt, das Maas an einem
alten gleich nach dem Tode genommen, zween Fuß; des Schwanzes, ohngefähr acht Zoll [a]). An den von mir gemessenen Balg war die Länge bis

---

[d]) Abh. der Kön. Schwed. Akad. der   [a]) LA CAILLE a. a. O.
Wissensch. 1769. S. 75. u. f.

an den Schwanz zween Fuß neun Zoll; des Schwanzes, acht Zoll; der Schabracke, zween Fuß achtehalb Zoll; die Breite derſelben zwiſchen den Augen, ein Zoll; am Halſe, drey Zoll; zwiſchen den Vorderbeinen, ſiebenthalb Zoll, in der **Mitte** des Leibes, **neuntehalb Zoll.**

Es wohnt **auf dem Vorgebirge** der guten Hofnung.

Man glaubt daſelbſt, es nähre ſich vorzüglich gern von wildem Honig.

Wenn es von Hunden oder andern Thieren verfolgt wird, ſo wirft es ihnen, daß ich mich Kolbens Ausdrücke bediene, einen ſo grauſamen und peſtilenzialiſchen Geruch entgegen, daß ſie genöthiget werden, die Naſe **an der** Erde, oder am Geſträuch abzureiben. Und dieſes wiederhohlt es öfters. Der Herr Abt la Caille[b]) nennt das, was das Thier von ſich gibt, einen Bauchwind; man ſiehet aber leicht, daß es eine eben **ſolche** und aus einer ähnlichen Quelle entſpringende Feuchtigkeit, als wie ſie die **vorhergehenden** Thiere von ſich geben, mit einem Wort, daß **das Stinkbinkſen** eine wahre Muffette ſey.

Mustela subfusca, linea longitudinali alba per utrumque latus **ducta,** oder the Guinea-woesel des BROWNE *hist. nat. of Iamaica p.* 486. n. *1.* wird von ihm als ein aus Guinea kommendes, geſtrecktes Thier mit einem buſchigen Schwanze, rauhem Haar und einem weißen Striche an jeder Seite des Leibes beſchrieben, und ſcheint von dem Stinkbinkſen verſchieden zu ſeyn, wenn man nicht annimmt, er habe die Farbe des Rückens aus Eilfertigkeit überſehen, die doch ſo deutlich in die Augen fällt.

22.
Der Boshond.

Viverra zeylonensis. PALLAS.

Martes philippinensis. CAMELL. *act. angl. vol.* 25. *p. 2204. n. 49.?*

Eine Mittelgattung zwiſchen den Geſchlechtern der Stinkthiere und Marder. Die Gröſſe, und in der Hauptſache auch das Anſehen, gleicht

M m m 2

b) S. 184.

fast den innländischen Mardern. Vorderzähne sind oben vier stumpfe, und an jeder Seite derselben ein größerer, konischer; unten sind sie alle stumpf, und die äußern größer. Die Seitenzähne mittelmäßig lang, und die obern mit einem dicht daran stehenden kleinen versehen. Die Zunge ist warzig, auch am Umfange. Die untere Lippe am innern Rande gezähnelt, wie bey den Hunden. Die Bartborsten stehen in fünf Reihen, sehen weiß, und reichen bis über die Ohren hinaus. Die gewöhnlichen Borsten= tragenden Warzen sind sehr deutlich zu sehen. Die Ohren plattgedrückt und weichhaarig. Die Füße fünfzehig; die Klauen lassen sich in etwas zurückziehen, wie in dem ganzen Stinkthier= auch (doch in geringerem Grade) dem Mardergeschlechte. Der Schwanz hat fast die Länge des Körpers, und ist an seinem Ursprunge etwas dicker. Der Pelz ist marder= artig, und nicht sehr dicht. Die Farbe oben grau mit braun überlaufen, unten lichter, auf dem Hintertheile des Rückens und dem Schwanze mehr schwärzlich. Die Kehle unterscheidet sich in der Farbe von dem Halse nicht Die Ruthe hat auswendig nach ihrer ganzen Länge eine einfache Ver= tiefung, die bis an den Hodensack gehet.

　　Das Vaterland dieses Thieres ist Zeylon, vielleicht auch, wenn Camelli's philippinischer Marder mit selbigem einerley ist, die östlichen Inseln und Länder in Ostindien. In dem Naturaliencabinet · Sr. Durchl. des Prinzen Erbstatthalters befindet sich davon ein in Weingeist wohlbe= haltenes Stück, von dem der Herr Professor Pallas dasjenige angemerkt und mir gütigst mitgetheilet hat, was ich beygebracht habe. Es ist in selbiges aus Zeylon unter dem holländischen Namen Bosshondt gebracht worden. Sollte nicht der oben ⁹) angeführte Chien sauvage indien oder Boschhond des Herrn Vosmaer, vielmehr zu dieser Gattung, als zu den Schakallen gehören? Ich vermuthe es um so mehr, als Herr Vosmaer diesem Thiere vorn und hinten fünf Zehen zuschreibt, deren der Schakall hinten nur viere hat.

23.

⁹) S. 365.

23.
Der Wickelschwanz.
Tab. CXXV. B.

Viverra caudivolvula. PALLAS.

Potto. VOSMAER *descr.* **Amsterd. 1771.** mit einer Figur.

Yellow Maucauco. PENN. **S. oben** S. 145. N. 6.

Ich habe dieses anomalische Thier im ersten Theile dieses Werkes unter den Makis, zu welchen es Herr Pennant unter dem Namen des gelben Makako gerechnet hat, beschrieben, aber auch zugleich meinen Zweifel, daß es unter dies Geschlecht gehören könne, geäußert. Nachher kam mir des Herrn Vosmaer Beschreibung zu Händen, welche mit einer bessern Abbildung als die Pennantische, von der ich tab. 42. eine Copie mitgetheilet, versehen ist. Nach dieser schien mir das Thier eine Art Didelphys zu seyn; aus jener aber ersahe ich, daß Herr Vosmaer dies Thier zu den Wieseln rechnet. Bald darauf aber ward ich durch den Herrn Prof. Pallas belehret, daß es zu den Viverren gehöre; von welchen es den Uebergang zu den Filandern oder Didelphysarten macht, da es mit einem Wickelschwanze, den außer diesem kein anderes Thier dieser Abtheilung hat, versehen ist. Hier am Schlusse des Viverrengeschlechtes ist also der Ort, der ihm in der systematischen Anordnung der Thiere gehöret. Ich will das, was der oben nachzusehenden Pennantischen Beschreibung und Figur abgehet, dadurch ersetzen, daß ich die mir von dem Herrn Prof. Pallas mitgetheilten Nachrichten, und zugleich die Vosmaerische Zeichnung hier einrücke

In der Größe gleicht dieses Thier dem Frätte. Am Kopfe stehet es der Genette ähnlich. Von den Vorderzähnen der obern Kinnlade sind die beyden mittlern stumpf, die beyden nächsten abgerundet, die beyden äußersten konisch. In der untern die beyden mittlern stumpf und ein wenig eingekerbt, oder vielmehr durch eine vertiefte Linie leicht in zween Lappen abgetheilt; die beyden folgenden stehen etwas vor den übrigen vieren voraus; die beyden äußersten haben eine schiefe Richtung, und sind oben schief abgeschnitten. Die beyden untern Seitenzähne sind sehr groß, und haben zwo

M m m 3

Furchen der **Länge** nach, wie an den Rüsselträgern; die beyden obern stehen weiter **als** jene von den Vorderzähnen ab. Die beyden vordersten Backenzähne in der untern Kinnlade sind spizig, und stellen **gleichsam** kleinere **Seitenzähne** vor. Die Ohren sind oval, fast kahl, dunkelbraun. Die **Füsse** haben bis an die Fersen kahle Fußsohlen, und fünf lange **Zehen** mit starken gekrümmten Klauen; der Daumen ist etwas kürzer **als die** übrigen. Der Schwanz übertrift den Leib an Länge, läßt sich um andere **Dinge** herumwinden, und hat insonderheit eine stark gekrümmte **Spize**; jedoch ist er über und über behaart. Der **Pelz** des Thieres ist **überall dicht**, weich, **wollig, und** glänzt wie **Seide.** Die Farbe fällt ins ocker= gelbe, und zwar gegen den Schwanz zu und an den **Hinterbeinen** höher, auf dem Rücken und an den Vorderbeinen **zart grau gewellt**, auf dem Scheitel dunkelbräunlich.

Es ist ein zartes und sehr artiges Thierchen, das gern auf den **Hinterbeinen** sizt, wie ein **Maki** oder **Eichhorn**, gut klettert, und von **Brod**, Früchten und Fleischwerke, **Milch** ꝛc. lebt[a]. Es **schläft** bey **Tage**, und erzürnt sich, wenn man es im Schlafe störet. Seinen Schwanz wickelt es im Schlafe um den Hals[b]. Es **kömmt** aus **Surinam**[c].

Den Füßen und Zähnen nach **kömmt** es mit den Rüsselträgern überein, hat aber keine längere **Nase,** als die **Genette.** Zu den **Makis** kan es auf keinerley Weise gerechnet werden

[a] Pallas.   [c] Pallas.
[b] Bosmaer. Brünnich.

Sechszehentes Geschlecht.

Der Otter.

LVTRA.

LINN. *syst. ed. 6. gen. 7. p. 5.*
BRISS. *quadr. gen. 40. p. 277. ed. 2. p. 201*
ERXLEBEN *mamm. gen. 41. p. 445.*

OTTER.

PENN. *syn. gen. 24. p. 258.*

Vorderzähne sind sechse in jeder Kinnlade"). Die mittlern sind kürzer als die äussern. Von denen in der untern Kinn= lade stehet der zwischen dem mittelsten und äusserten auf jeder Seite befindliche etwas weiter in den Mund hineinwärts, als die andern.

Seitenzähne: einer an jeder **Seite**, viel **länger** als die übrigen, gekrümmt, inwendig eckig. **Die in der obern** Kinnlade sind grösser als die in der **untern**.

Backenzähne: oben und unten fünf an jeder Seite. Sie sind spizig, zackig, der obere vorderte sehr klein, überhaupt die vordern kleiner als die hintern, wovon die beyden lezten breit sind, und in der Mitte eine Vertiefung haben.

") Der Meerotter macht eine Ausnahme hiervon. **S.** deffen Beschreibung.

Zehen: an den Border= und Hinterfüßen fünfe, sämmtlich mit einer Schwimmhaut [a]) unter einander verbunden, von denen die äussern kürzer sind, mit unbeweglichen Klauen.

Der Kopf ist dick und platt; die Augen stehen näher an der Schnauze als an den Ohren. Erstere ist breit und stumpf, leztere kurz und rundlich. Die Zunge mit weichen Stacheln bedeckt. Der Leib lang, vorne und hinten gleich dicke. Die Beine kurz.

Ueber dem Geschlechtsgliede des Weibchens ist eine Falte [b]) befindlich, welche eine Art von Sack macht. An dem Männchen wird nichts dergleichen wahrgenommen.

Das Haar ist kurz, stark, glatt, und hat einen treflichen Glanz.

Sie leben am Wasser, und schwimmen eben so fertig auf als unter dem Wasser. Sie klettern nicht.

Ihre Nahrung bestehet hauptsächlich in Fischen.

Die Weibchen bringen theils mehrere Junge, theils nur eines zur Welt, und sind mit vier, oder auch nur zween Warzen auf dem Bauche versehen, womit sie selbige säugen.

Der Herr Archiater von Linné hat in den ersten Ausgaben des Natursystems ein eigenes Geschlecht aus den Fischottern gemacht, in der zehnten aber sie zu dem Geschlecht Mustela, in dem zwoten Abdrucke der *Fauna Suecica* zu dem Geschlecht Viverra gerechnet, und in der zwölften Auflage des vorgedachten Werkes seine Ungewißheit, ob sie dem einen oder dem andern beyzuzählen seyn, geäussert. Der Bau des Gebisses entscheidet nichts; denn hierinn gleichen die Ottern den Stinkthieren eben so, wie den Mardern. Das wesentliche Unterscheidungszeichen der Stink=

---

[a]) Ridingers jagdbare Thiere. *tab. 16.*   [b]) BVFFON 7. *tab. 16. fig. 1.* CAD.

Stinkthiere aber, der Sack über den Geschlechtstheilen, gehet ihnen ab, und man würde sie also füglich unter die Marder rechnen können, wo-ferne nicht die Falte über den Geburtstheilen des Weibchens, die Schwimmhaut an den Füssen, die Nahrung, Lebensart, und fast das ganze äusserliche Ansehen dieser Thiere einen so merklichen Abstand dersel-ben von jenen zu erkennen gäbe, daß es fast am besten zu seyn scheinet, sie als ein eigenes Geschlecht beysammen zu lassen, welches auf einer Sei-te an die Marder und Stinkthiere, auf einer andern aber an die Robben gränzt; wie denn, nach der gegründeten Bemerkung des scharfsüchtigen Herrn Pallas, der Uebergang von den Raubthieren durch die Otter zu den Robben, an dem Meerotter sichtlich ist.

I.

Der Fischotter.

Tab. CXXVI. A. B.

Lutra vulgaris; Lutra plantis nudis, **cauda** corpore dimidio bre-viore. ERXL. *mamm.* p. 448. *n.* 2.

Muſtela Lutra; Muſtela plantis palmatis nudis, cauda corpore dimidio breviore. LINN. *ſyſt.* p. 66. *n.* 2. *Faun. ſuec.* p. 5. *n.* 12. S. G. Gmelins R. III. Th. S. 373. 285.

Lutra. GESN. *qu.* p. 775. Die Figur p. 776. *aquat.* p. 608. ALDROV. *dig.* p. 292. *f.* 295. IONST. *quadr.* p. 150. *t.* 68. RAI. *ſyn.* p. 187.

Loutre. *Mém. I.* p. 150. *tab.* 21. BVFF. 7. p. 134. *tab.* 11. ein europäischer Fischotter. 13. p. 323. *t.* 45. ein canadischer Fischotter.

Otter. PENN. *zool.* p. 32. *ſyn.* p. 238. *n.* 173.

Fischotter. Ridingers ff. Thiere. *tab.* 82. 83. wilde Thiere. *tab.* 28. jagbb. Th. *tab.* 16.

Otter; Holländisch, Englisch. Odder; Dänisch. Otter; Slenter; in Norwegen. Utter; Schwedisch.

Nnn

Dyfrgi; Cambrisch.

Loutre; Französisch. Lodra; Italiänisch. Nutria; Spanisch.

Wydra; Polnisch. Russisch. Schank, Persisch. Sagif; Türkisch. Irgendir; bey den Tungusen. Chaleu; bey den Burätten. Zhievres; bey den Lappen.

Der Kopf ist breit und platt. Die Schnauze kurz. Die Nase, welche nicht ganz an der Spize der Schnauze stehet, stumpf und breit. Die Lippen dicke. Die Bartborsten machen mehrere Reihen; die obersten sind klein, die untern dicker, und um desto länger, je weiter hinterwärts sie heraus kommen. Auf der untern Lippe befinden sich kleinere, und in geringerer Anzahl. Auf jedem Backen stehen zwölf, und mitten auf der Kehle drey Borsten dicht bey einander. Ueber jedem Auge bemerkt man zwey, und hinter ihm fünf braune Haare. Die Augen sind klein. Die Ohren ganz kurz und ovalrund. Der Hals kurz. Der Leib länglich und dicke. Der Schwanz, der um die Hälfte kürzer ist als der Leib, läuft gegen das Ende nach und nach spiziger zu. Die Beine sind überaus kurz, und der Arm von dem Ellbogen an sehr fleischig. Die Klauen gleichen fast den Hundsklauen; an den Vorderfüssen sind sie länger und spiziger, an den Hinterfüssen kürzer und abgestumpft.

Das Haar hat keine merkliche Theilungen, ausgenommen einen Wirbel auf der Spize der Nase, von welchem eine Nath nach der Mitte der Stirne hin, und auf jeder Seite eine nach den Augen läuft. Es besizt die Kürze, Steifigkeit und den Glanz, wodurch sich die Bälge aller Fischotter auszeichnen, ohne Ausnahme; in der Farbe aber ist es veränderlich. An unsern Landottern ist der Rücken nebst dem Schwanze hellcoffeebraun, so daß diese Farbe etwas auf grau stößt. Die Stirne lichter, die Lippen noch blässer, die Backen und Kehle auf einem bräunlichen Grunde weiß, Brust und Bauch aber bräunlich und weißlich schieligt. Die Grundwolle siehet bräunlich weißgrau. Die Beine schön licht caffeebraun. Die americanischen Fischotter sind zum Theil auf dem Rücken so wie die europäischen gefärbt, auf dem Bauche aber gelbbraun, an der Kehle weniger weiß. Andere haben eine viel dunklere, bisweilen fast schwarzbraune Farbe, sind am Bauche lichter, an der Kehle aus

dem gelblichen und graulichen weißlich. Bisweilen fällt ſie ſtark ins
graue, wovon ohnfehlbar das Alter die Urſache iſt. S. Tab. CXXVI. B.

Von den Backenzähnen der obern Kinnlade ſind die vordern dreye
einfach; der vorderſte der kleinſte, die beyden folgenden etwas gröſſer.
Der vierte iſt lang, breit, und hat an der auswendigen Seite drey ungleiche Zacken. Der fünfte etwas kleiner, breit, in der Mitte vertieft,
und mit vier Ecken verſehen. In der untern Kinnlade ſind die drey
vordern Zähne einfach, und verhältnißmäſſig gröſſer, als die, welche ihnen in der obern entſprechen. Der vierte lang, breit, in drey äuſſere
und eine innere Zacke getheilt; der letzte merklich kleiner und oben
faſt platt.

Die Länge des Körpers beträgt ohngefähr zwanzig Zoll an den
europäiſchen Fiſchottern. In Schottland an der Weſtküſte aber ſollen
ſie viel gröſſer ſeyn [a]). Die nordamericaniſchen ſind auch gröſſer, und
haben bis gegen drey Fuß.

Der Fiſchotter iſt nicht nur in ganz Europa überall gemein, ſondern auch ein Einwohner des nordlichen Theils von Aſien, bis nach
Kamtſchatka hinaus [a]), und bis in das obere Perſien [b]) hinunter, und
von Nordamerica. Er hat ſeinen Aufenthalt an Bächen, Flüſſen, Teichen und Seen, die ſüſſes Waſſer führen; in deren Ufern er, bald in
kleinern, bald gröſſern Diſtanzen, verborgene Baue hat [c]), die er von
Zeit zu Zeit beſucht, und alſo an den Waſſern Stunden- und Meilen-
weiſe herumſchweift.

Nnn 2

[a]) SIBBALD *hiſt. of Fiſſ.* p. 49.
S. PENN. *brit. zool.* p. 69. Man ſagt,
ſie werden dort ſo groß, daß ihre Länge,
mit Inbegrif des Schwanzes, der Statur
eines Menſchen von mittlerem Wuchſe nicht
viel nachgibt. Sie ſollen ihre Nahrung
vornehmlich aus der See holen. Bisweilen laſſen ſich, der Sage nach, auch
weiſſe Fiſchottern ſehen. Johnſons Reiſe S. 97.

[a]) Stellers Kamtſch. S. 128.
[b]) Gmelins R. a. a. O.
[c]) Er erwählet dazu am liebſten allerley Löcher, die er ſchon in dem Ufer findet. Wenn er aber ſelbſt welche gräbt:
ſo macht er den Eingang unter dem Waſſer, und eine Röhre mit einer kleinen Oefnung aufs Trockene hinaus, um friſche Luft
hinein zu bringen. PENN. *br. zool. I.*
p. 68.

Seine Nahrung besteht in allerley Fischen, Fröschen, auch wohl Krebsen, kleinen Vögeln und Wassermäusen; in deren Ermangelung er an vegetabilische Speisen gehet. Er beißt mehr Fische tod, als er ver= zehren kan, und läßt von den grössern den Kopf und Rückgrat lie= gen, die kleinen aber frißt er ganz. Den Fischteichen, besonders Sal= teichen und Forellenbächen, fügt er also grossen Schaden zu.

Da er seinen Raub nicht, wie verschiedene Habichte, nahe an der Oberfläche des Wassers, sondern unter dem Wasser heraus holen muß: so ist ihm nicht blos die Geschicklichkeit, auf dem Wasser zu schwimmen, sondern auch unterzutauchen und sich unter demselben von einem Orte zum andern zu begeben, es sey nun dem Laufe desselben nach oder entge= gen, zu Theile geworden. Doch ist ihm nicht möglich, lange in der Tiefe zu bleiben, sondern er steigt von Zeit zu Zeit in die Höhe, und steckt die Nase aus dem Wasser heraus, um durch Schöpfung frisches Othems den Kreislauf des Blutes zu unterhalten, welcher in ihm nicht anders als in andern Thieren von statten geht, da die eyrunde Oefnung in der Scheidewand der Vorkammern des Herzens sich schon in der frühen Jugend so schließt, daß man keine Spur davon findet, und nur selten ein Ueberbleibsel desselben offen gefunden wird. Wenn daher ein Fischotter sich unter dem Wasser in etwas verwickelt, oder sonst am Aufsteigen verhindert wird, so muß er ersticken. Auf das Land gehet er zwar, doch ohne sich weit von dem Wasser zu entfernen. Auch macht ihm der Bau seiner Beine das Fortkommen zu Fusse weit schwerer, als das Schwimmen.

In zugefrorne fischhaltige Gewässer fährt der Fischotter zu einem aufgeeiseten Loche hinein, und entweder durch ein benachbartes, oder in Ermangelung anderer, durch eben dasselbe wieder heraus, welches er ge= nau wieder zu treffen weiß. Einen gefangenen Fisch trägt er jederzeit aus Land.

Er raubet am liebsten in der Nacht; am Tage hält er sich in sei= nen eignen, oder auch zuweilen in verlassenen Fuchs= und Dachsbauen inne, oder sezt sich auf alte im Wasser befindliche Stöcke und Steine in die Sonne, aber gegen den Wind, und begibt sich bey dem gering= sten Verdachte in Sicherheit.

Der Fischotter gehört unter die vorzüglich schlauen Thiere. Er ist zwar sehr wild und beissig, läßt sich aber doch zahm machen.

Die Ranzzeit ist im Hornung, da man sie in der Nacht einander pfeifen höret, als einen Menschen, der einen starken geraden Ton pfeift. Das Weibchen gehet neun Wochen dicke, und hat ihre Jungen, drey bis viere an der Zahl, unter den holen Ufern [a], die sechs bis acht Wochen von ihm gesäuget werden.

Die beste Art Fischotter zu fangen ist mit dem Tellereisen, welches an Orten, wo sie ihren Auswurf gelassen, am besten ohne, oder mit einer Witterung von Baldrianwurzel, Biebergeil u. d. gl. aufgestellet, und so lang angebunden wird, daß sie damit in das Wasser gehen können, wo sie ersticken. Sonst beissen sie sich das Bein, woran sie sich gefangen, ab, und entfliehen; müssen aber dennoch bald umkommen, weil sie nicht mehr schwimmen können. Sie am Wasser zu schiessen, ist, wenn man den Balg erhalten will, selten rathsam. Wenn sie der Schuß sogleich tödtet; so sinken sie unter; widrigenfalls pflegen sie sich unter dem Wasser an einen Stock oder an eine Wurzel anzubeissen [b].

Man tödtet diese Thiere wegen des Schadens, den sie thun, wegen des Fleisches, das gegessen wird, aber fischartig schmeckt, und des Balges, welcher gut bezahlt und von den Kürschnern, hauptsächlich zu Gebrämen, verarbeitet wird. Er ist das ganze Jahr hindurch zum Gebrauche tauglich. Die in Europa fallenden Fischotter werden Landotter genannt. Die französischen haben eben die Farbe wie die teutschen, pflegen aber etwas kleiner, so wie die englischen ein wenig bräuner zu seyn. Die nordischen Bälge, so aus Schweden und Dänemark kommen, sind größer. Ausser der Größe unterscheiden sich die americanischen durch die größere Feine der Haare, mehrere Grundwolle und die Farbe. Die virginischen sind die feinsten.

Der Fischotter war übrigens schon den Alten bekannt. Aristoteles redet von ihm unter dem Namen ἐνυ-

Nnn 3

[a] Döbels Jägerpr. I. Th. S. 40. [b] von Schönfeld a. a. O. und von Schönfeld Landwirthsch. S. 674. S. 6.9.

ὄρις *f*); vielleicht ist auch der λάταξ *g*) dieses Schriftstellers von demselben nicht unterschieden.

2.

Der Nörz.

Tab. CXXVII.

Lutra minor; Lutra plantis hirsutis, digitis æqualibus, ore albo. ERXL. *mamm.* p. 451. *n.* 3.

Mustela Lutreola; Mustela plantis palmatis hirsutis, digitis æqualibus, ore albo. LINN. *syst.* p. 66. *n.* 3.

Viverra fusca, ore albo. Tuhcuri. LECHE in den Abh. der Kön. Schwed. Akad. d. W. 1759. Th. 21. S. 292. *t.* 11.

Noerza. AGRIC. *anim. subt.* p. 39.

Lesser otter. PENN. *syn.* p. 239. *n.* 174. *tab.* 21. *f.* 2.

Kleine Fischotter. Lepechins R. I. Th. S. 176. *tab.* 12.

Nörz; Merz; Krebsotter; Teutsch. Steinhund; um Göttingen. Errl.

Mánk; Schwedisch. Tuhcuri (nicht Tichuri); Finnländisch. Gadd. Nurk; Polnisch. Norka; Russisch.

Der Kopf ist oval, platt; die Schnauze länglich; die Augen klein, länglichrund, schwarz; die Ohren rundlich; der Hals lang und so dicke als der Kopf. Der Leib wird von den Vorderfüssen an nach den hintern immer dicker; der Schwanz ist halb so lang als der Leib, hinterwärts zugespizt. Die Beine kurz, jedoch die vordern länger als die hintern. Der Umfang des Maules und die Spize der Schnauze ist weiß; der Scheitel zuweilen mit weissen Haaren melirt; die Ohren schwarz; der übrige Leib mit schwärzlichen Haaren und lichtbrauner Grundwolle bedeckt. Die Haare auf dem Schwanze sind viel länger und schwärzer als die

---

f) *Hist. an. I. c. 2. VIII. c. 9.* *g*) *VIII. c. 9.*

übrigen. Die Länge beträgt etwas über einen Fuß; des Schwanzes wenig über sechs Zoll [a]).

Backenzähne hat er oben viere, unten fünfe auf jeder Seite [b]).

Er wohnt in dem nordöstlichen Theile von Europa, in Teutschland an wenig Orten, mehr in Pohlen [c]), Finnland [d]), Rußland, und ferner ostwärts in dem nördlichen Asien [e]).

Seinen Aufenthalt hat er, wie der Fischotter, an den Ufern der Bäche und anderer Gewässer, besonders in waldigten Gegenden, wo das Wasser im Winter nicht ganz ausfriert [f]). Er nähret sich von Fischen, noch mehr aber von Krebsen, auch Fröschen und Wasserkäfern [g]), und kömmt übrigens in der Lebensart mit dem Fischotter ziemlich überein. Der Balg wird in dem Vaterlande des Thieres getragen, aber selten zu uns gebracht, und ist von etwas geringerem Werthe als der Fischotterbalg.

3.
Das Vison.
Tab. CXXVII. B.

Muſtela Viſon; Muſtela pilis coloris ſaturate caſtanei in toto corpore veſtita. BRISS. *quadr.* p. 178 *n.* 6.

Viſon. BVFF. 13. p. 304. *tab.* 43. nach einem ausgestopften **Originale** gezeichnet.

Minx. LAWSON *voy. to Carolina.* p. 121.

Mink. KALMS *reſa til norra America. tom.* 3. p. 22.

Viſon; Foutreau; bey den Franzosen in Nordamerica. Mink oder Minx; bey den dortigen Engländern und Schweden. Iackaſh; bey den Eskimos? um die Hudsonsbay.

[a]) Lepechin. Leche.

[b]) Leche. S. 293.

[c]) RZACZ. *hiſt. nat. Polon.* p. 218.

[d]) Gadd. **Beſkr.** *öfver Satacunda*

härad. norra del in meines ſel. Vaters Cameralſchriften V. Th. S. 283.

[e]) Pallas. Lepechin ꝛc.

[f]) Pallas N. I. Th. S. 96.

[g]) Gadd.

Wir kennen die Gestalt dieses Thieres nur aus der Beschreibung des Herrn Daubenton, und der ihr beygefügten Zeichnung in dem Büffonischen Werke. Beyde sind nach einem ausgestopften Balge gemacht, und leztere stellet also die Physiognomie und übrige Gestalt nur unvollkommen, jedoch deutlich genug vor, um daran vielmehr den Fischotter, als den Marder zu erkennen. Ausserdem kan man auch nach dem Glanze des Balges, dem Aufenthalte und der Lebensart des Visons, ihm keinen andern Plaz, als unter den Fischottern einräumen.

Die Farbe des Visons ist dunkelcastanienbraun, mit dazwischen durchschimmerndem Gelb. Jene Farbe hat das ungemein glänzende längere, diese das feinere kürzere Haar. Der Schwanz fällt fast schwarz, weil an selbigem jenes so aussiehet *). Die Länge des von Herrn Daubenton beschriebenen Balges war ohne Schwanz 15 bis 16 Zoll, des leztern 7 Zoll; es gibt aber auch grössere Thiere von dieser Art.

Man findet das Vison in Canada b) und Pensilvanien c), am Wasser, in Ufern und Dämmen, welche es durchgräbt und zerstört, und in holen Bäumen. Es nähret sich von Fischen, Geflügel, Ratten u. d. gl. Es schleicht sich zuweilen in die Höfe, beißt Hüner, Gänse, Enten ꝛc. tod, sauget aber meistentheils nur das Blut heraus, und frißt selten welche. Am Tage ruhet es, und raubt bey der Nacht.

Die Visons werden in Fallen gefangen, und die Bälge, doch nicht gar häufig, nach Europa verführet. Man kan diese Thiere zahm machen.

Der Unterschied des Nörzes vom Vison ist geringe, und beruhet fast nur auf dem weissen Maule. Sollten beyde vielleicht gar nur eine einzige Art ausmachen?

Der Herr Graf von Büffon hat dieses Thier ohne genugsamen Grund für eine Spielart des Iltis angesehen. Indessen läßt sich solches doch noch eher entschuldigen, als daß Herr Pennant es mit dem Pekan vermengt; einem Thiere, das ihm in aller Absicht sehr unähnlich ist.

4.

*) Brisson. Daubenton.   b) Kalms reis III. p. 483.   c) p. 22. u. f.

4.

Der Meerotter.

Tab. CXXVIII.

Lutra marina; Lutra plantis pilosis, cauda corpore quadruplo breviore. ERXL. *mamm. p.* 445.

Muſtela Lutris; Muſtela plantis palmatis pilosis, cauda corpore quadruplo breviore. LINN. *ſyſt. p.* 66.

Sea Otter. PENN. *ſyn. p.* 241. *n.* 175.

Der braſiliſche Meerotter:

Lutra braſilienſis; Lutra atri coloris, macula ſub gutture flava. BRISS. *quadr. p.* 202.

Iiya, quæ et çarigueibeiu a Braſilienſibus. MARCGR. *Braſil. p.* 234. mit einer ſchlechten Abbildung. IONST. *quadr. tab.* 66.

Lutra braſilienſis. RAI. *ſyn. p.* 189. KLEIN. *quadr. p.* 91.

Lutra nigricans, cauda depreſſa et plana. BARR. *Fr. æqu. p.* 155.

Saricovienne. BVFF. 13. *p.* 319.

Çarigueibeiu; Braſiliſch. Saricovienne; am Plataſtrom. Loutra; bey den Portugieſen in Südamerica.

Der kamtſchatkiſche Meerotter:

Lutra marina. STELLER *nov. comm. Acad. Petrop. tom.* 2. *tom.* 2. *p.* 367. *tab.* 26. Hamb. Magaz. IX. Th. S. 460.

Kamtschatskoi bobr; Ruffisch.

Kalan; bey den Kamtschadalen am Kamtschatkastrom.   Müller.
Kaiko; bey den Itelmänen daselbst.

Den brasilischen Otter beschreibt Marcgrav als ein Thier von der
Grösse eines mittelmässigen Hundes, mit einem rundlichen kazenartigen
Kopfe, aber etwas spizigerer Schnauze, als die Kazen haben; schwarzen
Augen; rundlichen Ohren; fünfzehigen Füssen, deren Daumzehe kürzer
als die übrigen ist; und einem mit den Hinterbeinen gleich langen
Schwanze. Das Haar ist weich, kurz, überall schwarz, nur den Kopf
ausgenommen, da es dunkelbraun ist. Die Kehle ist mit einem gel-
ben Flecke gezieret.

Der Laut dieses an den Flüssen des südlichen America gemeinen Thieres gleicht dem von einem jungen Hunde. Es lebt
von Fischen und Krebsen, und liefert ein brauchbares Pelzwerk und
eßbares Fleisch.

Der kamtschatkische Otter wird von Steller, dem man die erste genaue Nachricht davon zu danken hat, mit jenem für einerley gehalten.
Seiner Beschreibung nach ist derselbe einem Fischotter ähnlich, aber dicker; der Kopf platt; die Schnauze dick und stumpf, mit mehreren Reihen dicker weisser Bartborsten besezt; die Augen schwarzbraun oder hasel-
nußfarbig; die Ohren rundlich, aufgerichtet und haarig; der Schwanz
platt, spizig, und nicht länger als der vierte Theil des Leibes. Die
Vorderbeine sind kurz, wie an dem Fischotter; die Fußsohlen unten kahl,
mit einer chagrinartigen Haut bedeckt, unzertheilt, vorn in vier Lappen
ausgeschnitten, deren jeder eine, der nächste an dem äussersten aber zwo
Klauen auf sich hat. Die Hinterbeine haben mehr Länge, als am Fischotter, da sie, wie der Schwanz, dem vierten Theile der Länge des Körpers gleichen; welcher Ueberschuß der Länge von den längern Zehen verursacht wird, die, nebst den Metatarsen und Klauen, die ähnlichen Theile
an den Vorderfüssen fünfmal übertreffen, und den Hinterfüssen eine grosse

Aehnlichkeit mit denen geben, wodurch sich die Robben so merklich vor
andern Thieren auszeichnen. Die äussern Zehen sind stufenweise länger
als die innern. Sie sind unten haarig, die kahlen Spizen ausgenommen "). Alle vier Fußsohlen sehen, so weit sie kahl sind, schwarz.
Die Zehen sind mittelst einer dicken Schwimmhaut verbunden.
Die Farbe des Haares ist schwarz; am Boden silberfarbig; an
dem Kopfe und der Kehle pfleget es öfters mit weissem vermengt
zu seyn. Es gibt auch schwarzbraune und silberweisse Meerottern;
wovon die leztern sehr selten sind. Die länge des Körpers ist ohngefähr drey Fuß.

Vorderzähne sind oben sechse "), wovon die beyden mittelsten sehr
klein, die äussern schmal sind; unten nur viere, welche dicht an einander, die beyden äussersten aber etwas vorwärts stehen. Die Seitenzähne schliessen in der obern Kinnlade an die Backen. In der untern an
die Vorderzähne. Von den obern Backenzähnen sind auf jeder Seite
die beyden lezten groß, flach, mit einigen hervorragenden Erhöhungen;
die beyden vordern konisch, wovon der vorderste der kleinste ist. In
der untern Kinnlade schließt hinten ein kleiner Backenzahn; die übrigen
sind wie die obern gestaltet b).

Diese Meerotter werden zwischen dem 50ten und 56ten Grade der
Breite an den Küsten des Meeres, welches Asien von America trennet,

") Palmæ subtus granuloso nudæ, in-
divisæ, antice quadrilobæ: at lobus
extimo proximus supra biunguiculatus,
unde pentadactyliæ. Plantæ instar re-
morum Phocæ quinqueradiatæ, et ra-
diorum, exterius sensim longiorum, api-
ces subtus carnosi, nudi, unguibus tan-
tum supra loricati. — Hinc seriem a
Phocis per Ph. auriculatam ad Lutram
continuat. PALLAS.

") Steller gibt nur viere an.

b) Dentes primores supra sex; duo
medii minutissimi, laterales lineares;
infra quatuor conferti, quorum duo ex-
timi paulo anteriores. Canini supra
remoti, inserius approximati primoribus.
Molares supra duo utrinque magni,
plani, colliculosi, et anterius duo co-
nici decrescentes, caninis continui; infra posticus minor, reliqui ut supra. PALL.

am meisten und häufigsten aber auf den Inseln in demselben gefunden.
Im Winter liegen sie an dem Meeresufer oder auf dem Eise, welches sie
bey anhaltendem Ostwinde häufig aus den Inseln nach der Westküste von
Kamtschatka bringt.   Im Sommer steigen sie in die Flüsse und Landseen
hinauf.   In warmen Tagen suchen sie den Schatten tiefer Thäler.   Oerter, wo sich Robben, Meerlöwen und Meerbären aufhalten, vermeiden sie
sorgfältig.

Sie nähren sich von allerley Fischen, Seekrebsen, **Muscheln,**
Schnecken, Blackfischen, **im** Nothfalle auch von Fleisch **und Tang.**
Diese ihre Speise suchen sie zur Zeit der Ebbe, wenn das Meer nie-
drig ist, auf.

Sie laufen geschwind, schwimmen bald auf dem Bauche, bald auf
der Seite, bald auf dem Rücken, und können sich auch im Wasser aufrecht halten; tauchen wie die Robben und Wallfische unter, können aber
nur kurze Zeit unter dem Wasser bleiben.   Zum Schlafe begeben sie sich
aus dem Meere auf das feste Land, schütteln, wie die Hunde, das Wasser ab, putzen sich mit den Vorderfüssen, und legen sich krumm, wie **die**
Hunde.

Ihr Gesicht ist bey weitem nicht so gut, als der Geruch und das
Gehör.   Ihr Geschrey gleicht dem Weinen kleiner Kinder.

Schlau wissen sie sich für den Nachstellungen zu hüten, und die
Flucht durch Umschweife zu nehmen.   Dabey sind sie aber furchtsam; und
wenn sie einem Feind, der ihnen die Flucht abschneidet, mit dem buckli-
chen Rücken und Zischen einer Kaze Schrecken einzujagen suchen: so erschrecken sie, so bald man den Stock aufhebt sie zu schlagen, dermaaßen,
daß sie sich niederlegen; schmeicheln und langsam und demüthig davon
kriechen.   Schläge leiden sie geduldig, und fallen wohl auf den ersten
Schlag, wie tod, nieder; wenn man von ihnen abläßt, so nehmen sie
ihre Kräfte zusammen, und suchen zu entfliehen.   Bey der Begattung
sind sie so ausser sich, daß man sie ohne Mühe erlegen kan.

Uebrigens sind sie lebhaft, spielen gern, und machen allerley Possen. Sie umarmen einander, wie die Menschen, mit den Vorderfüssen, küssen sich, und sind niemals mit einander uneinig. Wenn sie der Keule entgangen sind, so machen sie dem Jäger allerley Grimassen, als wenn sie seiner spotteten, sehen ihn an, und halten einen Vorderfuß über die Augen, als wenn sie die Sonne blendete 2c.

Sie beobachten die Monogamie mit vieler Treue; jedes Männchen hält sich aufs genaueste zu seinem Weibchen, und beyde sind sowohl auf dem Lande, als im Meer, beständig beysammen. Sie begatten sich zu allen Jahreszeiten. Sie sollen acht bis neun Monate trächtig seyn. Sie gebähren am Lande, und zwar nur Ein Junges, überaus selten mehr als eines; dieses bringt offene Augen und alle Zähne mit auf die Welt. Die Mutter säugt es aus ihren zwey auf dem Bauche befindlichen Eutern, und behält es bey sich, bis es das erste Jahr überlebt hat. Sie trägt es, wenn sie gehet, im Maule, hält es, wenn sie auf dem Rücken schwimmet, zwischen den Vorderpfoten, wirft es mit denselben bisweilen in die Höhe und fängt es wieder, läßt es ins Wasser, um es zum Schwimmen zu gewöhnen, nimmt es, wenn es müde ist, und küsset es. Diese Thiere haben eine unglaubliche Liebe zu ihren Jungen. Sie lassen solche, wenn sie auch noch so hart verfolgt werden, nie aus dem Munde, folgen dem, der sie ihnen nimmt, mit Winseln, und warten, ob er sie ihnen wiedergeben will: geschieht dies nicht, so verlassen sie den Ort, wo sie selbige verloren haben, nicht mehr, fressen nichts, und werden in kurzer Zeit ungewöhnlich mager. Ein Weibchen begattet sich in demselbigen Jahre, da es trächtig gewesen, nicht wieder. Das Junge wird erst im zweyten Jahre zu den Geschlechtsgeschäften tüchtig. Vermuthlich erreichen diese Thiere ein ansehnliches Alter.

Den Meerottern wird, wegen ihres kostbaren Balges, sehr nachgestellet. Sie pflegen theils, wenn sie schlafen, oder müde gemacht worden, gestochen, theils wenn sie ans Land kommen, mit Keulen todgeschlagen, theils in Netzen, die man an tangreiche Oerter im Meere am Ufer aufstellt, gefangen zu werden. Die besten Bälge fallen im März, April

und May.   Die meisten gehen nach China, wo der Hof zu Peking und
die Vornehmsten im Reiche davon Verbrämungen an den Kleidern tragen.
Ein Balg wird, je nachdem er schön ist, mit 90 bis 140 Rubel ⁹), so
wie die zu Müzengebrämen und Handschuhen gebräuchlichen Schwänze mit
2 bis 7 Rubel bezahlet ᵈ).   In Kamtschatka trägt man zum Staat Ge-
bräme davon an Kleidern von weissen Renuthierhäuten.   Sonst wurden
Kleider daraus gemacht, die zwar dem Winde, aber nicht der Nässe wi-
derstunden, und izo des hohen Preises wegen nicht mehr getragen werden.   Das Fleisch ist unschmackhaft, und so zähe, daß man es nicht
kauen kan ᵉ).

Dis sind die vornehmsten Nachrichten, welche wir von dem brasilischen und kamtschatkischen Otter haben.   Ob nun beyde wirklich einerley
Thier seyen oder nicht? das scheinet mir, alles dessen, was Steller hierüber gesagt hat, ungeachtet, noch nicht recht ausgemacht zu seyn.   Wenn
man die Verschiedenheit der Klimate von Brasilien und Kamtschatka; daß
der lezte bloß im Meere, der erste aber auch in süssen Wassern seinen
Aufenthalt hat; daß der brasilische Otter viel kleiner als der kamtschatkische ist, und eine gelbe Kehle hat, welche diesem fehlet, erwägt: so wird
es schwer zu glauben, daß beyde zu der nehmlichen Art gehören ᶠ).

ᶜ) 184½ bis 287 fl. Reichsgeld.

ᵉ) Müllers Sammlung ruß. Gesch.
III. Th. S. 247. u. f.

ᵈ) Pallas R. III. Th. S. 127. 137.

ᶠ) ZIMMERM. sp. zool. geogr. p. 303.

Siebenzehentes Geschlecht.
Der Marder.

MVSTELA.

LINN. *syst. gen.* 15. *p.* 66.

BRISS. *gen.* 36. *p.* 242. *ed.* 2. *p.* 175.

ERXL. *mamm. gen.* 42. *p.* 452.

WEESEL.

PENN. *syn. gen.* 23. *p.* 211. *a*)

***

Vorderzähne sind in jeder Kinnlade sechse, und die obern länger als die untern. Von jenen haben die vier mittlern fast eine gleiche Grösse, die äussersten aber sind etwas grösser. Von denen in der untersten Kinnlade stehet der zwischen dem mittelsten und äussersten auf jeder Seite befindliche etwas weiter in den Mund hinein als die übrigen. Die beyden äussersten, und die beyden mittelsten, haben oben eine Kerbe.

Seitenzähne: einer an jeder Seite, weit länger als die übrigen, gekrümmt, innwendig eckig. Die obern übertreffen die untern an Länge.

Backenzähne: oben viere und unten fünfe; oder oben fünfe und unten sechse. Die vordern sind kleiner und nur mit

***

a) Er rechnet die Stinkthiere mit zu diesem Geschlechte.

einer, die hintern grösser und mit mehreren Spizen versehen.
Der lezte obere ist breit und vertieft, der lezte untere klein
und einfach.

Zehen: an den vordern und hintern Füssen fünfe, die
vorn von einander abgesondert, und mit unbeweglichen spizigen Klauen bewafnet sind; die äussern kommen den mittlern
an Grösse nicht bey. Die Daumenzehe steht etwas höher als
die übrigen.

Der Kopf ist klein, mager und platt; die Augen stehen
der Schnauze näher als den Ohren, welche rundlich und kurz
sind. Die Zunge ist glatt. Der Leib schlank, vorne und
hinten gleich dicke. Die Beine kurz.

Sie leben blos im Trocknen, haben einen hüpfenden
Gang, klettern mit grosser Leichtigkeit, und springen eben so
fertig. Sie sind vor andern geschickt, durch enge Wege zu
schlupfen.

Ihre Nahrung bestehet in frischem Fleischwerke und
Obstfrüchten.

Die Weibchen bringen mehrere Junge zur Welt, und
säugen sie aus vier auf dem Bauche befindlichen Warzen.

Ihre Wohnung haben sie in Hölungen und Löchern. Sie
ruhen am Tage, und gehen in der Nacht auf den Raub aus.

I.

Der Steinmarder.

Tab. CXXIX.

Mustela Foina; Mustela corpore fulvo nigricante, gula alba
ERXL. mamm. p. 458.

Mu-

Mustela Foyna; Mustela pilis in exortu albidis castaneo colore terminatis vestita, gutture albo. BRISS. *quadr. p.* 178.

Martes domestica. GESN. *quadr. p.* 765. mit einer mittelmäßigen Figur. ALDR. *dig. p.* 332. IONST. *quadr. p.* 156.

Martes, aliis Foyna. RAI. *quadr. p.* 200.

Fouine. BVFF. 7. *p.* 161. *tab.* 18.

Martin. PENN. *brit. zool. p.* 38. *syn. p.* 215. *n.* 154.

Marder. Riding. fl. Thiere *tab.* 85.

Steinmarder; Hausmarder; Buchmarder; Marder; Mart; Teutsch. Martin; Englisch.

Foina; Fouina; Italiänisch, Spanisch. Fouine; Französisch.

Bela graig; Cambrisch.

Der Kopf ist oben platt, die Schnauze spizig; die Nase ragt über die Lippen hinaus; die Augen stehen weit von einander; der Hals ist im Verhältnisse des Leibes kurz, fast so dicke als der Kopf, und nicht viel dünner als der Leib. Der Schwanz langhaarig. Die Farbe ist am Kopfe röthlich braun; am Leibe sehen die wolligen, und der untere Theil der längern Haare aschfarbig; die Mitte von diesen kastanienbraun, und die Spizen schwarz; welche Farben artig unter einander spielen. Der Hals unten weiß; welche Farbe schon von der Kehle anfängt, und sich bis auf die Brust hinziehet. Der Bauch dunkelbraun. Die vier Beine und der Schwanz sehen schwarzbraun. Die Länge beträgt sechzehen, des Schwanzes acht Zoll.

Der Steinmarder ist in Teutschland, Frankreich, England und den noch südlichern Ländern unseres Welttheiles gar nicht selten, und wird vermuthlich auch in den gemäßigten und cultivirten Gegenden von Asien nicht fehlen, da ihn der sel. Gmelin in Persien gesehen hat *). In

*) S. den 3 Th. seiner Reise S. 370. marder meint, welches er nicht deutlich Vorausgesezt nehmlich, daß er den Stein- angezeigt hat.

Schottland und andern gleich oder mehr nordlichen Theilen von Europa
ist er eben so wenig, als, meines Wissens, in dem nordlichen Asien, einheimisch.   Er hat seinen Aufenthalt in Klippen, Steinhaufen, altem
Gemäuer, Scheunen, Ställen, und selbst Wohnhäusern, wo er Gelegenheit, sich zu verbergen, findet.   Des Nachts besucht er die Hölzer, und
verläuft sich oft so weit, daß er seine Heimath nicht wieder erreichen kan,
da er sich denn unterwegens den Tag hindurch in irgend einem Schlupfwinkel aufhält.

    Er nähret sich von allen Arten der Mäuse, Maulwürfen, kleinen
Vögeln, Fröschen rc. am liebsten aber von dem zahmen Geflügel und
dessen Eyern.   Diese trägt er weg, ehe er sie ausläuft.   Im Sommer
von allerley Obste, besonders Kirschen, die er auch getrocknet gerne frißt.
Um zu den wohlverschlossenen Hünerställen und Taubenhäusern zu gelangen, nagt er, auf Antrieb des Hungers, zuweilen die Strohdächer, und
selbst Breter durch.   Dis geschicht besonders im Winter, wenn ihm andere
Nahrung mangelt.   Er ist aber allemal ein sehr schädliches Raubthier,
da er mehr erwürgt, als er verzehret.

    Der Auswurf dieses Thieres hat einen starken und nicht unange-
nehmen bisamartigen Geruch, welchen er von einer Feuchtigkeit, die zwo
am After liegende Drüsen absondern, erhält.

    Der Steinmarder lässet sich, wenn er ganz jung gefangen wird,
etwas zahm machen, ist aber eben so anhaltend und heftig in Bewegung,
wie die Eichhörner, ruhet manchmal etliche Tage gar nicht, und kan dagegen wieder zween bis drey Tage in einem fort schlafen.   Zum Schlafe
legt er sich, wie die Hunde, kugelrund zusammen.   Den Kazen ist er
so feind, daß er sie erwürgt, wenn sie ihm in die Klauen fallen.   Er
weiß sich los zu machen, wenn man ihn noch so fest an die Kette legt;
anfänglich kömmt er wieder, bleibt aber endlich aussen [b]).

    Er scheint den ganzen Sommer hindurch zu ranzen; denn man fin-
det vom Frühlinge an bis in den Herbst Junge.   Die jüngern Weibchen werfen deren drey bis viere, die ältern bis sieben.   Dis geschicht
unter dem Heu oder Stroh, unter Reisholze, im Gemäuer oder Stein-

    [b]) Büffon.

klippen, auf einem Lager von Heu, Stroh oder Moos, das ſie ſich zuſammen tragen. **Unter den Jungen** fallen bisweilen ganz weiſſe mit rothen Augen ʿ). **Aus** dem geſchwinden Wuchſe dieſer Thiere läßt ſich ab-
nehmen, daß ſie **nicht** alt werden, und vielleicht erſtreckt ſich ihre Lebens-
friſt höchſtens **nur** auf acht bis zehen Jahre ᵈ).

Wegen **des** Schadens, den dieſe Thiere in der Haushaltung an-
richten, ſucht man ſie zu vertilgen. Um des zu allerley Kleidungsſtücken
brauchbaren Balges willen aber wird der Fang lieber im Winter, als im
Sommer vorgenommen. Dann macht ihn auch die ſparſame Nahrung
leichter. Nichts deſto weniger iſt es zu jeder Zeit viel ſchwerer, einen
Marder, als den doch ſo ſchlauen Fuchs, in den Schwanenhals, womit
die Marder am beſten gefangen werden, oder in den dazu auch bequemen
Schlagbaum zu locken, wenn man nicht alle Umſtände genau in Acht
nimmt, wodurch man dem Mistrauen dieſes vorſichtigen und klugen Thieres ausweichen, und zugleich vorbeugen kan, daß ſich nicht an ſeiner
Statt andere fangen. Hierinn beſtehet das von dem Erfinder ſo ſorgfäl-
tig bewahrte Geheimniß des Marderfangs, welches der ſel. Herr Land-
kammerrath von Schönfeld, in ſeiner verbeſſerten Landwirthſchaft ʿ) genau und umſtändlich entdecket hat.

2.
Der Baummarder.
Tab. CXXX.

Muſtela Martes; Muſtela corpore fulvo nigricante, gula flava.
ERXL. *mamm.* p. 455.

Muſtela Martes; Muſtela pedibus fiſſis, corpore fulvo nigricante, gula pallida. LINN. *ſyſt.* p. 67. *n.* 6. *Faun. ſuec.*
p. 6. *n.* 15.

Muſtela Martes; Muſtela pilis in exortu e cinereo albidis caſta-

---

ᶜ) KRAMER *elench. anim. Auſtr.*   ᵈ) Büffon.
p. 312.   ᵉ) S. 616. 661. u. f.

neo colore terminatis veſtita, gutture flavo. BRISS. *quadr.*
p. 179.

Martes ſilveſtris. GESN. *quadr.* p. 766. IONST. *quadr.* p. 156.
tab. 64. eine ſchlechte Abbildung.

Martes. ALDR. *dig* p. 331.

Martes abietum. RAI. *ſyn.* p. 200.

Marte. BVFF. 7. p. 186. *t.* 22. ill. Fig. *tab.* 60.

Yellow breaſted Martin. PENN. *brit. zool.* p. 39.

Pine Martin. PENN. *ſyn.* p. 216. *n.* 155.

Marder. Ridinger jagbb. Th. *tab.* 19. kleine Thiere *tab.* 86. wilde
Thiere *tab.* 30.

Edlmarder; in Oeſterreich.

Marter; Holländiſch. Maar; Däniſch Mård; Schwediſch.

Marta; Italiäniſch. Spaniſch. Portugieſiſch. Marte; Franzöſiſch. Martin; Martlet; Engliſch.

Bela goed; Cambriſch.

Nætte; lapländiſch. Njeſcht; Ungariſch.

Kuna; Polniſch. Kunitza; Lidoſſa; Ruſſiſch.

Suſar; Tatariſch.

In der Bildung unterſcheidet er ſich von dem Steinmarder durch
einen etwas kürzern Kopf und ein wenig längere Beine. Die Schnauze
hat eine dunkelbraune Farbe, die ſich um die Naſe herum ins fahle, und
gegen die Stirne und Backen hin ins bräunliche verliert. Dieſe Farbe
ziehet ſich auch in einem ſchmalen Streife unter den Ohren fort. Dieſe
ſehen auswendig wie die Stirne, inwendig weißlich, und haben einen
weiſſen Saum. Auf jeder Oberlippe ſtehen vier Reihen dunkler ſehr
langer Barthaare. Ein dunkelbraunes Fleckchen mit einem oder zwey
langen und ein paar kurzen Haaren ſtehet über dem vordern, und ein
gleiches dicht unter dem hintern Augenwinkel; ein anderes hinter dem

Mundwinkel. Einige zerstreuete lichte Bartborsten befinden sich vorn unter dem Kinne, und einige lange gelbliche Borsten unter der Kehle. Die Kehle ist nebst dem Halse gelb. Auf dem Rücken haben die Wollhaare vorne bis ohngefähr gegen die Mitte hin, eine weißgraue, hinten und an den Seiten des Körpers eine gelbliche Farbe; die längern stärkern Haare aber, welche schön glänzend braun sind, machen den Rücken castanienbraun. Der Bauch hat fast die nehmliche Farbe; zwischen den Hinterbeinen stehet ein brandgelber mit einer dunklen Bräune umgebener Fleck. Der Schwanz ist dunkelbraun, und zwar je näher nach der Spize, desto dunkler. Die Beine sind schwarzbraun. Eine deutliche in die Haut vertiefte Nath läuft von den Schambeinen vorwärts; eine undeutliche ist hinten auf jedem Vorderbeine befindlich. Die Länge des Körpers beträgt achtzehen, des Schwanzes zehen Zoll.

Die Farbe verändert sich bisweilen so, daß sie etwas dunkler wird.

Diese Art Marder bewohnt nordlichere Gegenden, wo sie besonders in Lappland, Norwegen, Schweden, Rußland, in Sibirien, jedoch nicht in den nordlichsten Theilen, auch nicht ostwärts über das altaische Gebürge hinaus[a]), ferner in dem nordlichen China, um die Hudsonsbay, in Canada und Pensilvanien häufig ist. England, Frankreich, Teutschland, Ungarn bringt sie, obwohl sparsamer, auch hervor. Sie entfernen sich von den bewohnten Gegenden, so viel möglich, in dicke und vornehmlich aus Nadelholz bestehende Wälder. Den Tag über liegen sie in hohlen Bäumen, den Nestern der Eichhörner, oder den Horsten der Raubvögel und Krähen, und gehen in der Nacht auf den Raub aus.

Ihre Lieblingsspeise sind Eichhörner und Mäuse. Sonst nähren sie sich auch von Vögeln, von Ebereschen- und andern Beeren, auch Obst und Honig. Im Winter besuchen sie, bey mangelnder Nahrung, die Hüner- und Taubenhäuser, wo sie alles erwürgen, und nur etwa ein Stück mitnehmen und fressen. Ihr Auswurf riecht bisamartig.

Wenn sie gejagt werden: so flüchten sie alsbald[b]) auf einen Baum, wo sie aber nicht lange bleiben, sondern weiter und von einem Baume

[a]) Pallas Reise II.Th. S.570.   [b]) Pallas R. II.Th. S.214.

zum andern springen, ehe sie sich verbergen, oder wieder herunter gehen ‘).

Ihre Ranzzeit ist im Februar. Sie gehen neun Wochen trächtig, und werfen in hohlen Bäumen, oder den obgedachten Nestern, sechs bis acht Junge, die anfänglich blind sind ᵈ).

Das Pelzwerk des Baummarders, insonderheit kalter Gegenden, ist an Güte dem vom Steinmarder und dem mehresten andern Pelzwerke weit vorzuziehen, und kömmt dem vom Zobel am nächsten. Deswegen werden diese Thiere, welche man um des Schadens willen, den sie der Oekonomie thun, auszutilgen sucht, besser mit Schwanenhälsen und Schlagbäumen gefangen, als geschossen ‘). Das Fleisch ist in Frankreich eßbar).

3.
Der Zobel.
Tab. CXXXVI.

Mustela Zibellina; Mustela corpore obscure fulvo, fronte exalbida, gutture cinereo. LINN. *syst. p.* 68. *n.* 9. ERXL.
mamm. p. 467. *n.* 9.

Mustela Zibellina; Mustela obscure fulva, gutture cinereo.
BRISS. *quadr. p.* 180.

Mustela Zibellina. ALDROV. *dig. p.* 335. IONST. *quadr.
p.* 156. GMEL. *nov. comm. Petrop. tom.* 5. *p.* 338. *tab.* 6.

Mustela Sobella. GESN. *quadr. p.* 768.

Zibeline. BVFF. 13. *p.* 309. ohne Figur.

Sable. PENN. *syn. p.* 217. *n.* 156. Fisher weesel. *ib. p.* 223.
n. 157.

‘) Döbel S. 42. von Schönfeld　　　‘) Man sehe hiebey des Herrn von
S. 617. Von beyden sagt der Herr Graf　Schönfeld verbesserte Landwirthschaft
von Büffon das Gegentheil.　　　　　S. 616 u. s. nach.

ᵈ) Döbel a. a. O.　　　　　　ᶠ) Büffon.

Sobol: Russisch. Polnisch. Morduanisch. Sabbel: Schwedisch.
Sable: Englisch. Zibellino; Italiänisch. Cevellina; Spanisch.

Kuisch; Kysch: Tatarisch. Nisch; Sirjänisch. Njuss: Ungarisch.
Bulgan; Kalmükisch. Bula; Bratskisch. Lunnuisch; Tschere-
missisch. Stör; Worjakisch.

In der Gestalt hat der Zobel mit dem Baummarder die gröste Aehnlichkeit; nur ist, nach den Abbildungen zu urtheilen, der Kopf ein wenig
gestreckter, das Ohr grösser, das Haar länger *) und glänzender, und die
Füsse haariger.   Vornehmlich aber besteht der Unterschied in der Kürze
des Schwanzes, der beym Zobel kürzer als die ausgestreckten Hinterbeine,
beym Marder aber länger ist.   Die Ohren sind gelblich gerändert.   Die
Farbe des Wollhaares fällt aus dem aschgrauen bald weniger bald mehr
ins gelbliche.   Das lange Haar schwarzbraun.   Es spielt bisweilen ins
röthliche oder ins gelbliche; die Spizen davon fallen an einigen weiß oder
grau.   Sehr sparsam kommen ganz weisse Zobel vor.   Einige Zobel haben einen weißlichen oder gelben Fleck am Halse, fast wie die Buchmarder *).   Die länge des Thieres beträgt ohngefähr 16 Zoll *).

Der Zobel scheinet in den ältern Zeiten alle an den nördlichen Polar-
zirkel gränzende länder bewohnet zu haben.   In den lezt verflossenen
Jahrhunderten fand man ihn noch in Lappland *).   Heutiges Tages muß
dieses Thier dort äusserst selten, oder gar nicht mehr anzutreffen seyn; da
seiner in den Thierverzeichnissen des Herrn Archiaters von Linne' und des
Herrn Etatsraths O. F. Müller nicht Erwähnung geschieht.   Vormals fand
man ihn in den Gegenden von Tscherdin und Pustosero in Rußland
und in der Provinz Wiatka '); allein da gibt es izo keinen mehr.   Jenseit der grossen Gebirgskette, die Rußland von Sibirien scheidet, fängt
er an sich zu zeigen, und wird weiter ostwärts immer häufiger, so daß

*) Es gibt jedoch auch kurzhaarige Zo-
bel, um Tomsk, Krasnojarsk (Müller)
und auf dem altaischen Gebirge. (Pall.
R. III. Th. S. 570.)

b) Man findet dergleichen im Krasno-
jarskischen; sie sind kurzhaarig, schwarz,

aber mit weissen oder grauen Haarspizen
überlassen Pallas R. III. Th. S. 11.

c) J. G. Gmelin a. a. O Müllers
Samml. russ. Gesch. III. Th. Pallas R. 2c.

d) Scheffers Lappl. S. 387. Regnard.

e) Müllers Samml. russ. Geschichte.
III. B. S. 504. 327.

man ihn durch ganz Sibirien bis in Kamtschatka, auch in den nordlich=
sten Gegenden des chinesischen Reichs, nicht selten fängt. Einige zwi=
schen dem nordlichsten Asien und America gelegene Inseln *g*) und das
ganze nordliche America *g*), besonders Neuyork und Pensylvanien, brin=
gen ihn gleichfalls hervor. In Asien bestimmet der 58te Grad der
Breite, in America der 40te ohngefähr die Gränzen seiner Wohnpläze.

Diese sind einsame, wüste, dick bewaldete, auch felsichte Gegenden,
wo die Zobel in Hölen unter der Erde, unter den Baumwurzeln, auch
in hohlen Bäumen ihren Aufenthalt haben.

Ihre Speise sind im Sommer Wieseln, Eichhörner und vornehmlich
Hasen; im Winter Vögel, am liebsten Birkhüner; im Herbst allerley
Beeren *h*). Ihr Auswurf ist sehr übelriechend.

Ihrem Raube gehen sie vornehmlich in der Nacht nach. Sie sind
sehr behende, und nehmen, wenn sie verfolgt werden, ihre Zuflucht nicht
sogleich, wie die Marder, auf die Bäume *i*); baumen aber hernach in
beträchtlichen Weiten fort. Am Tage ruhen sie, und schlafen, insonder=
heit nachdem sie sich satt gefressen haben, so fest, daß man sie nehmen,
stossen und stechen kan, ohne daß sie erwachen *k*).

Den Kazen sind sie sehr feind *k*).

Ihre Brunstzeit ist im Jänner *l*) und währt einen Monat. Es fal=
len dabey unter den Männchen eben solche blutige Auftritte, wie unter
den Katern vor. Die Weibchen werfen zu Ende des Märzes, oder An=
fange des Aprils, drey bis fünf Junge, die sie vier bis fünf Wochen
säugen.

Man fängt diese Thiere in Sibirien in Schlagbäumen, deren Bau
und Einrichtung der Herr Professor Pallas *m*) beschrieben hat, mittelst
einer

---

g) Stellers Kamtsch. Anh. S. 46.

h) Müllers Samml. ruß. Gesch. Th. 3.
Krascheninnikow *hist. of Kamtsch.*
S. 109. u. f.   A. H. d. R. XX. Th.
S. 464. PENN. a. a. O.

i) Pallas R. II. Th. S. 214.
k) Gmelin.
l) Der Herr Staatsrath Müller sagt,
sie kämen im Frühjahre in die Brunst.
Samml. ruß. Gesch. III. Th. S. 497.
m) Im II. Th. S. 227. *tab.* 7.

einer Azung, die in einem Stück Fleiſch oder Fiſch beſtehet, oder in
Nezen, die man vor den Oefnungen ihrer Baue, und, um die holen
Bäume, in welchen man ſie weiß, oder vermuthet, aufſtellet, worauf
ſie durch Rauch, oder durch Umhauung der Bäume herausgetrieben werden. Sie pflegen auch wohl aus der Erde gegraben *), oder mit vorn
breiten Pfeilen, die den Balg nicht verderben, geſchoſſen zu werden.

Der Zobelfang wird in Sibirien von Leuten getrieben, die man
Promyſchlenniki nennet. Es geben ſich damit nicht nur ſolche, die zu
den eingebohrnen Völkerſchaften gehören, ſondern auch Kaſaken ab. Leztere treten in Geſellſchaften zuſammen, die bald ſchwächer, bald ſtärker,
zuweilen bis 40 Mann ſtark ſind. Groſſe und entlegene Wüſteneyen
werden vornemlich von ſtärkern ſolchen Geſellſchaften beſucht. Sie vertheilen ſich vorher in kleinere Banden, wovon ſich jede einen Anführer
wählt; alle aber unterwerfen ſich einem gemeinſchaftlichen Oberhaupte.
Sie verſehen ſich mit den nöthigen Hunden, Jagdgeräthſchaften und
Mundvorräthen an Mehl, Grüze und Salz auf drey bis vier Monate.
Je zween Mann haben Einen Hund und Ein Nez. So verfügen ſie ſich
zu Waſſer auf kleinen Booten in die Gegend, wo der Fang geſchehen
ſoll. Dort bauen ſie ſich Hütten, und erwarten den dazu nöthigen Froſt
und Schneefall.

Ehe der Fang angehet, verſammlen ſie ſich, beten um glücklichen
Fortgang deſſelben, und geloben der Kirche den erſten Zobel, den ein
jeder fängt. Sodann zerſtreuen ſie ſich, und jede Bande begibt ſich in
die ihr angewieſene Gegend. Um den Rückweg zu finden, pflegen ſie die
Bäume zu zeichnen. Jede Parthey erbauet ſich in ihrem Diſtricte ſo
viele hölzerne Hütten, als nöthig ſind, welche mit Schnee umlegt werden. Um dieſe herum ſtellen ſie Schlagbäume auf, welche von Zeit zu
Zeit beſucht werden, um das Gefangene herauszunehmen und ſie wieder
aufzuſtellen. Jeder Jäger ſtellet täglich deren ohngefähr zwanzig auf. Die
Bälge darf niemand abſtreifen, als der Anführer, die Körper aber werden begraben. Einige führen den übrigen die Lebensmittel aus den zu
ihrer Aufbewahrung angelegten Gruben auf Schlitten zu, die ſie ſelbſt

*) Stellers Kamtſch. S. 121.

ziehen, oder durch Hunde ziehen laſſen. In dieſer Verrichtung wechſeln ſie mit den Fängern ab. Wenn die Zobel nicht mehr in die Schlag= bäume gehen: ſo werden ſie im Neze gefangen. Der Fänger folgt der im Schnee befindlichen Fährte des Thieres bis zu dem Loche, in wel= chem es ſteckt, umſtellet es mit dem Neze, welches 13 Klaftern lang und über 4 bis 5 Fuß breit iſt, und wartet mit ſeinem Hunde, bis ſel= biges herauskömmt, welches oft zwey bis drey Tage dauret. Wenn es ſich gefangen hat, welches der Fänger an dem Geläute zweyer Glöckchen erkennet: ſo läßt er den Hund auf daſſelbe los, der es erwürget. Aus Bauen, die mehrere Röhren haben, wird das Thier mit angezün= detem faulen Holze heraus geräuchert; wo aber die Höle nur Einen Zu= gang hat, da iſt dieſes Mittel unbrauchbar, weil der Zobel, der den Rauch ſcheuet, lieber darinn ſterben, als heraus gehen würde. Man pflegt auch wohl den Baum, in welchem ein Zobel ſteckt, umzuhauen, hinter dem Orte, wohin die Spizen der Aeſte fallen, ein Nez aufzuſtel= len, und vor dem Stamm ſtehen zu bleiben, bis er herausgehet, oder herausgejagt wird, worauf er denn nach dem Neze zuläuft und ſich fängt.

Wenn mit eintretendem Frühlinge der Fang zu Ende iſt: ſo ver= ſammlen ſich alle Banden auf dem gemeinſchaftlichen Sammelplaze. Die etwa entſtandenen Streitigkeiten werden von dem Oberhaupte abgethan, und die Verbrecher beſtraft. Bey aufgehendem Eiſe kehret die ganze Geſellſchaft wieder heim, und von den gewonnenen Bälgen wird nach Ab= zug derer, die der Kirche und der Krone gebühren, der Werth gleich vertheilt ⁰).

Die feinſten Zobelbälge fallen um Jakuzk, beſonders um die Gegend des Fluſſes Ud ᵖ); Nertſchinſk, ſodann im Mangaſeiſchen Gebiete und in der Gegend des Baikals. Dort ſind ſie am ſchwärzeſten, welche Far= be bey Beurtheilung der Güte am meiſten in Anſchlag kömmt. Die beſten werden im November und den folgenden Monaten mit Inbegrif

⁰) Kraſcheninnikow. A. H. d. R. Th. S. 202. 254. VII. Th. S. XX. Th. S. 464. u. f. PENN. 18. ſyn. a. a. O. S. a. J. G. ᵖ) Hier fallen die beſten Zobel von ganz Gmelins R. II. Th. S. 40. u. f. Sibirien, wovon öfters einer zu 60 bis 70 S. 276. u. f. A. H. d. R. XIX. Rubel verkauft wird. Müller.

des Februars gefangen, in welchen das Haar ſeine rechte Länge und
Dichtigkeit hat. Das lange Haar nennen die Ruſſen Os'. Je mehr
ein Balg davon hat, und je ſchwärzer es iſt, deſto mehr gilt der Balg.
Es gibt Bälge, die lauter Os' haben, daran alſo die Haare alle von ei-
nerlei Länge, und durchaus von ſchwarzer Farbe ſind. Dieſe haben den gröſten Werth. Die niedrigern Haare zwiſchen der Os', oder
ſogenannte Grundwolle, wird Podósje, d. i. Unter-Os', genannt; und
dieſe mit dem untern Theile der Os', ſo weit ſie in der Podósje ſteckt,
zuſammen genommen, führt den Namen Motſchka. Dieſe haben die
meiſten Zobelbälge; je weniger aber einer Os', und je mehr Podósje er
hat, deſto geringer iſt er. An guten Zobeln iſt die Podósje an den
Spitzen mehrentheils ſchwarz, das übrige aber, oder die Motſchka,
entweder grau, oder fällt ins röthliche. Graue Motſchka iſt gemeiniglich mit guter Os' verbunden, und macht Zobel von mittelmäßiger Gute;
röthliche hingegen ſchlechte Zobel, und zwar um deſto ſchlechter, je weniger Os' da iſt. Zwiſchen der Os' und Podósje pflege noch eine Art nie-
drigerer wolligter Haare zu ſeyn, die man Podſada nennet. Je mehr
Podſada ein Balg hat, deſto ſchlechter iſt er; denn ſie verhindert, daß
das Haar nicht mit gleicher Leichtigkeit nach allen Seiten, als in ſeiner
natürlichen Richtung vom Kopfe gegen den Schwanz, fällt, welches man
von einem guten Balge erfordert. Auſſer dieſem ſiehet man bey den Zobelbälgen auf die Gröſſe, und ziehet, wenn alles übrige ſeine Richtigkeit
hat, die gröſſern vor. Die Männchen ſind allemal gröſſer und dickhäri-
ger, **als die Weibchen.** Ferner auf den Glanz, den die verlegenen
Bälge verlieren. Man erfordert auch von einem guten Balge, daß das
Haar nirgend verwickelt oder gar abgerieben ſeyn ſolle. Die im Frühjahr gefangenen Zobel haben dieſe Fehler am häufigſten, und laſſen die
Haare gehen, wodurch ihr Werth gar ſehr herunter geſezt wird. Die
Sommer- und Herbſtzobel ſind ſo kurzhärig, daß man ſie gar nicht unter den übrigen verkauft, ſondern als eine beſondere Art betrachtet, der
man den Namen Nedoſoboli gibt. Sie kommen ſelten vor, weil der
Fang um dieſe Zeit ſehr ſchwer iſt.

Die Ruſſen färben die Zobel; doch erkennet man ſolches leicht an
dem Mangel des Glanzes, der zu ſtarken Schwärze, und mit gefärbten

Motschka; auch beschmuzet die Farbe ein weisses Tuch, wenn man solches daran reibt. Durch Räuchern gibt man ihnen eine Schwärze, die an den etwas gekrümmten Haarspizen zu erkennen ist. Besonders wissen die Chineser sie so zu färben, daß sie nicht abschmuzen, den Glanz behalten, und die Farbe nie verlieren.

Die feinsten Zobel werden nach ausgeschnittenen Bäuchen (die Schwänze behalten sie) Paarweise zusammen genähet; schlechte hingegen ganz gelassen, und ihnen nur etwa die Schwänze abgeschnitten. Sowohl jene als diese verkauft man Zimmerweise; ein Zimmer hält 40 Stück. Der Preis ist sehr verschieden; es gibt Zobel, die auf der Stelle das Stück 25 Kopeken, oder ½, und so fort bis 50 und mehr Rubel gelten. Die Bäuche, rußisch Pupki sowoli, werden den guten Zobeln so schmal ausgeschnitten, daß sie kaum 2 Finger breit sind; die haarigsten und schwärzlichsten sind die besten. Sie gelten 5 bis 10 Rubel. Die Schwänze, welche schwarz, glänzend und ohne Podsada seyn müssen, kauft man Hundertweise zu 18 bis 40 Rubel. Die Füsse kommen selten in den Handel. Die Vorderfüsse werden theurer bezahlt, als die hintern; von jenen kostet das Hundert bis 15, von diesen bis 7 Rubel.

Die besten Zobel gehen nach Rußland, und weiter besonders in die Türkey, die schlechtern nach China. Nedosowoli hier und dorthin; die Türken und Griechen schäzen sie hoch. So auch die Zobelbäuche. Die Schwänze gehen meist nach Rußland. Weisse Zobel werden nur als Seltenheiten verkauft, und, wenn sie zu sehr ins Gelbe fallen, im ersten Frühlinge auf dem Schnee, oder auch blos an der Sonne gebleicht [q]).

Ob der Zobel den Alten bekannt gewesen sey? ist zweifelhaft. Man hält ihn für das σαθέριον des Aristoteles [r]); dis scheint aber vielmehr ein Wasserthier gewesen zu seyn. Zu den Zeiten des Marc Polo, also im dreyzehnten Jahrhunderte, war der Balg schon ein beträchtlicher und theurer Handelsartikel. Die Naturkündiger aber kannten das Thier nicht weiter, als daß es eine Art von Mardern mit feinen Haaren sey. Erst vor 17 Jahren trat die von dem sel. Herrn Prof. J. G. Gmelin

q) S. des Herrn Staatsraths Müller   r) De nat. an. l. VIII. c. 5.
Samml. ruß. Gesch. Th. III. S. 495. u. f.

entworfene und mit einer Zeichnung begleitete Beſchreibung aus Licht. Sie
hat aber mit andern Ausarbeitungen, die ihre Verfaſſer unvollendet über-
leben, das gemein, daß ſie nicht vollſtändig genug, und mehr Skizze als
Beſchreibung iſt; daher man aus ihr ſo wenig als aus der Figur den
Buchmarder und Zobel von einander unterſcheiden kan. Daß der Unter-
ſchied vornehmlich an der Verhältniß der Länge des Schwanzes gegen die
Hinterbeine zu erkennen ſey, habe ich oben angeführt. Es iſt dis eine
Beobachtung des verdienſtvollen Herrn Profeſſor Pallas, wovon derſelbe
mich ſchriftlich unterrichtet hat. Ein anderes Verdienſt erwarb er ſich
um die Naturgeſchichte durch Beſorgung einer neuen Abbildung dieſes
merkwürdigen Thieres, der erſten getreuen, die davon gemacht worden iſt,
ob ſie gleich ein noch nicht ausgewachſenes vorſtellet. Da er ſie mir
nicht nur gütig mitgetheilet, ſondern auch hier einzurücken verſtattet
hat: ſo erſcheinet ſie auf der zu dieſem Artikel gehörigen Kupfertafel als
eine der beträchtlichſten Zierden dieſes Werkes, und ich ſchlieſſe denſelben
billig mit dem Bekenntniſſe einer ausnehmenden Verbindlichkeit, welche
ich meinem gütigen Freunde für den Vorzug habe, den er ihm dadurch
hat verſchaffen wollen. — Eine vollkommene Beſchreibung des Zobels
haben die Freunde der Natur aus dieſer beliebten Feder ohnfehlbar noch
zu gewarten.

4.
Der Iltis.
Tab. CXXXI.

Muſtela Putorius; Muſtela corpore flavo nigricante, ore auriculisque albis. LINN. *ſyſt. p.* 167. *n.* 7. ERXL. *mamm.
p.* 463.

Muſtela Putorius; Muſtela pilis in exortu ex cinereo albidis colore nigricante terminatis veſtita, oris circumferentia alba.
BRISS. *quadr. p.* 186.

Putorius. GESN. *quadr. p.* 767. mit einer ſchlechten Figur.
ALDROV. *dig. p.* 329. mit einer ſchlechten Figur *p.* 330.
IONST. *quadr. p.* 154. *tab.* 64. Die nemliche Figur,

welche bey C. Gesner die kleine Wiesel vorstellet. RAI. *syn.* p. 199.

Putois. BVFF. 7. *p.* 199. *tab.* 23.

Polecat. PENN. *brit. zool. p.* 37. *syn. p.* 213. *n.* 152.

Iltnis. **Riding,** kleine Th. *tab.* 87. wilde Th. *tab.* 20. jagdb. Th. *tab.* 20.

Der Ratz; Iltis; Illing; die Ellkaze; das Elbthier. Teutsch. Il-der; Dänisch. Iller; in Schonen.

Polecat; Fitcher; Englisch.

Putoro; Spanisch. Putois; Französisch. Puzolo; Puzzolente; Italiänisch.

Ffwlbard; Cambrisch.

Boanid; Boitta; Goa-aige (das Männchen); Gadfe (das Weib-chen); Lappisch.

Lasitza; Lasotfchka; Russisch. Tchorz; Polnisch.

Der Iltis unterscheidet sich von den Marder durch den dickern Kopf mit spizigerer Schnauze, und überhaupt eine minder feine Physiognomie; durch den kürzern Schwanz, hauptsächlich aber die Farbe. Die Schnau-ze ist zwischen der Spize der Nase und den Augen kastanienbraun; welche Farbe sich auf den Backen herunter bis an die Mundwinkel ziehet. Die Oberlippe bedeckt ein gegen die Augen hin zackiger Fleck, welcher mit dem Weissen des Kinnes zusammen fließt, das an den Mundwinkeln hin nach den Ohren zu läuft, und eine zwischen diesen und den Augen mondförmi-ge breite Binde, die sich mitten auf der Stirne vorwärts senkt und ins bräunliche fälle, bildet. Die längern Barthaare sind schwarzbraun, die kürzern weiß. Die Ohren bräunlich und weiß eingefaßt. Am ganzen Leibe ist die Grundwolle lichtgelb, und das längere Haar dunkel kastanien-braun. Die verschiedene Dichte desselben verursacht, daß die Mitte des Rückens, die Beine und der Schwanz schwarzbraun fallen, an den Sei-ten des Halses und Leibes aber die hellgelbe Farbe stark und angenehm zwischen der schwarzbraunen hervorsticht. Die untere Seite des Halses und die Gegend zwischen den Beinen siehet schwarzbraun, und über die Brust und den Bauch läuft ein brauner Streif längshin. Die Länge des Thieres beträgt funfzehen Zoll.

Er wohnet in den gemässigten Gegenden Europens in Häusern, Scheunen und Ställen, auf Böden, in altem Mauerwerke, unter den Reißholz̄haufen, unter den Bäumen, die hole Wurzeln haben, und in Steinklippen; auch in den Steppen des russischen Reichs, wo es bisweilen Iltisse von weißlicher Farbe gibt a).

Da sich der Iltis vornehmlich von Vögeln und deren Eyern nährt: so hat das Federwild, besonders Fasane und Feldhüner, nicht weniger als die Hüner und Tauben, einen thätigen Feind an ihm. Er beißt alle tod, die er habhaft werden kan, und trägt sie weg, oder frißt ihnen das Gehirn aus. Die Eyer säuft er auf der Stelle aus, wo er sie findet. Im Sommer schleicht er den Kaninchen und Hamstern in ihren Röhren, den Maulwürfen und Feldmäusen auf freyem Felde, auch in den Gehölzen den Vögeln und ihren Nestern nach. Im Winter weiß er in den Quellen, Bächen und Teichen, wo Löcher im Eise sind, Frösche und Fische aufzusuchen; er gehet auch an die Bienenstöcke und verwüstet sie, um sich mit dem Honige zu sättigen, wovon er ein grosser Liebhaber ist.

Dem Raube gehet er in der Nacht nach, und schläft am Tage. Er gräbt weiter nicht, als daß er in die Scheunen und Ställe Löcher, auch wohl Röhren unter der Erde hin macht. Wenn er angegriffen wird, so stellet er sich mit einem Katzenbuckel und funkelnden Augen zur Wehre, zische, grunze, und gibt den ihm eigenen üblen Geruch stärker als gewöhnlich. Ein Weibchen, das Junge hat, kömmt aus seinem Schlupfwinkel heraus, wenn es ein ungewöhnliches Geräusche vernimmt, und ist dann dreist genug, einen vermeintlichen Feind anzugreifen b).

Die Brunstzeit der Iltisse ist im Februar; die Männchen streiten sich um die Weibchen, welche neun Wochen trächtig gehen, und sechs bis sieben Junge an stillen einsamen Orten, in Gebäuden, in holen Baumwurzeln

---

a) Pallas R. I.Th. S.129. b) S. meines sel. Vaters Cameral-schriften Th. 1a. S. 493. u. f.

und Felsklüften werfen, welche von ihnen lange gesäugt werden, und gegen den Herbst die Mutter verlassen, um sich selbst zu ernähren *).

Man fängt diese Raubthiere auf ähnliche Art wie die Steinmarder ⁿ): Der Balg wird von den Kürschnern durch Schwärzen der längern Haare verschönert und verarbeitet, verliert aber den widrigen Geruch des Thieres nicht, und ist um deswillen weniger im Gebrauche, als er seiner Güte nach seyn könnte.

5.

Das Frett.

Tab. CXXXIII.

Mustela Furo; Mustela corpore pallide flavo. ERXL. *mamm.* p. 465.

Mustela Furo; M. plantis fissis, oculis rubicundis. LINN. *syst.* p. 68. n. 8.

Mustela Viverra mas; M. pilis subflavis, longioribus castaneo terminatis vestita. BRISS. *quadr.* p. 177.

Mustela Viverra femina; M. pilis ex albo subflavis vestita. ID. *ibid.*

Furo. GESN. *quadr.* p. 762. mit einer Fig.

Mustela silvestris. ALDR. *dig.* p. 325. f. p. 327. IONST. *quadr.* p. 154.

Mustela silvestris viverra dicta. RAI. *syn.* p. 198.

Furet. BVFF. 7. p. 209. t. 26. ill. K. t. 63.

Furet putois. BVFF. 7. t. 25.

Ferret. PENN. *syn.* p. 214. n. 153.

Viverra; der alten Römer.

Furet-

---

*) Büffon. Döbels Jägerpract.   ⁿ) v. Schönfeld verbess. Landwirthsch. S. 42.   S. 660.

Furetto; Donnola; Italiänisch. Furet; Französisch. Frett, Frettel; Teutsch. Frett; Holländisch. Fritt; Dänisch. Nimse; bey den Arabern in der Barbarey.

Das Frett hat einen schmälern Kopf und eine spizigere Schnauze, auch einen längern und schlankern Leib, als der Iltis, dem es übrigens gleich kömmt. Die Farbe ist gemeiniglich sehr blaßgelb mit weiß überlaufen; erstere haben die kürzern wolligen, leztere die Spizen der längern Haare. Es gibt aber auch Frette mit kastanienbraunen Spizen an den längern Haaren und der weissen Zeichnung an dem Kopfe, welche sonst den Iltis auszeichnet *). leztere sind vornehmlich männlichen, wie erstere mehrentheils weiblichen Geschlechts, wenn man dem Herrn Brisson glauben darf. Denn ohne Ausnahme ist diese Behauptung nicht; ich habe wenigstens selbst männliche Frette gesehen, welche die oben beschriebene helle Farbe hatten. Die Augen fallen dabey ins röthliche.

Das Frett ist kleiner als der Iltis; das Weibchen kaum über einen Fuß lang, das Männchen aber um etwas weniges länger.

Sein Vaterland ist Afrika *), von da es zuerst nach Spanien gebracht worden ist *). Izo werden diese Thiere in England, Frankreich, Teutschland rc. ziemlich häufig gezogen, und bey der Jagd der wilden Kaninchen gebraucht, diese aus ihren Bauen heraus, und in die davor gestellten Reze zu treiben. Man unterhält sie mit Semmel und Milch, und gibt ihnen zuweilen einige Kaninchen preis, die sie erwürgen und ihnen das Blut aussaugen *). (Die Kaninchen haben eine unglaubliche Furcht vor ihnen, welche ihnen nicht zuläßt, sich zu retten, wenn sie von einem Frett angefallen werden *).) Sie sind böse, werden aber so zahm, daß derjenige, so sie füttert, sie angreifen darf. Sie schlafen viel und tief.

Sie begatten sich zweymal im Jahre; das Weibchen gehet sechs Wochen trächtig, und bringt fünf, sechs, auch wohl sieben, acht, selten

---

*) Büffon tab. 25.
*) Shaw.
*) Strabo.

*) Döbels Jägerpr. II. Th. S. 124.
*) Man sehe des Hrn. Kriegsraths von Leyser Beytr. zur Beförd. der N. H. S. 118.

neun Junge zur Welt *f*). Es begattet sich auch mit Iltissen, und bringt sodann braunhaarige Bastarte *g*).

6.
Der Tigeriltis *a*).
Tab. CXXXII.

Mustela sarmatica. Pallas R. I. Th. S. 453. ERXL. *mamm.* p. 460.

Mustela Peregusna; Mustela pedibus fissis, capite et corpore subtus aterrimis, corpore supra brunneo luteoque vario, ore fascia frontali auriculisque albis. GÜLDENST. *nov. comm. Petrop. tom.* 14. *p.* 441. 455. *tab.* 10.

Mustela **præcincta**. RZACZ. *hist. nat. Pol.* p. 328.

Vormela (germanice wormlein). GESN. *quadr.* p. 768.

Pérouaska. BVFF. 15. *p.* . . ohne Fig.

Perewiaska. RZACZ. *h. n. Pol.* p. 222.

Peregusna; Russisch. Przewiaska; Polnisch.

Er hat grosse Aehnlichkeit mit dem Iltis, unterscheidet sich aber durch den schmälern Kopf, längern Leib *c*), längern Schwanz, und (die Beine und den Schwanz ausgenommen) kürzere Haare; auch werden die hintern Klauen von den vordern viel mehr an Länge und Stärke übertroffen, als an diesem.

Der Kopf ist schwarzbraun. Die Oberlippe von der Nase an bis hinter den Mundwinkel, und das Kinn weiß. Quer über die Stirne läuft eine schmale weisse Binde, die in kleiner Entfernung hinter den Augen (wo sie etwas breiter wird) vorbey, unter den Ohren weg gehet,

f) Büffon.

g) PENN. *Syn. a. a. O.*

a) Pallas R. I. Th. S. 175.

b) Er ist noch länger als der Leib des Fretts; welches auch die Anzahl der Rippenpaare beweiset, deren der Iltis 15, das Frett 16, und der Tigeriltis 17 hat.

sich nach der Kehle zu etwas umbiegt und dann aufhöret. Die Ohren sind größtentheils weiß; zwischen ihnen stehet ein irregulärer weisser Fleck, der mit einigen kleinen hinten auf dem Halse befindlichen fast zusammen fließt; von jedem Ohre läuft eine weisse Binde längs dem Halse bis an die Schulterblätter. Der Leib ist hell kastanienbraun. Ueber jedem Schulterblatte stehet ein aus zusammen gestossenen weissen Flecken entstandener weisser Streif; weiter hinterwärts aber sind über den ganzen Leib gelbe, mitten auf dem Rücken blässere, an den Seiten dunklere Flecke von unbestimmter Gestalt zerstreuet, die ohne Ordnung zusammen fliessen; die hintersten gehen bis zwischen die Hinterbeine hinunter, und schliessen an einen schiefen Streif, der vor den hintern Schenkeln nach dem Schwanze hinauf gehet. Die untere Seite des Halses ist schwarzbraun, noch schwärzer aber Brust, Bauch und die Beine. Den Anfang des Schwanzes zieren ein paar gelbe Flecke; weiter hin ist er mit Blaßgelb, so stark ins graue spielt, überlaufen, welche Farbe die Spitzen der langen Haare haben; das Ende desselben ist schwarzbraun. Die Länge des Körpers finde ich an dem ausgestopften Balge, den ich beschrieben habe, 13½, und des Schwanzes 6½ Zoll; und dis ist genau das Maaß, welches der Herr Prof. Güldenstädt von dem Thiere genommen hat.

Der Tigeriltis bewohnt die Steppen zwischen der Wolga und dem Don [*], auch weiter westwärts bis in Pohlen hinein, wo er besonders in Volhynien vorkommt. Seine Nahrung bestehet in Hamstern, Zieseln, Springhasen und andern ähnlichen Steppenthierchen. Vögel versagt er auch nicht; Eyer hingegen und Honig scheint er nicht zu lieben. Er ist sehr gefrässig. Seine Jagdzeit ist die Nacht, am Tage ruhet er in den Bauen anderer Thiere, auch gräbt er selbst welche. Er läuft hüpfend mit gekrümmtem Leibe und gerade hinaus gestrecktem Schwanze, wie alle Thiere dieses Geschlechts.

Im Frühjahre begatten sich die Tigeriltisse; die Männchen streiten zu dieser Zeit um die Weibchen, welche acht Wochen nach der Begattung vier bis acht Junge bringen, und sie mit acht Zizen säugen [†].

Rrr 2

[*] Pallas. Güldenstädt.   [†] Güldenstädt.

Das Pelzwerk, so diese Thiere liefern, wird in ihrem Vaterlande nicht geachtet, kömmt aber bisweilen nach Teutschland, und ist dann nicht allzu wohlfeil.

7.
Der Pekan.
Tab. CXXXIV.

Muftela canadenfis; Muftela corpore fulvo nigricante, pectore macula alba. ERXL. *mamm.* p. 455.

Pekan. BVFF. 13. *p.* 304. *tab.* 42. PENN. *quadr.* p. 224. *n.* 159.

Die Schnauze ist verhältnißmäßig etwas länger als an den vorhergehenden Arten, und castanienbraun. Die Barthaare schwärzlich. Die Stirne weißgrau und bräunlich gewässert. Die Ohren kurz; das Haar darinn weißgrau mit etwas gelbbraun gemischt, auf denselben schwärzlich braun. Der ganze Rücken schillert grau, gelblich, braun und schwarz untereinander: denn der Boden des Pelzes ist aschgrau, die Spizen der wolligten Haare weißgrau; die längern von weißgrauer auf bräunlich stossender Farbe mit schwarzbraunen Spizen. Die Kehle und untere Seite des Halses castanienbraun, und bräunlich weißgrau überlaufen. Brust und Bauch castanienbraun, mit lichten Haaren vermischt; mitten zwischen den beyden vordern Beinen stehet auf der Brust ein kleiner weißer Fleck, und an jedem Vorderbeine, wie unter dem Schwanze, einige weiße Haare. Der Schwanz ist kurz, spizig, etwas dunkler als der Leib, auch mehr schwarzbraun schillernd, an der Spize schwarzbraun. Die Beine kurz, schwarzbraun. Jeder Fuß mit fünf starken weißlichen Klauen bewafnet: die Fußsohlen zwischen ihren Schwielen mit dunkel castanienbraunem Haar verwahrt. Die Seitenzähne sind so lang, daß die obern unter der Oberlippe hervor ragen. Die Länge des Balges beträgt bis an den Schwanz zween Fuß, des Schwanzes einen Fuß und fast vier Zoll.

Er ist in Canada einheimisch.

8.
Die Tayra.

Muſtela barbara; Muſtela atra, collo ſubtus macula alba triloba.
LINN. ſyſt, p.67. n.4.

Muſtela maxima atra moſchum redolens; Tayra.   BARR. Fr.
éq. p.155.

Guinea weeſel.   PENN. quadr. p.225. n.161.

Sie iſt, nach dem Herrn Ritter von Linné, den Mardern ähnlich, von Farbe ſchwarz, ſteifhaarig.   Die Ohren ſind rundlich und haarig. Vor den Augen ſtehet ein grauer Fleck, und ein weißlicher, in drey Lappen getheilter, auf der untern Seite des Halſes, unterhalb der Kehle.

Das Vaterland des Thieres iſt Guiana und Braſilien.

Der Farbe nach zu urtheilen, iſt Muſtela barbara LINN. und die Tayra des Barrere nur Ein Thier, obgleich lezterer von dem weiſſen Flecke nichts meldet.   Dis Thier, ſagt Barrere, reibt ſich gern an die Bäume, und beſchmiert ſie mit einer nach Biſam riechenden fettigen Materie.   Wenn dem ſo iſt: ſo ſcheint es unter die Stinkthiere zu gehören.

9.
Der Vanſire.
Tab. CXXXV.

Muſtela Galera; Muſtela tota fuſca.   ERXL. mamm. p.453.

Galera ſubfuſca, cauda elongata, oculis nigris, auribus ſubnudis appreſſis.   The Guinea fox.   BROWN. nat. biſt. of Jam. p.485. tab.29. f.1.

Vanſire.   BVFF. 13. p.167. t.21.

Tayra ou Galera.   BVFF. 15. p.155.

Madagaſcar weeſel.   PENN. quadr. p.224. n.158.

Guinea weefel. PENN. *quadr.* *p.* 225. *n.* 160.

Voang fhira; Vandfire; in Madagaffar.

Die Schnauze ist länger als an den übrigen Arten des Geschlechts. Die obere Kinnlade hat eine viel gröſſere Länge als die untere, und läuft vorn ſpizig zu. Die Zunge iſt ſtachlich. Die Augen ſtehen zwiſchen der Naſenſpize und den Ohren in der Mitte. Dieſe ſind oval, liegen dicht am Kopfe an, und haben eine Aehnlichkeit mit den menſchlichen. Die Beine ſind kurz, die hintern aber etwas länger als die vordern, die Füſſe lang und fünfzehig. Der Schwanz läuft gegen die Spize dünner zu. Das ganze Thier ſiehet braun. Es gräbt, und lebt vom Raube.

Dis iſt die Beschreibung, die D. Browne von ſeiner Galera gibt. Bey Vergleichung derſelben mit der Daubentoniſchen, und der dabey befindlichen Abbildungen, glaube ich in beyden nur Ein Thier zu finden; worinn mich beſtärkt, daß D. Browne ſagt: ſeine Galera werde oft von der Küſte Guinea, wo ſie einheimiſch ſey, nach Jamaica gebracht; Herr Daubenton aber das von ihm beſchriebene als ein der Inſel Madagaſkar zugehöriges angibt. Aus der Beschreibung des leztern würde alſo noch hinzu zu ſetzen ſeyn: daß das Haar, wenn man es obenhin anſiehet, eine gleiche und zwar dunkelbraune Farbe zu haben ſcheint, in der That aber nur an der Wurzel braun ſiehet, übrigens aber ſchwärzlich und röthlich geringelt iſt, und braune Wollhaare zwiſchen ſich hat; daß der Backenzähne oben ſechs, und unten fünf an jeder Seite ſind, und daß die Länge des Thieres bis an den Schwanz drenzehen, des Schwanzes aber bis an die Spize ſieben, und mit den darüber hinausſtehenden Haaren zehenthalb Zoll betrage.

Ob der Vanſire mit der Tanra einerley ſey, wie der Herr Archiater von Linne zu vermuthen ſcheinet; daran zweifle ich ſo lange, bis die weitere Bearbeitung der Thierkunde über beyde ein helleres Licht verbreitet.

Der Name läßt vermuthen, daß die ſogenannten Zobel, welche im Lande Kongo in Afrika gefunden werden, und daſelbſt Inſire heiſſen*),

*) A. H. d. N. V. Th. S. 89.

von dem Bansire nicht verschieden seyn mögen. Vielleicht auch nicht der Kokobo des Bosman [b]).

Uebrigens scheinet es mir noch nicht ganz ausgemacht zu seyn, zu welchem Geschlechte dieses Thier gerechnet werden müsse. Der Gestalt des Kopfes nach zu urtheilen, würde ich es lieber unter die Stinkthiere, als Marder, bringen. Da aber das unterscheidende Merkmaal der erstern noch nicht daran entdeckt worden ist: so will ich es einstweilen unter den leztern lassen.

10.
Der Kulon.

Mustela sibirica. Pall. R. II. Th. S. 701.

Mustela sibirica; Mustela fulva, **palmis plantisque hirsutissimis.** ERXL. mamm. p. 471.

Kulon; Tatarisch. Kulonnok; Chorok; Russisch.

Nonno; bey den Tungusen. Scholongo; bey **den Burätten.**

Er kommt in der Grösse fast dem Tigeriltis bey, der Gestalt nach aber mehr mit dem Hermelin überein; doch hat er längere Füsse und Schwanz. Die Schnauze ist bis an die Augen schwarz, die Nase weiß und gegen die Augen hin fleckig. Der ganze Leib hoch rothgelb, nur gegen den Kopf hin, und unten, etwas lichter. Die Kehle zieren bisweilen weisse Flecke. Die Fußsohlen sind mit silbergrauem Haar dicht bewachsen. Der Schwanz ist langhaarig, von tieferer Farbe, als der Rücken, halb so lang als der Leib. Das Haar durchaus länger, aber dünner als am Iltis und Frett. Die Länge beträgt 12, des Schwanzes 6 Zoll; jedoch fällt er bisweilen auch kleiner [a]).

Diese Art Thiere, mit welcher der verdienstvolle Herr Prof. Pallas die Zoologie bereichert hat, ist den waldigten Gegenden Sibiriens eigen, und wird jenseit des Jeniseistroms gemein. Der tatarische Name soll einen Vielfraß bedeuten, weil man bemerkt haben will, daß dieses kleine Geschöpf alle Arten von Thieren, die in Schlingen und Fallen gefangen

---

[b]) A. H. d. N. IV. Th. S. 259.   [a]) Pallas. II. Th. S. 701.

werden, wenn der Jäger zu spät kommt, auffreſſen, und auf einmal eine
ſtarke Mahlzeit thun ſoll. Es kömmt auch, wie der Iltis, bis in die
Dörfer zum Rauben, und holt den Bauern das Fleiſch und die Butter
aus den Vorrathskammern [b]). Das Pelzwerk wird in Rußland nicht
geachtet, geht aber häufig nach China [c]).

II.
Die groſſe Wieſel.
Tab. CXXXVII. A. B.

Muſtela Erminea; Muſtela caudæ apice atro. LINN. *ſyſt.* *p.* 68.
n. 7. *Faun. ſucc. p.* 6. *n.* 17.

Muſtela hieme alba, æſtate ſupra rutila infra alba, caudæ apice
nigro. BRISK. *quadr. p.* 176.

Die Sommerfarbe. *Tab. CXXXVII. A.*

Roſelet. BVFF. 7. *p.* 240. *tab.* 31. *f* 1.

Stoat. PENN. *brit. zool. p.* 84. *quadr. p.* 212. *n.* 151.

Roſelet; Belette à queue noire; Franzöſiſch.

Wieſel. Riding. jagdb. Th. *t.* 19.

Wieſel; groſſe Wieſel; Teutſch. Wezel; Holländiſch. Stoat;
Engliſch. Wesla; Schwediſch in Smoland. Laska; Laſiczka;
Polniſch.

Die Winterfarbe. *Tab. CXXXVII. B.*

Muſtela candida, in extrema cauda nigricans. ALDROV. *dig.*
p. 310. mit einer Figur.

Muſtela candida ſ. animal ermineum recentiorum. RAI. *ſyn.*
p. 198.

Hermine. BVFF. 7. *p.* 240. *t.* 29. *f.* 2.

Ermine. PENN. *brit. zool. p.* 84. *quadr. p.* 212. *n.* β.

Her-

[b]) S. 570.   [c]) III. Th. S. 12.

Hermelin. S. G. Gmelins R. II. Th. S. 192. *tab.* 23.

Armellino; Italiänisch. Arminho; Portugiesisch, Spanisch. Hermine; Italiänisch. **Hermelin**; Teutsch, Schwedisch, Dänisch, Hermyn; Holländisch. Lekatt; Schwedisch.

Carlwm; Cambrisch.

Gornostai; Russisch. Gronostay; Polnisch. Pegymet; Ungarisch.

Ielek; bey den Tungusen. Ujing; bey den Burätten.

Der Gestalt nach kömmt dis Thier mit den Mardern überein; der Leib ist aber verhältnißmäßig kürzer, wodurch der Schwanz mehr Länge bekömmt; und das Haar fällt weder so lang, noch so schön. Im Sommer hat die obere Fläche des Thieres in kalten Gegenden eine schwärzlich braune, in wärmern eine lichtbraune ins röthliche fallende Farbe; die untere ist weiß, auch sind die Fußzehen weiß und die Ohren eben so eingefaßt. Der Schwanz siehet gegen die Spize hin schwarz. Im Winter ist es, das Ende des Schwanzes ausgenommen, ganz weiß. Die Länge beträgt zehentehalb, des Schwanzes vier Zoll.

Es wohnet häufig in den nordlichen und gemässigten Gegenden von Europa, Asien und America, fehlet aber auch in den wärmern Ländern nicht ganz [a]). Seinen Aufenthalt hat es in Häusern, Steinhaufen, Felsklüften, an den Ufern der Flüsse, in holen Bäumen. Es liebt dünne Waldungen, besonders von Birken; ein dicker Schwarzwald ist nicht für dasselbe. Im Norden nähret es sich vorzüglich gern von Eichhörnern und Lemingen; sonst lebt es von den nehmlichen Speisen, wie das folgende, mit welchem es auch in den Sitten übereinkömmt.

Die Farbe verändert sich im Herbste und Frühlinge mit den Haaren. In den nordischen Ländern ist dis eine bekannte Sache [b]), und der Herr Professor Pallas hat sie selbst an solchen Thieren, die in warmen Stuben gehalten wurden, sich zutragen gesehen [c]), obschon die

[a]) Der Herr Prof Pallas versichert, Hermeline aus den Moluckischen Inseln gesehen zu haben. R. I. Th. S. 129.

[b]) LINN. *Faun. Suec.* Pallas R. I. Th. S. 129.

[c]) PALL. *nov. sp. quadr. e glirium ordine p. 8.*

weiffe Farbe etwas später kam, und bey reichlichem Futter etwas früher wieder vergieng ⁰). In Teutschland sind weiffe Hermeline nichts seltenes; doch bemerkt man sie an einigen Orten häufiger als an andern. In dem gemäßigtern England sahe Herr Pennant einst zu Anfange des Winters eine grosse Wiesel, die ihre Sommerfarbe noch nicht ganz abgelegt hatte ⁰); und eine andere, die Herr Daubenton eine Zeitlang unterhielt, ward im Frühjahre in der Gefangenschaft wieder braungelb, da sie weiß aussahe, als sie in selbige gerieth ⁰). Doch ist diese Verwandlung nicht ohne Ausnahme. Es werden im Winter zuweilen grosse Wieseln gefangen, die ihre Sommerfarbe noch haben. Herr Daubenton bemerkte an der vorher erwähnten, daß sie die weiße Farbe im nächsten Winter nicht wieder bekam ⁰). Die Wieseln warmer Länder, im südlichen Europa, in Persien, und weiter hinunter in Asien zwischen den Wendekreisen verfärben ihr Haar gar nicht ⁰). In der kalten Nachbarschaft des nordlichen Polarzirkels fällt dagegen dieses Pelzwerk vorzüglich weiß und fein. Dieserhalben wird das Hermelin in Norwegen, Lappland und Sibirien häufig in Schlagbäumen, Fallen und Schlingen gefangen. Die Bälge schäzt man desto höher, je grösser, weisser, auch dicker von Haaren und Leder sie sind ⁰), und verarbeitet sie zu Futtern und Aufschlägen. Sonst waren sie eine vorzügliche Tracht grosser Herren, izo aber haben sie andern kostbarern Arten des Pelzwerkes Plaz gemacht.

12.

Die kleine Wiesel.

Tab. CXXXVIII.

Die Sommerfarbe:

Mustela vulgaris; Mustela corpore ex rufo fusco subtus albo.
ERXL. mamm. p. 471.

ᵈ) PALL. l. c. p. 9.
ᵉ) Brit. zool. a. a. O.
ᶠ) Tom. VII. p. 244.
ᵍ) Tom. VII. a. a. O.

ᵇ) Pallas N. a. a. O. nov. spec. glir. p. 8.
ⁱ) Müllers Samml. russ. Gesch. III. Th. S. 516.

Muftela vulgaris; M. fupra rutila, infra alba. BRISS. *quadr.*
p. 175.

Muftela. GESN. *quadr.* p. 752.

Muftela vulgaris. ALDROV. *dig.* p. 307. IONST. *quadr.*
p. 152. t. 64. RAI. *fyn.* p. 195.

Belette. BVFF. 7. p. 225. *tab.* 29. *f.* I.

Common Weefel. PENN. *brit. zool.* I. p. 82. *tab.* 101. *fyn.*
p. 211. *n.* 150.

Wiefel. Riding. kl. Th. *tab.* 89. wilde Th. *tab.* 30.

Donnola; Benula; Ballotula; Italiänifch. Doninha; Portugiefifch.
Comadreia; Spanifch. Belette; Franzöfifch.

Weefel; Englifch. Foumart; Fitchet; in Yorkfhire. Whitred;
in Schottland. Bronwen; Cambrifch.

Lækatt; Væfel; Dänifch. Röskatt; in Norwegen.

Laska; Ruffifch. Unagin; Bratfkifch. Menyét; Ungarifch.

Fært el heile? in der Barbarey.

Die Winterfarbe:

Muftela nivalis; Muftela corpore albo, caudæ apice vix pilis
ullis nigris. LINN. *fyft.* p. 69. *n.* 11. *Faun. fuec.* p. 7.
n. 18. MÜLL. *prodr.* p. 3. *n.* 15. ERXL. *mamm.* p. 476.

Snömus; Schwedifch. Dänifch. Seibbsh; Lappifch.

Lasmizka; Ruffifch.

Die Geftalt diefes Thieres unterfcheidet es von dem vorhergehenden eben fo wenig, als die Farbe, welche auch in kalten und wärmern
ländern eben fo bald dunkler, bald heller fällt, und fich in jenen, nicht
aber in Teutfchland und andern wärmern ländern, gegen den Winter in
weiß verwandelt*). Der Schwanz, welcher merklich kürzer ift, hat

*) Pallas R. und *nov. fp. gl.* a. a. O.

aber kein oder nur sehr wenig schwarzes Haar. Die Füsse sind nicht weiß, sondern mit dem Rücken gleichfarbig. Hinter jedem Mundwinkel stehet ein kleiner Fleck von eben der Farbe. An Grösse kommt es dem vorigen nicht bey; denn es hat nur 6 bis 7 Zoll in der Länge, und der Schwanz 1½ Zoll.

Die kleine Wiesel wird in den kältesten sowohl als gemäßigtern und warmen Gegenden von Europa und Asien, und in Teutschland ziemlich häufig gefunden. Sie hält sich sowohl im Freyen, in den trocknen Ufern der Bäche und Flüsse, in Hügeln und Klippen, in holen Bäumen, als in den Wohnungen der Menschen, und um dieselben, auf. An leztern Orten vorzüglich im Winter.

Beyde nähren sich von kleinen oder jungen Vögeln und von allen Arten der Ratten und Mäuse, denen sie gefährlicher sind, als die Kazen, weil sie solche in ihren Schlupfwinkeln aufsuchen können; von jungen Hasen und Kaninchen, auch von Schlangen. Sie beissen das, was sie tödten wollen, ins Genicke; bringen mehr um, als sie auf einmal fressen können, und tragen die gemachte Beute zusammen, um sie nach und nach zu verzehren. Die Eyer der brütenden Hüner, Tauben, Fasanen, Rebhüner und anderer Vögel tragen sie weg, und saufen sie aus. Honig fressen sie nicht. Sie gehen ihrem Raube in der Nacht nach, und schlafen am Tage.

Sie werfen im Frühjahre sechs, acht und mehrere Junge auf einem Lager, das sie sich von Stroh, Heu, Blättern ıc. in unzugänglichen Löchern und Winkeln machen. Wenn sie Gefahr für ihre Jungen vermerken: so tragen sie eins nach dem andern geschickt an einen sichern Ort ⁴). Sie lassen sich zahm machen, wenn man sie jung aufziehet, und werden dann sehr artig und spielhaft, ohne die geringste Tücke blicken zu lassen; doch leiden sie nicht, daß man sie im Fressen störet ⁵).

⁴) Döbels Jägerpr. S. 43. Beytr. ⁵) ʒ v ꜰꜰ. suppl. tom. 3. p. 165. 166. zur Beförderung der Naturk. S. 122. 167.

Achtzehentes Geschlecht.
Der Bär.

VRSVS.

LINN. *fyſt. gen. 16. p. 69.*
BRISS. *quadr. gen. 38. p. 258. ed. 2. p. 187.*
ERXL. *mamm. gen. 17. p. 156.*

BEAR.

PENN. *fyn. gen. 20. p. 190.*

MELES.

LINN. *fyſt. ed. 6. p. 6.*
BRISS. *quadr. gen. 37. p. 252. ed. 2. p. 183.*

BADGER.

PENN. *fyn. gen. 21. p. 201.*

Vorderzähne: in der obern und untern Kinnlade ſechſe. Die beyden äuſſerſten ſind gröſſer als die mittlern, und laſſen in der obern Kinnlade einen leeren Raum zwiſchen ſich und den Seitenzähnen, welcher in der untern nicht iſt. In dieſer pflegen zween Zähne etwas weiter einwärts, als die übrigen, zu ſtehen.

Die Seitenzähne, einer auf jeder Seite, ſind lang, ſtark, meiſtens koniſch, die obern etwas länger, die untern ein wenig hinterwärts gebogen.

Die Backenzähne haben keine gewisse Zahl. Die hintern sind breit und haben stumpfe Ecken und Unebenheiten auf der Krone; die vordern endigen sich in eine (zuweilen stumpfe) Spize, und die am nächsten an den Seitenzähnen stehen, sind oft sehr klein.

Zehen sind an den vordern und hintern Füssen fünfe. Die Daumenzehe ist nicht abgesondert.

Sie wohnen im Trocknen, ohne jedoch das Wasser gänzlich zu vermeiden. Sie treten auf die Fersen auf. Viele Arten gehen auch auf den beyden Hinterbeinen; bedienen sich der vordern statt der Hände; klettern.

Ihre Nahrung sind frisches Fleisch, Aeser, Insecten und Gewürme, Baum = und Erdfrüchte.

Die Weibchen bringen wenige Junge.

201.
Der Landbär.

Tab. CXXXIX. der braune; CXL. der schwarze Landbär.

Vrsus Arctos; Vrsus cauda abrupta. LINN. *syst.* p. 69. *n.* 1. *Faun. suec.* p. 7. *n.* 19.

Vrsus niger, cauda unicolore. BRISS. *quadr.* p. 187.

Vrsus. GESN. *quadr.* p. 941. mit einer Figur. ALDROV. *dig.* p. 117. p. 119. die Gesnerische Fig. IONST. *quadr.* p. 123. *t.* 55. RAI. *syn.* p. 171. KLEIN. *quadr.* p. 82.

Ours. BVFF. 8. p. 248. *ours brun des alpes tab.* 31. *ours blanc terrestre tab.* 32.

Black bear. PENN. *quadr.* p. 190. *n.* 138.

Bär. Riding. fl. Th. tab. 39-44. wilde Th. tab. 32. jagdb.
Th. tab. 3. grosse Th. tab. 5. Bären tab. 1. 2. 4.

Ἄρκτος; der Griechen. Urso; Usso; Ursa; Ussa; Portugiesisch.
Orso; Italiänisch. Osso, Ossa; Spanisch. Ours; Französisch.

Bär; Bärin; Teutsch. Beer; Holländisch. Bear; Engländisch.
Biörn; Schwedisch; Dänisch. Bams, der Bär; Bings, die
Bärin; Norwegisch.

Muriet; Kwoptza; Gnouzia; Lappisch: insonderheit der Bär Ae-
nak; die Bärin Aeste. Karhu; Finnisch.

Medwed; Medwediza; Russisch. Medwe; Ungarisch. Niedźwiedź;
Polnisch.

Aju; Tatarisch, Türkisch. Chors; Persisch.

Dub, Arabisch.

Der Kopf ist länglich und hinten dicke; der Scheitel platt, zwischen den Augen etwas abhängig, wo sich die konische vorn abgestumpfte
Schnauze anfängt. Die Augen sind klein und mit schief gespaltenen Augenliedern bedeckt. Die Ohren klein und rundlich. Die untere Kinnlade ist kürzer als die obere. Die Unterlippe ausgezackt, und der Zacken
achtzehn *). Der Hals kurz und dicke. Der Leib dicke mit gewölbtem
gegen die Schultern zu gesenktem Rücken. Der Schwanz kurz. Die
Beine sind von mittelmäßiger Länge, und die vordern den hintern an
Höhe gleich, wenn der Bär auf allen vieren stehet. Die Füsse kurz,
der Zehen fünfe, die parallel stehen. An den vordern sind die Klauen
länger, als an den hintern. Säugwarzen hat der Bär sechse, wovon
viere auf der Brust, die andern beyden aber in den Weichen stehen.

Sowohl die Grundwolle, als das Haar, ist lang; dieses, so weit
es über jene hinausragt, hart und glänzend. Um das Gesichte herum,
an dem Bauche und hinten an den Beinen sind die Haare länger, auf
der Schnauze hingegen kürzer, als an andern Orten.

a) Pallas R. III. Th. S.

Die Farbe des Haares fällt verschieden; braun, gelbbraun, rothbraun, schwärzlich, schwarz, schwarz mit weissen Haaren überlaufen,
schwarz und weißschäckig, oder ganz weiß.   Man kan indessen zwo
Hauptfarben annehmen; die braune und die schwarze, wovon, besonders
der leztern, die weisse nur eine Ausartung ist.   Der braune Bär unterscheidet sich zugleich in der Grösse von dem schwarzen, welcher die Länge
von 5½ Fuß, die der braune ohngefähr ohne den Schwanz misset, nie
erreicht.   Auch in der Nahrung und dem Naturell zeigen sich beträchtliche
Unterschiede; welche dem Herrn Grafen von Büffon Anlaß gegeben haben, zu muthmassen; daß beyde wohl verschiedene Gattungen seyn
könnten.

Vorderzähne hat der Landbär oben und unten sechse.   Jeder hat eine
flache Furche nach der Länge hin.   Die obern stehen in gleicher Reihe,
übertreffen die untern an Breite, und die äussersten sind die grössten.
Von den untern stehen die beyden nächst den mittelsten etwas tiefer in
den Mund hinein als die übrigen, und haben, wie die äussersten noch
grössern, auswärts einen kleinen Einschnitt b).   Von den starken und
langen Seitenzähnen sind die untern ein wenig hinterwärts gebogen.
Backenzähne stehen in jeder Kinnlade fünf Paar.   Die hintersten drey
haben breite, flache, jedoch unebene, mit kleinern und grössern Höckern
versehene Kronen.   Der lezte in der obern Kinnlade ist unter allen der
grösste; der folgende kleiner; der dritte weit kleiner, und mit drey stumpfen Spizen versehen.   Vor demselben stehet in kleiner Entfernung ein sehr
kleiner stumpfer, und noch weiter vorwärts, dicht an dem Seitenzahne,
ein fast eben so kleiner, aber vorwärts gestreckter Zahn c).   In der untern Kinnlade ist der hinterste Backzahn etwas kleiner als der zweyte;
dieser

---

b) Ich habe diese Beschreibung der Zähne nach zween Schädeln gemacht, deren
einer einem jüngern, und der andere einem
ältern Thiere zugehört zu haben scheinet.
Da aber die Vorderzähne in diesem nicht
vollzählig, und in jenem abgenuzt waren:
so hat solche, was dieselben betrift, man-
gelhaft werden müssen.

c) Herr Daubenton gibt oben drey
kleine Zähne an; ich finde aber von
dem dritten keine Spur, auch keinen
rechten Plaz zu demselben in den vor
mir habenden Schädeln; muß ihn also
für etwas ausserordentliches halten.

dieser wenig grösser als der zweyte in der obern; der folgende etwas länger; der vierte, welcher an denselben anschließt, viel kleiner und spizig;
in einiger Entfernung von ihm, gleich hinter dem Seitenzahne, stehet
ein kleiner stumpfer, den obern vordersten an Grösse kaum übertreffender
Zahn. Dieses und die beyden kleinsten Paare in der obern Kinnlade fallen bey zunehmendem Alter aus, so daß nur die Hölen bleiben; aber
auch diese werden ohnfehlbar nach und nach unkenntlich, so daß, ohnerachtet der Bär wirklich sechs und dreyssig Zähne hat, doch in alten Thieren wohl nicht über dreyssig bleiben dürften.

Der schwarze Bär ist ein Einwohner der nordlichen kalten Länder in
Europa und Asien, deren weit ausgebreitete waldigte Einöden er bevölkert.
Der braune schränkt sich nicht auf selbige ein, sondern wird in bewaldeten
Gebirgen in Pohlen, Ungarn, Griechenland, Oberitalien besonders in den
Savoyischen Alpen, der Schweiz, Frankreich vorzüglich den Pyrenäen,
ferner in Palästina, Persien [e]), China, Japon, und, wenn den Zeugnissen der Reisenden [f]) zu trauen ist, sogar in Siam und Zeylon, mithin in dem größten Theile von Europa und Asien, angetroffen. Vermuthlich von eben der braunen Sorte, gibt es auch in Aegypten [g]) und
der Barbarey [g]) Bäre. In den mehresten Provinzen Teutschlandes findet man izo keine mehr. Sie halten sich gern in und um Brücher
und Sümpfe, Steinhaufen, Felsklippen auf, wohin sie auf besondern
Steigen zu gehen pflegen.

Die Nahrung des schwarzen Bäres bestehet in allerley Wurzelwerk,
saftigen Stängeln, wovon er vor andern die Angelike [h]) liebt; in allerley
Beeren, besonders Ebereschen, Heidel- und Preiselbeeren, Himbeeren ꝛc.
in wildem Obste, reifem Getreide, Baumblättern, Kräutern und dergl.
in Fischen, wovon er aber nur die Köpfe frißt [i]); seltener aber in
Fleischwerke. Der braune Bär hingegen nährt sich vornehmlich vom Fleische allerley grosser Thiere, und ist den Pferden, Rind- Schaaf- und

---

d) Gmelins R. III. Th. S. 293.

e) Man sehe des Herrn Prof. Zimmermann *spec. zool. geograph.* S. 276. 277.

f) PROSP. ALPIN. *h. n. Aeg. p. 233.*

g) SHAW *voy. I. p. 323.*

h) Angelica Archangelica LINN. *sp.
pl. p. 360.*

i) Stellers Kamtsch. S. 113.

Ttt

anderem Viehe, auch Rothwilde überaus gefährlich. Aas ist ebenfalß
eine Speise für ihn. Er schlägt seinen Raub mit der Taze darnieder, und
saugt alsdenn zuerst das Blut aus. Wenn er ihn nicht auf einmal verzehren kan: so verbirgt er den Rest in der Erde oder in dem Bruche,
und kömmt sodann gewiß wieder, ihn zu holen; welches nicht zu erwarten ist, wenn er nichts vergraben hat. Indessen sind die vegetabilischen
Speisen den braunen Bären nicht zuwider. Sie thun in der Schweiz
und in Frankreich jährlich viel Schaden an den Castanien, und lassen sich
in der Gefangenschaft gar wohl mit Brod und Früchten unterhalten *).
Honig von Bienen und Wespen, auch Ameisen sind leckerbissen für die
Bäre, besonders die schwarzen. Jenem gehen sie zum Verderben der
Republiken dieser Thierchen überall nach, gleichwie sie auch die Ameisen-
haufen zerstören, ihre Einwohner auf die Zunge kriechen lassen, und
wenn deren genug beysammen sind, verschlingen ʼ). Sie saufen fast wie
die Hunde.

Im Laufe ist der Bär nicht schnell, aber geschickt auf den Hinterbeinen zu gehen, in welcher Stellung er etwas menschenähnliches hat. An
Bäumen und steilen Anhöhen klettert er mit Geschicklichkeit hinan: springt
aber, ausser im Nothfalle, nicht herunter, sondern steigt auf der andern
Seite rücklings herab. Nicht weniger ist er ein guter Schwimmer,
wenn es darauf ankömmt, über ein Wasser zu sezen, oder einen Fisch
zu fangen; kan es aber nicht lange aushalten.

Seine Waffen sind die vordern Tazen, mit welchen er, wie eine
Kaze, schlägt, oder auch seinen Feind nachdrücklich umarmet. Der Zähne bedienet er sich im Streite selten. Er wagt sich nicht leicht an den
Menschen, wenn er nicht gereizet wird, ist aber dann ein unerschrockener
und thätiger Gegner. Ein Schlag auf den Kopf tödtet ihn leicht.

Der Laut des Bäres ist ein Brummen und Schnauben, welches zuweilen, wenn er zornig wird, mit Zähnknirschen vergesellschaftet ist.

---

*) BUFFON supplem. tom. 3.
p. 198. In Bern läßt die Obrig-
keit die unreifen Früchte, welche gegen die Geseze zu Markte gebracht

werden, den Bären vorwerfen. Ebendas.
p. 197.

ʼ) Gadd. S. meines sel. Vaters Ca-
meralschriften V. Th. S. 281.

Im Herbſte wird der Bär überaus fett. Den Winter bringt er zwar nicht ſchlafend oder erſtarrt, aber doch in einer ununterbrochenen Ruhe zu. Groſſe und alte Bäre bleiben unter freyem Himmel, junge hingegen begeben ſich unter den Schuz einer hervorhängenden Klippe, oder ſuchen ſich Hölen in den Bergen aus, oder graben Löcher unter Baum- wurzeln, worinn ſie ſich ihr Winterlager machen. Sie bereiten ſelbiges aus Tangelreiſig und Moos ᵐ). Nach jenem ſteigen ſie auf die Bäume, brechen Zweige ab, werfen ſie herunter, und tragen ſie ſo wie das Moos zuſammen: ſie faſſen nehmlich davon ſo viel zwiſchen die beyden Vorder- tazen, als ſie können, und gehen damit auf den beyden Hinterbeinen nach ihrer Wohnung zu. Daſelbſt legen ſie erſt das Reiſig in einem Zirkel, und oben darauf das Moos, ſo, daß das Lager, wenn es fertig iſt, die Geſtalt einer Mulde bekömmt. Nachdem ſie auch die Zugänge dazu ſo viel möglich mit Reiſig verwahret haben: ſo legen ſie ſich mit einfallendem Schnee, d. i. im Norden ohngefähr im October, darauf, und bleiben bis der Schnee geſchmolzen iſt, d. i. bis gegen Ende des Aprils liegen, ohne die geringſte Nahrung zu ſich zu nehmen, oder den Leib auszuleeren. Sie ſaugen ſodann blos zum Zeitvertreibe an den Ta- zen. Werden ſie aber aufgejagt: ſo tanzen ſie hurtig hervor. Nach Weihnachten, ohngefähr um Matthiä, häuten ſich ihre Fußſohlen; dann können ſie kaum drey bis vier Schritte gehen, ohne die noch zarte Haut daran zu verlezen und blutrünſtig zu machen. Wenn ſie aus dem Lager gehen: ſo genieſſen ſie zuerſt Ameiſen oder die Wurzel der Calla ⁿ), wo- von ſich der Leib öfnet. Hernach das junge hervorſproſſende Eſpenlaub, nach welchem ſie auf die gröſſern Bäume klettern, die kleinern aber niederbiegen und abfreſſen.

Die Bäre leben einſam und von einander abgeſondert. Jedes Weib- chen hat zwar ſein eigenes Männchen ⁿ°); und beyde lieben einander ſo ſehr, als monogamiſche Thiere pflegen °). Indeſſen ſcheinen ſie ſich nicht ſehr um einander zu bekümmern, bis ſie hizig werden. Zu welcher Zeit

Ttt 2

ᵐ) Polytrichum commune LINN. ſp.   ⁿ°) Döbels Jägerpr. I. Th. S. 32.
pl. p.1573. Gadd a. a. O. S. 71.   III. Th. S 141.
ⁿ) Calla paluſtris LINN. p.1374.   °) BVFF. hiſt. nat. ſuppl. III. p.197.

aber bis und ihre Begattung geschehe, und wie lange sie trächtig gehen, ist noch ungewiß. Nach dem Aristoteles ereignet sich jenes im Februarius; sie gehen nur dreyssig Tage trächtig, und werfen noch auf dem Winterlager ein, zwey, höchstens fünf Junge ᵖ). Plinius läßt sie sich im Anfange des Winters paaren ᵠ). Ridinger und Döbel sezen die Brunstzeit in das Frühjahr; jener läßt die Bärin drey Vierteljahr, dieser dreyssig bis sechs und dreyssig Wochen trächtig gehen ʳ). Den Erfahrungen zufolge, die in Bern schon zu Conrad Gesners Zeiten ˢ) an zahmen braunen Bären gemacht, und durch ein ganz neues Zeugniß ᵗ) bestätigt und erweitert worden sind, paaren sich diese Thiere im Junius, und zwar gegen das Ende dieses Monats, um Johannis, in eben der Stellung, wie andere vierfüssige Thiere; und die Bärin wirft zu Anfange des Jänners, also nachdem sie sechs Monate und etwas darüber trächtig gewesen ist. Sie fangen im fünften Jahre an zu zeugen; die Bärinnen bringen zuerst nur ein Junges, in der Folge manchmal eins, manchmal zwey, höchstens drey, und bey zunehmendem Alter wieder nur einzelne Junge; nach dem ein und dreyssigsten Jahre ist die eine Bärin nicht mehr zugekommen. Wenn die Beobachtungen Schwedischer Naturverständiger ᵘ) glaubwürdig sind, welches man ihnen wohl nicht gerade zu absprechen kan; so fängt die Paarungszeit der Bäre erst um Bartholomäi an, und dauret, da sie nicht alle zugleich hizig werden, fast den ganzen September hindurch. Die Bärin trägt sechszehn Wochen, oder 112 Tage, und wirft auf ihrem Winterlager, das sie sehr gut zu verbergen weiß, ein bis drey, seltener vier bis fünf Junge. — Das Widersprechende dieser Nachrich-

---

ᵖ) *Hist. anim. l. VI. p. 197.*

ᵠ) *Lib. VIII. c. 36.*

ʳ) Riding. N. Th. Döbel a. a. O.

ˢ) GESN. *quadr. p. 944.*

ᵗ) Des Herrn von Musly, in dem 3. Supplementbande des Hrn. Grafen von Büffon p. 195. u. f.

ᵘ) Man findet sie ausführlich in zwo akademischen Schriften, die beyde unter dem Vorsize des sel. Hrn. Prof. D. Berch zu Upsal sind vertheidiget worden. Die eine, des Herrn Nordholm, vom Wildfange in Jemtland, ward 1749, und die andere, von Herrn Hallerström, vom Westmannländischen Bären- und Wolfsfange, 1750 gehalten. Von beyden ist mir vor kurzem eine handschriftliche Uebersezung zugekommen, die den Herrn Adjunct Georgi in S. Petersburg zum Verfasser hat.

ten fällt in die Augen. Die Erzählungen des Aristoteles und Plinius
sind wohl von keinem Gewichte, da sie wider alle Wahrscheinlichkeit laufen. Ridinger und Döbel scheinen die streitigen Zeiten nur ohngefähr bestimmet zu haben, bestärken jedoch, wenn man sie gehörig berichtigt, die
Bernischen Bemerkungen. Wie soll man aber diese mit den Schwedischen
vereinigen? Die leztern sind ohne Zweifel von schwarzen Bären zu ver-
stehen, die erstern aber an braunen gemacht worden. Unterscheiden sich
etwa beyde Rassen in den Zeiten der Paarung, des Trächtiggehens und
Wurfs? Eine Frage, deren Beantwortung für die Naturgeschichte von
Wichtigkeit ist, da sie über den gemuthmaaßten specifischen Unterschied derselben ein Licht verbreiten würde. Merkwürdig ist, daß, so viel man weiß,
in Ländern, wo es viel Bäre gibt, noch keine Beyspiele erlegter trächtiger
Bärinnen vorgekommen sind ¹). In Schweden ward einmal eine aus
dem Winterlager aufgetrieben, abortirte aber sogleich drey noch fast ganz
nackte Junge, die nicht beym Leben erhalten werden konnten. ²)

Die Bäre kommen gar nicht so unförmlich, wie die Alten gedichtet
haben, zur Welt; vielmehr sind sie artig gebildet. Die neugebohrnen von
der braunen Art sehen bräunlich gelb, und ihre Länge beträgt von der Nase
an bis an den Schwanz nur acht Zoll. Sie liegen vier Wochen blind ³).
Den Schwedischen Nachrichten zufolge sollen sie nach neun Tagen schon
sehen können. Die Mutter säugt sie so lange, bis sie das Winterlager
verläßt, ohne einige Nahrung zu geniessen; die jedoch eine zahme Bärin
nicht verschmähet ⁴⁴). Sie folgen ihr nachgehends den Sommer hindurch, gehen auch mit ihr in das Winterlager; und sie ist für dieselben
so sorgsam, daß es ihr oft das Leben kostet. Im zweyten, auch wohl
im dritten Sommer, wenn sie binnen der Zeit nicht wieder trächtig wird,
fähret sie fort sie bey sich zu behalten. Selten wird eine Bärin vor Ab-
lauf eines Jahres wiederum trächtig. In diesem Falle treibt sie die Jungen von sich. Diese überwintern in ihrer Nachbarschaft, wissen die Mut-

Ttt 3

---

¹) Aristoteles hat dis schon bemerkt   ²) Büffon a. a. O. p. 196.
hist. anim. l. VIII. p. 242.
³) Berch vom Westmannländ. Bärenf.   ⁴⁴) p. 197.
C. II. §. 3.

ter im Frühlinge wieder zu finden, und folgen ihr nebst den leztgebohr nen Jungen.

Im zweyten [bb]) Jahre verwachsen die meisten Bäre die weissen Rin ge, die sie bis dahin um den Hals haben; nur einige, die deswegen Rin gelbäre heissen, behalten sie immer.   Dann fangen sie auch an die Zäh ne zu wechseln.   Sie wachsen bis über das zwanzigste Jahr hinaus, und scheinen also ein ansehnliches Alter zu erreichen, dessen äusserstes Ziel noch unbekannt ist.   Diese Langsamkeit des Wachsthumes ist wohl die Ursache, daß man die Gränzen desselben nicht genau kennt "), daß man also noch keine genaue Vergleichung der Grösse, welche die verschiedenen Sorten der Bäre erreichen, anstellen können, und daß Naturalisten und Jagdverständige in Irrthümer über diesen Punkt verfallen sind. Worm [dd]) z. E. und andere [ee]) sagen, die braunen Bäre seyen kleiner als die schwar zen, wovon gerade das Gegentheil aus zuverläßigen Beobachtungen be kannt ist.

Man gebraucht vom Bär die Häute zu Mützen, Müffen, Ueberzü gen über die Koffer, Pferdedecken und dergleichen, nachdem sie vorher rauch gaar gemacht worden sind.   Das Fleisch ist zum Essen nicht un tauglich; es hat zwar einen süßlichen nicht jedermann angenehmen Ge schmack, ist aber eine geschäzte Kost der Lappen und mancher Sibirischen Nationen, die sich von der Jagd nähren.   Die Tazen finden aber selbst auf den Tafeln der Europäischen Grossen unter den Leckerbissen einen Plaz.   Der Bär wird theils auf dem Anstande [ff]), theils in Treibjagen

---

[bb]) Im vierten oder fünften Ridinger.

[ee]) Man hat in Pohlen Bärenhäute von beynahe sechs, andere von fünf Ellen ge habt; und achtfüßige werden nicht selten nach Danzig gebracht, wie Klein quadr. p. 82. aus dem Rzaczinski anführt.

[dd]) Muſ. Worm. p. 318.

[ee]) Gadd. Döbel ꝛc. ꝛc.

[ff]) Bey der Gelegenheit fällt im Norden zuweilen ein fürchterlicher Zweykampf zwi schen dem Schützen und Bäre, wenn dieser nicht recht getroffen ist, vor, wo sich jener seines Schneidemessers bedient, um den Bär zu erlegen.   Ein solcher schauer voller Auftritt ist des Herrn Kerguelen Tremarek Reise nach Island abgebil det.   S. die A. H. d. R. XXI. Th. tab. B. S. 55.

geſchoſſen *g*); theils mit Selbſtſchüſſen *hh*) erlegt; theils in Fallen *ii*)
oder mit andern Vorrichtungen gefangen. Einige derſelben ſind Erfindun-
gen uncultivirter Völkerſchaften, aber dennoch ſinnreich. In Oeſterbotten
und in Kamtſchatka befeſtiget man viele ſpizige und mit Wiederhaaken
verſehene Eiſen in einen ſchweren Rahm oder ein Bret, und legt es dem
Bäre ſo in den Weg, daß er darauf treten muß. So bald er mit
einer Taze hängen geblieben, ſucht er ſich mit der andern loszuhelfen,
macht ſich aber damit und hernach auch mit den übrigen beyden feſt *hh*).
Die Bauren an der Lena und dem Jlim in Sibirien ſtellen ihnen an
Anhöhen Schlingen, deren jede mit einem Stricke an einem Kloze hängt.
Sobald er die Schlinge um den Hals hat, und im Fortgehen durch
den Kloz aufgehalten wird, ergrimmt er über denſelben, hebt ihn auf
und wirft ihn zur Anhöhe hinab, wird aber zugleich mit hinunter geriſ-
ſen. Wenn er nicht auf einmal tod bleibt, ſo trägt er den Kloz wieder
hinauf, wirft ihn noch einmal hinunter und wiederholt ſolches ſo lange,
bis er liegen bleibt *k*). Die tatariſchen Einwohner des uraliſchen Gebir-
ges hängen auf den Bäumen, wo ſie ihre Bienenſtöcke haben, an den
von dieſen am meiſten entfernten Zweigen, mit langen Seilen ein Bret
waagerecht ſo auf, daß es vor das Honiggehäuſe gebracht, und mit einem Baſtſtricke feſt an den Stamm gebunden werden kan. Der Bär
findet dieſen Siz bequem, um den Bienenſtock öfnen zu können; ſeine
erſte Arbeit iſt, den Baſtſtrick, welcher das Bret am Stamme hält,
wegzureiſſen, und aſſobald entfernt ſich dieſes und ſchwebt mit dem darauf ſizenden Thiere in der Luft. Fällt der Bär nicht in der erſten Be-
ſtürzung herab: ſo muß er ſich entweder zu einem gefährlichen Sprunge
entſchlieſſen, oder geduldig auf dem Brete ſizen bleiben. Auf beyde erſtere
Fälle ſind geſchärfte hölzerne Pfäle unter dem Baum eingeſchlagen, in
lezterem aber wird er mit Kugeln erlegt *mm*).

gg) Verch C.I. §.6.

hh) §.12 Döbels J.V. II.Th. S.
125. Eine Art Selbſtſchüſſe mit Pfeilen
erwähnt der Herr Prof. Pallas R. II.Th.
S. 19.

ii) Döbel a. a. D. Georgi Reiſe

I. Th. S. 135. Lepechins R. I. Th.
S. 19.

k) Gadd a. a. O. S. 282. Stellers Kamtſch. S. 115.

ll) Steller ebendaſ.

mm) Pallas R. II.Th. S. 19.

Von den Lappen, wenigstens denen, die sich von dem Aberglauben
des Heidenthums noch nicht ganz gereiniget haben, wird der Bärenfang
mit vielen seltsamen Gebräuchen verrichtet, die sich auf die abentheuerli-
chen Begebenheiten eines Bäres, der eine Lappin entführet und zur Gat-
tin behalten, endlich aber von ihren Verwandten erlegt worden, bezie-
het [nn]. Sonderbar ist es doch, daß man auch in der Schweiz ein ähnliches Mährchen erzählet [oo]. Die Aehnlichkeit des Bäres mit dem Menschen scheinet dazu Anleitung gegeben zu haben; woferne nicht gewisse hi-
storische Thatsachen dabey zum Grunde liegen.

Ich habe noch nichts von den Bären der neuen Welt gesagt. Daß
es deren viele in Nordamerica gebe, ist aus den Beschreibungen, die wir
von den Provinzen desselben haben, bekannt. Man findet aber auch in
Mexico, in Peru und am Amazonenflusse welche, und sie scheinen bloß
in Chili und Patagonien zu fehlen [pp]. Ob sie aber mit den Bären der
alten Welt der Art nach übereinkommen, oder nicht, diß scheint mir
noch nicht ganz ausgemacht zu seyn, ohnerachtet es gemeiniglich für un-
zweifelhaft angenommen wird. Der Kopf hat eine etwas größere Länge
als an den europäischen Bären; indem das Ende der Schnauze weniger
platt ist [qq]. Die Ohren sind auch länger, das Haar stärker [rr], weich,
gerade und lang wie das Haar des Coaita. Die Farbe schön schwarz [ss].
Die Backen sehen gelbbraun, wie an unseren Fleischerhunden. Der Herr
Professor Pallas versichert mich andere Verhältnisse an ihnen gefunden zu
haben, und ist daher geneigt, sie für eine verschiedene Gattung anzunehmen. In der Grösse geben sie den Europäischen Bären nichts nach.
Ein am Fluß St. Johns in Ostflorida geschossener Bär hatte eine Länge von sieben Fuß vom Ende der Nase an bis zum Schwanze, wog
vierhundert Pfund, und gab an ausgelassenem Fette 60 Pinten pariser
Maaß

[nn] Der Herr Probst Fiellström erzählt
diese und beschreibt sie in dem berättelse
om Lappárnas björna-fänge. Stockh.
1755. 8.

[oo] GESNER quadrup. p. 944.

[pp] ZIMMERM. sp. zool. geogr.
p. 278.

[qq] BUFFON suppl. tom. 3. p. 199.

[rr] KALM Resa til N. America II.
p. 244.

Maaß [u]). Er frißt Vegetabilien; und liebt insonderheit die nordamericanischen Weintrauben [ss]), und, wenn er aus seinem Winterlager [tt])
heraus gehet, die americanische Bärenwurzel [uu]). Fleisch ist seine Speise
ebenfalls, aber seltener, und er soll dem Menschen wenig Gefahr bringen.
Wenn er ein Stück Vieh niedergerissen hat: so beißt er ein loch in die
Haut, und bläset hinein, daß das Thier aufschwillt. Dis hat wenigstens Herr Bartram in Philadelphia dem Herrn Prof. Kalm erzählet [xx]).
Andere Reisende versichern, er fresse gar kein Fleisch, auch nicht für
Hunger, sondern nähre sich blos von Eicheln und andern Früchten, und
sey ein grosser Liebhaber von Honig und Milch [yy]). Unter den vielen
Bären, die jährlich in America erlegt werden, ist selten eine Bärin;
trächtige hat man auch hier noch nicht bekommen [zz]). Das Fleisch wird
in Nordamerica frisch und geräuchert gegessen; das Fett gebrauchen die
Wilden wie eine Salbe [zz*]). Die Häute werden stark nach Europa
verführet.

2.
Der Eisbär.
Tab. CXLI.

Vrfus maritimus. LINN. *syst. p.* 47.

Vrfus maritimus; Vrfus albus, cauda abrupta, capite colloque
elongatis. ERXL. *mamm. p.* 160.

Vrfus marinus. Pall. R. III. Th. S. 691.

Vrfus albus; V. albus, cauda unicolore. BRISS. *quadr. p.* 188.

Vrfus albus. IONST. *quadr. p.* 126. *Muf. Worm. p.* 319.
KLEIN *quadr. p.* 82.

[ss]) BVFF. a. a. O. aus einer Nachricht des Herrn Bartram.

[ss*]) Vitis Labrusca und vulpina
LINN. *fp. pl. p.* 293. KALM. *II.*
S. 469.

[tt]) A. H. d. N. XVII. Th. S. 83.

[uu]) Dracontium foetidum LINN. *fp.
pl. p.* 1372. KALM. *III.* S. 47.
[xx]) *III.* S. 246.
[yy]) LE PAGE DU PRATZ *hist.
de la Louisiane tom. II. p.* 77.
[zz]) LAWSON a. a. O. S. 117.
[zz*]) KALM *II.* S. 247. *III.* S. 245.

Uuu

Ours blanc. BVFF. 15. p. 128. suppl. tom. 3. p. 200. t. 34. Die Pennantische Figur, aber schöner gezeichnet.

Polar bear. PENN. quadr. p. 192. n. 139. t. 20. f. 1.

Der weisse Bär. Martens Spitzbergische R. p. 73. tab. O. fig. C. Ridingers Bären tab. 3. Cranz Hist. von Grönl. I. Th. S. 98.

Nennok; Grönländisch.

Der Kopf ist grösser, der Schädel mehr gewölbt und die Schnauze dicker als am Landbär. Die Nase grösser [a]), und die Nasenlöcher offner, auch nicht runzlich. Die Oeffnung des Rachens ist verhältnißmäßig kleiner, mithin an der untern Lippe nur zehn Zacken. Von den Vorderzähnen sind die beyden äussersten durch einen gar nicht tiefen Einschnitt in zween Theile getheilt (bilobi). Die Backenzähne haben einen noch ungleichern Abstand von den Seitenzähnen; ihrer sind oben und unten an jeder Seite drey; oben stehet vor denselben ein viel kleinerer, und mitten zwischen diesem und dem Seitenzahne ein ganz kleiner stumpfer Zahn. Barthaare hat er kaum einige, und wenigere Borsten über den Augen. Die Augenlieder haben keine Wimpern; der Stern ist braun und fällt ins graue. Die Ohren sind viel kleiner als am Landbäre, und länglich rund. Der Hals ist dünner. Die Füsse haben fünf Zehen (die kürzere Daumenzehe mit eingerechnet), welche mit starken Falten halb verbunden sind. Die Schwielen der Fußsohlen sind kleiner, und mit weichen Haaren umgeben; die starke Schwiele, die der Landbär am Gelenke des vordern Fusses hat, fehlt. Der Schwanz ist sehr kurz, dicke, stumpf, und ragt kaum aus dem Pelze hervor. Der Pelz ist milchweiß, fällt aber etwas ins gelbliche; von Haaren zärter und glänzender als am Landbäre. Die Länge beträgt sieben bis acht Fuß und drüber [b]); man hat Häute zu zwölf Fuß von Eisbären gehabt [c]) [d]).

---

[a]) Ihre Farbe ist schwarz, und so sehen auch die Klauen. Martens S. 73.

[b]) Obige Beschreibung ist vom Herrn Prof Pallas, der sie nach einem lebendigen Thiere gemacht hat.

[c]) A. H. d. R. XVII. Th. S. 115. 116.

[d]) Ein 7 englische Fuß langer Eisbär, den die Engländer von des Cap. Phipps Schiffe, auf Spitzbergen, schossen, wog ohne Kopf, Haut und Eingeweide 610

Der Eisbär wohnt innerhalb des nordlichen Polarzirkels, auf den Küſten von Grönland *), Nowoja Semlja und den darunter liegenden Küſten von Sibirien *); beſonders wimmeln davon Spitzbergen und die übrigen benachbarten Inſeln des Eismeeres ⁸), nebſt den weit ausgebreiteten Eisfeldern deſſelben, vermuthlich bis an den Nordpol. Mit den groſſen Eisſchollen, die ſich davon abſondern und ihren Lauf ſüdwärts nehmen, kommen bisweilen einzelne auf die nordliche Küſte von Island und Norwegen, auch an die Küſte von Labrador bis nach Newfoundland herunter. Sie bleiben aber daſelbſt nicht, ſondern kehren, wenn ſie nicht erlegt werden, auf andern Eisſchollen wieder zurück ⁶). Tiefer ins Land gehen ſie niemals.

Der Fraß dieſes auſſerordentlich gefräſſigen Thieres beſtehet in Fiſchen, die es dem Fleiſche vorziehet, beſonders wenn ſie gefroren ſind ′); Vögeln und ihren Eyern; Robben, Wallroſſen und Wallfiſchen, wenn leztere beyde noch jung, oder tod ſind; Leichen, die es aus den Gräbern ausſcharret. Es fällt Menſchen an, ohne ſich an überlegene Zahl oder Gewehr zu kehren. Es frißt ſogar ſeines gleichen ʰ).

Der Eisbär iſt träger und langſamer als der Landbär. Er ſchwimmt fertig, kan es lange aushalten, und auf kurze Zeit untertauchen. Seine Stimme iſt tiefer als des Landbäres ſeine, und mehr brüllend ′). Martens vergleicht ſie mit dem Geſchrey eines heiſern Hundes.

Im Winter, wenn die Sonne nicht mehr aufgehet, verbirgt er ſich unter dem Schnee, in welchen er ſich dazu Gruben macht ′); und kömmt wieder hervor, wenn die Sonne wieder anfängt aufzugehen ᵐ).

Uuu 2

Pfund. PHIPPS voy. towards the North-pole p.185.

*) Den mittlern Theil der Weſtküſte ausgenommen. Cranz Gr. H. 1. Th. S. 98.

f) U. H. d. N. XVII. Th. S. 107. u. f.

8) Martens. Phipps.
ʰ) Olaffen Beſchreib. v. Isl. 1. Th. S.
′) Pallas a. a. O.
k) U. H. d. N. XVII. Th. S. 134.
′) Egede Beſchr. von Grönl. S. 84.
ᵐ) U. H. d. N. XVII. Th. S. 125.

Die Eisbärin bringt auf einmal zwey Junge, die ihr, so lange sie klein sind, überall folgen, und von ihr nie verlassen werden.   Sie sterben lieber, als sie sich trennen lassen.

Das Fleisch wird von einigen gegessen.   Das Fett ausgelassen und als Thran verbraucht.   In den Lampen riecht es nicht so widrig als Wallfischthran *).

Man pflegt die Eisbäre mit Feuergewehren oder Spiessen zu erlegen. Mit Schlägen auf den Kopf sind sie schwer zu tödten *).

3.
Der Dachs.
Tab. CXLII.

Vrſus Meles; Vrſus cauda concolore, corpore ſupra cinereo ſubtus nigro, faſcia trans oculos auresque nigra. LINN. ſyſt. p. 70. n. 2.

Meles pilis ex ſordide albo et nigro variegatis veſtita, capite tæniis alternatim albis et nigris variegata. BRISS. quadr. p. 183.

Meles. GESN. quadr. p. 637.   Die Fig. p. 636.

Taxus. ALDROV. dig. p. 263. Die Fig. p. 267.   IONST. quadr. p. 146. t. 63. RAI. ſyn. p. 185.   KLEIN. quadr. p. 73.

Blaireau. BVFF. 7. p. 104. tab. 7. 8.

Badger. PENN. zool. p. 30.

Common badger. PENN. quadr. p. 201. n. 142.

Tachs. Riding. jagdb. Th. tab. 17.

Taſſo, Italiänisch. Texon; Bivaro; Spanisch. Texugo; Tei-

*) Martens S. 74. 75.

xugo; Portugiesisch. Taisson; Blaireau; Grisart; Französisch.
Das; Holländisch.

Badger; Brock; Gray; Englisch. Grævling; Brock; Dänisch.
Gräf-swin; Schwedisch.

Pryf llwyd; Pryf penfrith. Cambrisch.

Borsuk; Iaswiëtz; Polnisch. Barssuk; Iaswetz; Russisch. Bors;
Ungarisch. Dorrakon; Tungusisch.

Die Schnauze ist an der Spize dünne, verdickt sich aber nicht weit
hinter der Nase, und bekömmt dadurch eine kleine Einbiegung daselbst.
Die Augen sind klein. Die Ohren länglich rund. Der Hals kurz und
dicke. Der Leib dicke. Langes borstenartiges Haar bedeckt ihn von den
Ohren an, welche schon zum Theil darinn versteckt liegen. Der sehr
kurze Schwanz scheint fast aus lauter langem Haar zu bestehen. Unter
demselben, über dem After, ist eine Oefnung, die zu einem Sacke führet, in welchen die Abzugsröhren anliegender Drüsen eine schmierige Materie ablegen *). Säugwarzen hat er sechse; eine auf der Brust, und
zwo auf dem Bauche an jeder Seite. Die Beine sind kurz. Alle
Füsse haben fünf Zehen. An den vordern sind die Klauen um vieles
länger als an den hintern.

Die Grundfarbe des Kopfes ist weiß. An jeder Seite der Schnauze fängt hinter der Nase ein schwarzer Streif an, macht gleich vorn einen Haaken nach der Lippe herunter, gehet dann über die Augen und
Ohren weg, wird immer breiter, und verliert sich endlich auf dem Halse. Das Haar auf den Ohren siehet weiß. Der Rücken ist weißgrau
und schwarz melirt; weil jedes lange Haar, dessen unterster Theil weißgelblich aussiehet, in der Mitte einen schwarzen Fleck, und eine weißgraue
Spize hat. An den Seiten des Leibes und am Schwanze mengt sich ein
röthlicher Anstrich darunter. Kinn, Kehle, Brust und Bauch nebst den
Füssen sind schwarzbraun. Die Länge des Thieres beträgt etwas über
zween Fuß.

Uuu 3

*) Büffon tab. 8. BC. tab. 9.

Die obern Vorderzähne sind merklich breiter, und, wenn man sie nach hinweg genommenen weichen Theilen betrachtet, auch länger als die untern, und stehen in gerader Linie.   Von den untern stehen die zween zunächst an den mittelsten befindlichen etwas weiter hineinwärts, sind auch etwas grösser als diese.   Die grösten aber sind oben und unten die äusersten, welche schief abgestuzt sind.   Alle Vorderzähne haben auf der auswendigen Fläche eine flache Furche nach der Länge herunter.   Die obern Seitenzähne sind meist gerade; die untern von der Mitte an hinterwärts gebogen.   Backenzähne: in der obern Kinnlade auf jeder Seite fünfe, wovon der hinterste überaus groß, breit und flach, jedoch uneben; die drey folgenden stufenweise kleiner und spizig sind; der fünfte, der an den nächsten Backzahn sowohl als an den Seitenzahn anstößt, ist äusserst klein und gehet bey zunehmendem Alter des Thieres so verloren, daß man seine Stelle nicht einmal mehr wahrnimmt.   In der untern Kinnlade stehen sechs Paar Backzähne.   Die beyden hintersten sind breit und flach; der lezte kleiner und flächer als der folgende, welcher lang und schmal ist und kurze Zacken hat; die drey nächsten sind spizig, der sechste aber, welcher den Raum zwischen dem leztern derselben und dem Seitenzahne füllet, ist wiederum überaus klein und in einem alten Thiere selten mehr anzutreffen.   Merkwürdig ist an dem Dachse, daß die Ränder der Pfannen, in welchen sich die Köpfe der untern Kinnlade bewegen, so um diese herum anschliessen, daß die Kinnlade ohnmöglich vorwärts, sondern nur auf und nieder und nach beyden Seiten bewegt werden kan, und auch bey Bereitung des Geripppes nicht heraus fällt. Ein Bau, der eine grosse Stärke im Bisse, aber langsames Kauen verursacht [b]).

Der Dachs wird in den mehresten Ländern von Europa, diejenigen die ohngefähr über den sechzigsten Grad der nordlichen Breite liegen, ausgenommen; und in dem nordlichen Asien, über der caspischen See

---

[b]) Meines Wissens hat kein Thier eine so verwahrte untere Kinnlade, ausser die Hyäne, wenn anders ein Schädel, den ich dafür halte, wirklich von diesem Thiere ist. Am Fischotter ist sie fast eben so in die Pfanne eingeschlossen, kan aber dennoch vorwärts weichen, wenn sie weit genug von der obern entfernet wird.

und in derſelben Breite oſtwärts bis in China hinein angetroffen *). Er
lebt einzeln und einſam in der unterirdiſchen Höle, die er ſich, beſonders
an ſtillen waldigten Orten gräbt. Sie beſteht aus dem Keſſel, in welchem er wohnt; und wenigſtens zwo ſchräge nach dem Keſſel hinunter ge-
führten Röhren, durch deren eine er aus und ein gehet, durch die andere aber, die minder gangbar iſt, im Nothfalle die Flucht nimmt. Bisweilen hat ein Bau mehrere Röhren. In dieſer Behauſung bringt er
den Tag ſchlafend zu, und gehet in der Nacht heraus, wagt ſich aber
ſelten ins Freye, wenn ſie helle iſt. Seine Speiſe beſtehet in Wurzeln,
Eicheln und Holzobſte, Fröſchen, Miſtkäfern und andern Inſecten, Hum-
melhonig, Eyern von Vögeln, auch wohl jungen Vögeln und kleinen
Thieren. Er frißt wenig, und trägt zwar etwas, aber ebenfalls nur
wenig, in ſeinen Bau. Die Ruhe macht ihn aber dennoch überaus
fett. Am fetteſten iſt er im Herbſte; dann trägt er Laub in ſeine Höle,
macht ſich davon ein Bette, ruhet den Winter hindurch darauf ohne
auszugehen, und wenn er nicht ſchläft (er ſchläft aber wirklich nicht un-
unterbrochen), ſo ſaugt er die Feuchtigkeit, die ſich in dem unter ſeinem
Schwanze befindlichen Sacke ſammlet. Sein Lauf iſt nicht ſchnell; ein
Menſch, der ſtark gehet, kan ihn einholen. Noch viel leichter die Hunde. Wenn er von dieſen angefallen wird: ſo legt er ſich auf den Rücken, und vertheidigt ſich mit dem Gebiß und den Klauen ſehr beherzt
und nachdrücklich.

Jeder Dachs hat ſeine Dächſin. Die Zeit der Paarung iſt im November oder zu Anfange des Decembers. Sie trägt neun Wochen,
und bringt im Februar drey, vier bis fünf Junge, die anfänglich blind
ſind, und bey der Mutter bleiben, bis ſie ſich wieder paaret *).

Das Fleiſch des Dachſes iſt allenfalls eßbar *), und das Fett in
den Apotheken eingeführet. Von dem Balge wird wenig Gebrauch gemacht.
Man fängt die Dächſe in Schlagbäumen, mit Eiſen, oder gräbt ſie aus.
Sie laſſen ſich ſo zahm machen, wenn ſie ganz jung auferzogen werden,
daß ſie hinter ihrem Wärter herlaufen. Zur Nahrung nehmen ſie ſo-

*) ZIMMERM. zool, geogr. p.322.   *) In Peking wird es auf dem Markte
*) Döbels Jägerpr. S.37.   verkauft. BELL'S travels II. p.83.

dann rohes Fleisch, Fische, Butter, Brod, Rüben und **andere Wurzeln**, auch zubereitete Speisen an.

Es ist gewöhnlich, die Dächse in Hunde- und Schweinedächse ˢ) einzutheilen.. Noch kennet man aber in Teutschland, Frankreich und vermuthlich überall in Europa nur einerley Art, und wenn wirklich bisweilen kleine Abänderungen in der Gestalt und Farbe vorkommen: so sind sie doch nicht so wichtig, daß sie den Naturkündiger bewegen könnten, zwo Arten anzunehmen. Ein weisser Dachs mit gelb röthlichen und dunkel castanienfarbigen Flecken ist 1724 bey Hubertsburg in Sachsen ausgegraben worden ⁸); eine Ausartung, die selten vorkömmt.

4.
Der labradorische Dachs.
Tab. CXLII. B.

American badger. PENN. *quadr*. p. 202. *n*. 143.

Carcajou. BVFF. *suppl.* 3. p. 242. *tab.* 49.

In der Gestalt kommt er völlig mit dem gemeinen Dachse überein, ist aber kleiner und hat nur vier Zehen an den Vorderfüssen, längeres **und** weicheres Haar und eine andere Zeichnung auf dem Kopfe. **Denn auf dem** weissen Grunde desselben laufen zween schwarze, etwas hinter **der Nase** entspringende Streife über die Augen hin, aber ohne die Ohren zu berühren, welche eine abgesonderte schwarze Einfassung haben. Die Ohren sind kurz und weiß. Die Farbe des Rückens ist graulich weiß; genau betrachtet, siehet jedes Haar unten bis zur Mitte hellbraun, weiter hinauf gelbbräunlich, dann schwarz und an der Spize weiß. Kehle, Brust und Bauch sind weiß. Die Beine dunkelbraun. Der Schwanz hat am Ende lange gelbbräunliche Haare. Die Länge des Thieres beträgt zween Fuß und zween Zoll; des Schwanzes ohne die

Haare

ˢ) Teſſons chenins et porchins. DU- ⁸) **Ridingers** allerley Thiere *tab.*
FOUILLOUX *venerie* p. 72. 73.   24.

Haare, noch nicht vier Zoll; die längſte Klaue an den **Vorderfüſſen** hat ſechzehen, an den Hinterfüſſen aber ſieben Linien [a]).

Er wohnt in Labrador und um die Hudſonsbay.

Der weiſſe Dachs.

Meles alba; M. ſupra alba, infra ex albo flavicans. BRISS. *quadr.* p. 185.

Ein von Herrn Briſſon unter die Gattungen aufgenommenes Thier, iſt dem gemeinen Dachſe ſehr ähnlich, aber oben weiß, unten gelb-lich, und viel kleiner, denn er miſſet nur 21 Zoll ohne den 9 Zoll lan-gen Schwanz. Sein Vaterland iſt Neuyork, und es iſt, das wenige angeführte ausgenommen, noch unbekannt.

5.
Der Schupp.
Tab. CXLIII.

Vrſus Lotor; Vrſus cauda annulata, faſcia per oculos transver-ſali nigra. LINN. *ſyſt.* p. 70. **n. 3.**

Vrſus cauda elongata. LINN. **Abh. der kön.** Schwed. Akad. 1747. S. 300. *tab.* 9.

Vrſus Coati; Vrſus cauda annulatim variegata. BRISS. *quadr.* p. 189.

Mapach. FERNAND. *an. n. H.* p. 1. *Nieremb. hiſt. n.* p. 175. mit einer ſchlechten Figur. IONST. *quadr.* t. 74.

Vulpi affinis americana, Coati Braſilienſibus. RAI. *ſyn.* p. 179. CATESB. *Carol. app.* p. 29.

Raccoon. LAWS. *Carol.* p. 121. mit einer Fig. PENN. *quadr.* p. 199. *n.* 141.

---

[a]) Nach der Beſchreibung des Hrn. Aubry im Büff. Suppl. a. a. O. und des Herrn Pennant.

Raton. BVFF. 8. *p.* 337. *tab.* 43. *suppl. tom.* 3. *p.* 215

Wilde zibetartige Kaze mit spiziger Schnauze, von der Insel Cajenne. Müllers *delic. nat. sel. tom.* 2 *p.* 99. *tab.* K. I. *fig.* 2. eine illuminirte Abbildung.

Attijhro; bey den Irokesen. Raccoon; bey den Engländern. Hespan; Espan; bey den Holländern und Schweden in America.

Der Kopf ist hinten breit; die Schnauze kurz und spizig; die Nase ragt über die untere Kinnlade hervor; die Augen sind groß und grünlich; die Ohren kurz und länglich rund; der Hals kurz; der Rücken gewölbt; der Schwanz halb so lang als der Leib. Die Vorderbeine sind, wenn der Schupp auf den Zehen stehet, viel kürzer als die hintern. Das Haar auf dem Kopfe und den Beinen ist kurz, am Leibe lang und emporgerichtet. Der Kopf ist braun; die Stirne weißlich; quer über die Augen gehet eine schwarzbraune in der Mitte getheilte Binde, die ein schwarzbrauner mitten auf dem Gesichte hinlaufender Strich daselbst kreuzt. Die Bartborsten sehen weiß. Der Leib ist braun mit gelblich und schwarz überlaufen; braun sehen die Spizen der Wollhaare, das längere Haar in der Mitte gelblich, und schwarz an der Spize. Kehle, Brust und Bauch röthlich mit weiß vermischt. Der Schwanz rothgelblich mit schwarzen braun überlaufenen Querstreifen gezeichnet. Die Füsse dunkelbraun mit weißgrau vermengt. Die Fußsolen und Klauen schwarz. Die Länge des Thieres, beynahe zween Fuß, des Schwanzes, ein Fuß.

In dem Gebisse kömmt er mit dem Dachs überein, hat aber oben und unten sechs Paar Backzähne, wovon das lezte nicht die Grösse hat, die ich oben am Dachse bemerkt habe *a*).

Er wohnt in Nordamerica nordwärts, bis zum 43 Grade der Breite, am südlichsten in Mexico *b*); auf den Inseln S. Maria zwischen der Südspize von Californien und Capo Corientes *c*); auf den Gebirgen

---

a) Daubenton.   *c*) Dampier. A. H. d. N. XII. Th.
b) ZIMMERM. *zool. geogr. p.* 490. S. 400.

von Jamaica⁴) und andern antilliſchen Inſeln. Seinen Aufenthalt hat
er mehrentheils in holen Bäumen.

Die Speiſen dieſes Thieres beſtehen in Mays, wenn die Aehren
noch weich ſind; in Zuckerrohr; in allerley Baumfrüchten, beſonders Aepfeln, Kaſtanien, wilden Weintrauben u. d. gl. Vorzüglich auch in Vogelenern, welche er ausſäuft, nachdem er zuvor die brütende Mutter vertrieben oder tod gebiſſen hat; er iſt deswegen dem wilden und zahmen
Geflügel gefährlich.

Seiner Nahrung geht er in der Nacht nach; am Tage kömmt er
nicht zum Vorſchein, auſſer etwa wenn das Wetter ſehr trübe iſt. Bey
ſchlimmer Witterung, beſonders im Winter bey Schnee- und Sturmwetter, liegt er Wochenweiſe in ſeinem Schlupfwinkel und ſaugt an den
Tazen. Er hat einen ſchiefen lahmen Gang, und in ſelbigem viel Aehnlichkeit mit dem Bäre. Wenn er ſtille ſtehet, tritt er auf die Ferſen,
im Gehen aber auf die Zähen auf Den Rücken trägt er gewölbt und
den Kopf geſenkt. Er hüpft auch leicht und behend aufrecht auf den
Hinterfüſſen. Er klettert leicht, und ſteigt, gleich dem Bäre, von den
Bäumen rücklings herunter.

Er wirft, in Penſilvanien, im May zwey bis drey Junge in einem
holen Baume⁵). In ohngefähr dritthalb Jahren erreicht er ſeine völlige
Gröſſe⁶).

Man fängt ihn theils mit Hunden, die ihn ausſpüren und tod beiſ
ſen; wenn er auf einen Baum flüchtet, ſo ſteigt jemand hinauf
und wirft ihn herunter. Theils in Schlingen und Fallen, wobey man
ſich eines Stücks von einem Vogel oder Fiſche zur Azung bedienet. Das
Fleiſch iſt eßbar. Die Bälge werden häufig nach Europa geführet und
Müffe davon gemacht, die Schwänze aber um den Hals getragen. Das
Haar verarbeiten die Hutmacher in Nordamerica zu feinen, den biberhärnen faſt gleichen Hüten⁸).

Xrr 2

⁴) Sloane Iam. 2.tom. p.329.   ᶠ) BVFF. ſuppl.3. p.217.
                                   ᵍ) S. KALMS reſa II. D. p.128.
⁵) Kalm.   129. III. D. p.24. 25.

Unter allen nordamericanischen Thieren wird keines so zahm, als der Schupp. Er wird um deswillen nicht nur dort häufig in den Häusern gehalten, sondern auch nicht selten nach Europa gebracht, wo er die Winter sehr gut aushält. Man kan ihn mit Brod, Fleischwerk, Knochen, Brey, Suppen u. d. gl. unterhalten. Seine Lieblingsspeisen aber sind Eyer, Milch, und alle Arten von Süssigkeiten. Er frißt auch Mäuse, Maulwürfe, Spinnen, Käfer, Regenwürmer, Schnecken u. d. gl. Austern weiß er sehr geschickt zu öfnen. Dagegen verabscheuet er saure Sachen. Er genießt alles auf den Hinterfüssen sizend mit beyden Vorderfüssen, die er, jedoch beyde zusammen, als Hände braucht. Seine Speise taucht er, wenn sie nicht sehr saftig ist, ins Wasser, und rollt sie einige Zeit zwischen den Händen, ehe er sie genießt, als wenn er sie waschen wollte. Die Eyer rollt er eine Weile, beißt darauf ein Loch hinein und säuft sie sehr geschickt aus. Den Vögeln, die er ertappen kan, beißt er den Kopf entzwey, saugt das Blut rein aus und läßt das übrige liegen. Suppen schöpft er mit den holen Händen, und schlurft sie aus denselbigen. Er säuft wenig, und zieht das Wasser in den wagerecht hinein gehaltenen Mund, wie ein Eichhörnchen. Seines Auswurfs entledigt er sich an einem entfernten Orte.

Er klettert ganz leicht an Bretern, Tischen, Betten 2c. auch den Leuten an den Füssen hinauf; lezteres in der Absicht, um ihnen die Taschen zu durchsuchen. Er fährt mit der einen Hand hinein, und holt heraus was ihm anstehet. Das Gefühl dieses Bäres ist sehr fein; er kan mit den Händen oder Vordertazen die feinsten Dinge aus den Taschen oder dem Wasser herausholen. Runde und glatte Sachen rollet er gern in denselben; reibt auch oft die blossen Hände gegen einander, als wenn er sie waschen wollte *). Noch feiner ist der Geruch, welcher ihn zu angenehmen, besonders süssen Dingen leitet, wenn sie auch entfernt oder verschlossen sind. Das Gehör aber ist schwach, und das Gesicht nicht viel besser. Er ist zwar schmeichelhaft, und spielt gerne, dabey aber dennoch eigensinnig, und läßt sich nichts nehmen, auch von nichts wegbringen, worauf er erpicht ist. Versuche von der Art machen ihn

*) Aus einem Briefe des Herrn D. und **Prof.** Hermann in Straßburg.

äufferst unwillig, und der Zorn verräth sich durch einen Laut, welcher der
Stimme einer Möwe gleichet; und durch ein tiefes heiseres Bellen.
Wenn er einmal beleidiget worden: so ist er nie wieder zu versöhnen.
Seine Bisse sind empfindlich.

Er macht kein Lager, leidet auch kein Stroh oder Heu unter sich.
Seine Schlafzeit ist von Mitternacht bis Mittag. Den Nachmittag
bringt er, wo möglich, an der Sonne zu, und geht mit einbrechender
Nacht seinen Geschäften nach, wenn er frey ist. Dann schnüffelt er al-
lenthalben herum, klettert über Mauren und Dächer, und trachtet in die
Viehhöfe zu kommen, wo er unter dem Hausgeflügel binnen kurzer Zeit
grosse Niederlagen anrichtet ').

6.

Der Vielfras.
Tab. CXLIV.

Vrsus Gulo. PALL. GEORGI Reise im Ruß. Reich S 160.

Mustela Gulo; Mustela pedibus fissis, corpore rufo fusco: medio dorsi nigro. LINN. syst. p. 67. Faun. n. 14. HOVTT.
2. p. 189. t. 14. f. 4. GVNNERVS Act. nidros. tom. 3.
p. 123. tab. 3. f. 5. eine schlechte Figur.

Gulo. GESN. quadr. p. 554. mit einer aus dem OLAVS
MAGNVS entlehnten erdichteten Figur. ALDROV. dig. p.
178. IONST. quadr. p. 131. tab. 57. die Gesnerische Abbildung. SCHEFF. Lapp. p. 339. KLEIN quadr. p. 83.
tab. 5. PENN. syn. p. 196. ZIMMERM. spec. zool. geogr.
p. 309. mit einer Beschr. p. 310.

Glouton. BVFF. 13. p. 278. (nebst einer Figur tab. 38* in der
Amsterdammer Ausgabe.) BVFF. suppl. tom. 3. p. 240. tab. 48.

Xxx 3

') S. die oben angeführten Abh. der Daubenton und das Suplément des Hrn.
K. Schwed. Akad. Die Beschr. des Hrn. Gr. von Büffon.

Roſſomaka. NIEREMB. *hiſt. nat.* p. 188.

Järf. *Kongl. Sw. Wet. Acad. Händl.* 1773. p. 222. *tab.* 7. 8.

Järf; Schwediſch. Jærv; Erv; in Norwegen. Kola; um Dront-
heim. Fjällfras; Filfras; Fras; Snop; Snok; bey den
Schwediſch redenden Lappen. Gieedk; bey den Norwegiſchen
Lappen. Roſſamaka; Sclavoniſch, Ruſſiſch. Raſomaka; Polniſch. Tſchatak; Tunguſiſch. Timuch; in Kamtſchatka.

Glutton; Engliſch. Glouton; Franzöſiſch.

Die Schnauze iſt länglich, gegen die Stirne zu dicke. Die Naſe
klein. Die Oberlippe mit vier Reihen langer ſchwarzer Bartborſten beſetzt.
Die Backen ſind etwas eingedrückt. Die Augen klein mit einem blauen [a]),
braunen [b]), oder ſchwarzen [c]) Sterne. Ueber dem Auge ſtehen fünf
ſtarke Borſten, und eine auf dem Backen. Die Ohren ſind kurz und
abgerundet. Er trägt ſie gemeiniglich aufrecht, kan ſie aber vorwärts
richten. Der Hals iſt kurz. Der Leib dicke; der Rücken gewölbt. Die
Beine kurz und ſtark; die hintern kaum etwas länger als die vördern.
Alle vier Füſſe ſind in fünf Zehen getheilt, welche mit langen krummen
weiſſen Klauen bewafnet ſind. Die beyden nächſten an der innerſten
ſind gröſſer als die übrigen. Der Schwanz iſt kurz, und ſtehet gerade aus.

Das Haar auf der Schnauze und dem Kopfe, bis an die Augen,
iſt kurz und glänzend ſchwarzbraun. Hinter denſelben bis an die Ohren
iſt es weißlich mit braun vermengt. Auf den Ohren kurz und grau.
Von da an wird es ſtufenweiſe länger und kaſtanienbraun; an den Seiten etwas heller; ſo auch auf den Schultern, zwiſchen welchen die dunklere Farbe einen ſchmälern Raum einnimmt. Hinter denſelben, alſo mitten auf dem Rücken, fängt ein ſchwarzbrauner faſt herzförmiger Fleck (Spiegel) an, der vorn am breiteſten iſt, und ſich gegen den Schwanz hin zuſpizt.

_____

[a]) IONAS HOLLSTEN *anmärk. diuret järf eller filfras.* Ebendaſ. p.
ningar om *järfwen.* K. S. V. A. H. 225.
p. 231.
[b]) D. LINDWALL *beſkriſning på* [c]) BYFF. *ſuppl.* p. 240.

Von den Schultern ziehet ſich an jeder Seite ein gelblicher [e]) oder ro-
cher [e]) in die angränzenden Farben vertriebener Streif bis auf den
Schwanz, in deſſen Mitte er ſich verlieret.   Bruſt, Bauch [f]) und die
innwendige Seite der Schenkel ſind ſchwarzbraun.   Unter dem Kinne
und zwiſchen den Vorderbeinen ſtehen kleine weiſſe Flecke.   Die ſehr
langhaarigen Schenkel, die Beine und Füſſe ſehen dunkel ſchwarzbraun.
Der Schwanz hat hinterwärts eben die Farbe.   Das Haar hat einen
vortreflichen Glanz. Bisweilen ſtechen zwiſchen den ſchwarzen einzelne ſil-
berweiſſe Haare hervor, am meiſten auf dem Spiegel [g]), und der Balg
ſiehet wie gewäſſert.   Die länge des Thiers beträgt etwas über zween
Fuß; des Schwanzes acht Zoll, wovon die Hälfte bloſſes Haar iſt [h]).

.   Von den Vorderzähnen der obern Kinnlade ſind die äuſſerſten gröſſer als die übrigen. Die in der untern alle gleich lang.   Backenzähne:
oben auf jeder Seite fünfe, wovon zwene gröſſer ſind als die übrigen;
unten eben ſo viel [i]), deren einer viel gröſſer als die übrigen iſt [k]).
Die vordern ſind ſpizig, die hintern zackig.

Der Vielfraß wohnet in Norwegen, Lappland, Schweden, und Sibirien, mithin in den nordlichſten Ländern von Europa und Aſien; in
gebirgigen mit groſſen Waldungen bewachſenen Gegenden, am meiſten um
die Alpen.   Seltener in Pohlen und Curland.   Am ſeltenſten ſiehet man
ihn in Teutſchland: doch iſt ein ſolches Thier bey Frauenſtein in Sach-
ſen, und ein anderes bey Helmſtädt geſchoſſen worden [l]).   Er ſcheint
auch in Nordamerica zu Hauſe zu ſeyn [m]).

[d]) HOLLSTEN p. 232.
[e]) BVFFON ſuppl. p. 241.
[f]) Der Bauch ſchwarz. Ebend.
[g]) HOLLSTEN p. 231.
[h]) D Lindwall und J. Hollſten a.
a. O.   de Seve im Büff. Suppl.
[i]) Sechſe. LINDWALL p. 225.
[k]) DE SEVE p. 241.
[l]) Klein p. 84.   Zimmermann
p. 309. u. f.

[m]) Es iſt um deswillen zu vermuthen,
weil ſo viele andere Thiere dem nordlichen
Aſien und America gemein ſind.   Wüßte
man gewiß, daß das Amarok der Grönländer der Vielfraß ſey, wie es faſt das Anſehen hat: ſo wäre die Sache entſchieden.
Denn dieſes wird in Labrador angetroffen.
E. Cranz Geſch. von Grönland 1 Th.
S. 39. 3 Th. S. 287.

Er nähret sich von dem frischen Fleische und Aase der Elenne und Reene, von Hasen, Mäusen, grossen und kleinen Vögeln, im Sommer auch von allerley Beeren. Er ziehet nicht herum, sondern schränkt sich auf eine gewisse Gegend ein. Da ihm das Reen zu schnell ist, um es im Laufe zu fangen; so pflegt er ihm im Sommer auf Bäumen aufzu-lauren; im Winter aber beschleicht er es, wenn es schläft, oder das Moos unter dem tiefen Schnee hervorsucht, und den Kopf unter dem Schnee hat, springt ihm auf den Rücken und tödtet es. Auf die in Fallen oder Gruben gefangenen Elenne kömmt er gerne zu Gaste, und dis soll oft in Gesellschaft des Fuchses geschehen *). Die Vögel spürt er vom weiten aus, schleicht sich sacht an sie hinan und erwischt nicht selten einen. Im Winter weiß er die Schneehüner °) unter dem Schnee zu fangen. Wenn er zu den Speisekammern der Lappen kommen kan: so plündert er die darinn befindlichen Vorräthe an Fleisch, Fischen, Käse, Butter ꝛc. Daß er viel gefräßiger sey als andere Raubthiere, seinen Raub, wie groß er auch sey, auf einmal auffresse, und sich der genossenen Speise dadurch, daß er sich zwischen zweyen Bäumen hindurch drängt, entledige, ist we-der der gesunden Vernunft noch der Erfahrung gemäß. Was er nicht bezwingen kan, begräbt er, oder schleppet es in eine Felskluft.

Er tritt im Gehen auf die Fersen auf, und ist also im Laufe nicht so schnell, als der Hund. Im Klettern ist er desto geschickter.

Die Vielfrasse begatten sich im Januar, und werfen im May ᵖ), ein, zwey bis drey Junge in den verborgensten Gegenden der Wälder ᑫ), in tiefen unzugänglichen Hölen. Um deswillen werden sie sehr selten ge-funden. Sie sollen bald nach der Geburt graulich seyn, und werden schon im ersten Jahre vollwüchsig. Im Alter verliert der Vielfras die Zähne, und soll sich sodann meistentheils von rothen Ameisen ʳ), deren

Haufen

---

*) Berchs und Nordholms Abh. vom Jemtländischen Wildfange Cap. 2. §. 6.

°) Tetrao Lagopus LINN. Riper.

ᵖ) Im März findet man zuweilen schon Junge. Hollsten S. 232.

ᑫ) Berchs Abh. vom Wildfange in Jemtland §. 6. des 2 Cap.

ʳ) Formica rufa LINN.

Haufen er aufgräbt, erhalten; wovon aber der Balg ſchlecht wird, welcher ſonſt für ein ſehr koſtbares Pelzwerk gilt.

Dieſe Thiere zu fangen, pflegt man in dem nordlichen Schweden ihnen auf Schneeſchuhen nachzuſetzen und ſie mit dem Spieſſe zu erlegen; oder legt ihnen ſtarke Tellereiſen.

Wenn man den Vielfraß jung fängt und aufziehet: ſo wird er ſehr zahm. Er läßt ſich mit allerley rohem Fleiſchwerke, Fiſchen, Knochen, auch gekochten, nur nicht gerne mit vegetabiliſchen Speiſen, unterhalten, die er weder gierig, noch in Menge frißt. Das Waſſer leckt er, wie ein Hund. Sein Auswurf iſt mehrentheils dünne und übelriechend; an ſich hat der Vielfraß keinen üblen Geruch, und hält ſich reinlich. Im Gehen geben ſich die Klauen der Vorderfüſſe auseinander. Er ſchläft faſt mehr bey Tage als in der Nacht, und legt ſich dazu kugelrund nieder, alle vier Beine zuſammen, und bedeckt den Kopf mit dem Schwanze; oder ſtreckt die Beine von ſich. Bey bevorſtehendem ſchlimmen Wetter wird er läuniſch. Er iſt immer in Bewegung, klettert, kratzt, gräbt, wälzt ſich, und läuft mit gewohnten Leuten wie ein Hund. Er geht auch ins Waſſer. Bey zunehmendem Alter gewinnt die Liebe zur Freyheit die Oberhand, wenn man ihn nicht an eine Kette legt; in der Folge äuſſert ſich bisweilen eine gewiſſe Wildheit, und er wird unbändig, wenn man ihn hungern läßt. Wird er mit einem Stocke gereizt: ſo knurret er wie ein Hund, hauet ſodann mit den Pfoten geſchwind zu, wie eine Kaze, und faßt den Stock zwiſchen die Vorderbeine. Er beſitzt im Verhältniß ſeiner Gröſſe eine groſſe Stärke. Die Hunde fällt er an, ob ſie ihn gleich an Gröſſe übertreffen. Im Kampfe mit ihnen bedient er ſich des Gebiſſes und der Klauen zugleich; wenn er aber in die Enge getrieben wird, ſo gibt er einen Strahl von Unrath von ſich, dſſen übler Geruch ſie verſcheucht. Eben das thut er, wenn man ihn allzu böse macht.

Alle vorſtehende Nachrichten ſind Früchte der Bemühung des Hrn. Probſt Genberg zu Offerdal in Jämtland, ein ſolches ſeltenes Thier aufzuziehen, und der Königl. Akademie zu Stockholm zuzuſenden, nach welchem auch die erſte öffentlich bekannt gemachte brauchbare Figur deſ-

selben entworfen worden ist. Der Herr Graf von Büffon, der dieses
Thier aus Rußland lebendig zugeschickt bekommen, hat eine noch richtigere
und weit schönere Abbildung davon machen lassen, die in seinem neuesten
Supplementbande in Kupfer stehet. Tab. CXLIV liefert von jener, und
Tab. CXLIV* von dieser einen Nachstich. Bey Vergleichung derselben
mit den ältern siehet man leicht, von wie geringem Werthe diese sind.
Damit und überhaupt mit der sehr unvollkommenen Kenntniß des Viel-
fraßes, womit man sich vordem begnügen lassen mußte, läßt es noch ei-
nigermaaßen entschuldigen, daß Klein und Brisson den Vielfras mit der
Hyäne verwechselt haben.

Der Herr Graf von Büffon, und Herr Pennant halten mit ihm
folgendes Thier für einerley.

Die Wolverene.

Vrsus luscus; Vrsus cauda elongata, corpore ferrugineo, rostro fusco, fronte plagaque laterali corporis longitudinali
pallida. LINN. *syst.* 71. *n.* 4. ERXL. *mamm.* *p.* 167.

Vrsus freti hudsonis; V. castanei coloris, cauda unicolore, rostro pedibusque nigris. BRISS. *quadr.* *p.* 188.

Quickhatch or wolverene. EDW. *birds* P. 2. *p.* 103. *t.* 103.
ELLIS *Hudf.* I. *p.* 40. *t.* 4. A. H. d. R. XVII. Th.
tab. 3. Die Ellisische Figur.

Wolverene. PENN. *syn.* *p.* 195. *n.* 140. *tab.* 20. *f.* 2.

Carcajou; in Canada? Man hält ihn für dieses Thier.

Es gleicht dem Vielfraße in einigen Stücken der Bildung und
Zeichnung, unterscheidet sich aber in andern. Der Kopf hat Aehnlichkeit mit dem Kopfe des Vielfraßes. Die Schnauze ist kurzhaarig und
schwarz. Hinter den Augen gehet eine weisse Binde über die Stirne
und vor den Ohren hin nach der Kehle zu, die unterhalb der kleinen
braunen Ohren schwarz gefleckt ist. Der Hals unten weiß mit schwar-

zen Querſtreifen. Der Scheitel und die obere Seite des Halſes iſt dunkel caſtanienbraun, wird zwiſchen den Schultern lichter, etwas weiter hinter aber wieder dunkel; hinten auf dem Rücken macht dieſe Farbe einen
Spiegel oder Fleck, wie ihn der Bielfras hat. Auf jeder Schulter
fängt ein heller brauner ins graue fallender Streif an, der ſich am
Schwanze endigt. Dieſer iſt am Anfange heller, gegen die Spitze hin
aber ganz dunkel caſtanienbraun. Die Beine haben eine braune Farbe
von verſchiedenen Schattirungen. Das Haar am Leibe, am Ende des
Schwanzes und den Beinen iſt lang und rauh. Die Füſſe ſind kurzhaarig und ſchwarz; die vordern mit vier, die hintern mit fünf Zehen
verſehen [a]. Die Gröſſe ohngefähr einem Wolfe gleich.

Dieſe Beſchreibung hat Hr. Edwards, nebſt der Figur, nach einem
aus Hudſonsbay nach Londen gebrachten Thiere entworfen. Er fügt hinzu, es habe Aehnlichkeit mit dem Bäre gehabt, ſey mit gebogenem Rücken, den Kopf nahe an der Erde und auf den Ferſen gegangen, ſehr
zahm geweſen und bekannten Leuten nachgelaufen, ohngeachtet es in ſeinem Vaterlande ſehr wild und wegen ſeiner Stärke ſchwer zu fangen
ſey. Ob das Thier von dem Vielfraſſe wirklich unterſchieden ſey, wie
der Herr Prof. Pallas, auch der Herr Prof. Zimmermann [b] dafür halten, verdient weiter unterſucht zu werden.

---

[a] Herr Pennant gibt ihm vorn und hinten fünf Zehen.   [b] p. 311.

Neunzehentes Geschlecht.
Das Beutelthier.

DIDELPHYS.

LINN. *syst. gen. 17. p. 71.*

ERXL. *mamm. gen. 8. p. 73.*

PHILANDER.

BRISS. *quadr. gen. 42. p. 284; 207.*

OPOSSVM.

PENN. *quadr. gen. 22. p. 204.*

Vorderzähne: in der obern Kinnlade zehen; die beyden mittelsten etwas länger als die übrigen. In der untern achte; die beyden mittelsten etwas breiter als die folgenden. Sie sind sämmtlich klein, an der Spize abgerundet, und stehen in einem Halbzirkel.

Seitenzähne: einer an jeder Seite der Vorderzähne, welche in der obern Kinnlade durch eine Lücke von demselben getrennet sind, in der untern aber daran stossen. Die obern Seitenzähne sind viel grösser und stärker als die untern.

Backenzähne: sechs bis sieben oben, und sieben unten auf jeder Seite. Die vordern sind dreyeckig und spizig, die hintern haben eine breite zackige oder stumpfe Krone.

Die Zähne der neunten und folgenden Arten machen von der angezeigten Zahl und Bildung ſtarke Ausnahmen.

Die Füſſe haben durchgehends fünf Zehen. An den vordern liegen ſelbige parallel. Die mittelſte iſt die längſte und
die äuſſern ſtufenweiſe kürzer; alle ſind zuſammengedrückt und
mit ſpizigen Klauen bewafnet. An den hintern iſt die inner-
ſte ein ſtark abgeſonderter und mit keinem Nagel verſehener
Daumen; die übrigen vier Zehen haben eben ſo gebildete, aber
etwas längere und ſtärkere Klauen als die vordern. An allen
ſtehen die Klauen etwas hinter der Spize der Zehen. Die
drey lezten Arten unterſcheiden ſich durch längere Hinterfüſſe,
und zwo davon haben daran nur drey Zehen.

Der Kopf iſt in Verhältniß des Körpers groß und koniſch; die Schnauze lang; der Rachen öfnet ſich bis unter die
Augen; die obere Kinnlade iſt etwas länger als die untere;
die Augen den Ohren näher als der Naſe, und die Stirne
nicht merklich gewölbt; die Ohren groß, länglich, dünne und
von Haaren entblößt. Die Zunge vorn abgerundet, und mit
ſtumpfen Wärzchen wie mit Franſen eingefaßt. Der Leib
lang, hinten etwas dünner als vorn, mit groben wollenartigen
Haaren bedeckt. Der Schwanz nur bis auf eine kleine Entfernung von ſeinem Anfange haarig, dem größten Theile ſeiner Länge nach aber mit kleinen Schuppen bedeckt, wovon jede am Rande mit kurzen ſteifen Haaren eingefaßt iſt. Die
mehreſten Arten haben Wickelſchwänze. Die Beine ſind kurz;
die Fußſohlen kahl, da dieſe Thiere mit auf die Ferſen auf-
treten. Der Hodenſack ſteht am Bauche in einiger Entfernung von dem After, wie eine Geſchwulſt; er iſt kahl; die

Ruthe unter der Haut versteckt; die Eichel derselben zwiespal=
tig; jeder Theil hat auf seiner innern Seite eine Rinne, wel=
che mit ihrer Nachbarin einen einzigen Canal macht, wenn sich
beyde aneinander fügen *). Die Klitoris des Weibchens ist
eben so in zween Theile getheilt; der an den innern Geburts=
theilen befindlichen Abweichungen zu geschweigen *).

Die Weibchen haben ihre Euter am Bauche, deren War=
zen nicht wie sonst gewöhnlich reihenweise, sondern in einem
Kreise stehen. An einigen Arten sind dieselben mit einem
Beutel *) bedeckt, den die Haut des Unterleibes macht, in=
dem sie sich verlängert und unter sich selbst zurück biegt, wo=
durch in der Mitte ein Rand *) entstehet, welcher dem Beutel
zur Oefnung dienet. Dieses ungewöhnliche Behältniß kan
mittelst eigener zwischen der doppelten Haut liegender Muskeln
geöfnet, und wieder völlig verschlossen werden, welche an zween
röhrenförmigen, auf den vordern Rand des Schaambeines auf=
gesezten Knochen *) befestiget sind. Mit diesen Beutelkno=
chen *) sind auch die männlichen Thiere, obgleich diese kei=
ne Beutel haben *), versehen. An andern Arten ist die Ge=
gend des Unterleibes, wo die Zizen stehen, nur mit einer er=
habenen Falte umgeben, die vermittelst der Beutelknochen näher
an dieselbe hingebracht, oder von denselben entfernet werden

---

*) Cowper beschreibt diesen besondern
Bau an dem Opossum, Daubenton
an der Marmose und dem Cayopollin. a.
b. a. O.
*) Tyson hat selbige an dem Opos=
sum, Daubenton an demselben und der
Marmose umständlich beschrieben. Eben=
das.

*) BVFF. *10. tab. 47.* BL.
*) PQ.
*) *Tab. 51. fig. 3.* NO. PQ.
*) Ossa marsupialia f. janitores mar=
supii TYSON. Os surnumeraires du
bassin DAVBENTON.
*) COWPER in VALENT. am=
phith. zoot. tom. 1. p. 136.

kan; und also gleichsam einen unvollkommenen, stets offenen
Beutel ausmacht. Auch von diesen haben die Männchen, so
viel bekannt ist, gedachte Knochen, welche also mit unter die
generischen Kennzeichen der Beutelthiere gehören.

Alle Arten sind Einwohner warmer Länder, vorzüglich
in America, wo man sie in den Wäldern findet. Die meisten
graben sich Hölen unter die Erde, halten sich aber viel auf
den Bäumen auf, welche sie zu besteigen um desto geschickter
sind, da sie dazu ausser den Füssen noch den Schwanz nuzen
können *). Ihr Gang ist dagegen ziemlich langsam. Sie
nähren sich von Früchten, und anderer vegetabilischer Kost,
zugleich aber auch von Geflügel und allerley Insecten und
Gewürme.

Die Weibchen werfen mehrere überaus kleine und unförm-
liche, blinde, nackte, unzeitigen Geburten ähnliche Junge,
welche sich bald nach der Geburt an die Zizen der Mutter
hängen, und so lange daran bleiben, bis sie Haare bekommen,
sehen und laufen lernen.

Wie übrigens den Beutelthieren die Gestalt und Lage der Theile des
Kopfes einige, jedoch entfernte Aehnlichkeit mit den Füchsen; der schup-
pigte Schwanz aber, zumal der langgeschwänzten Arten, mit einem Theile der Mäuse gibt: so nähert sie dagegen der Bau der hintern Füsse,
welches wahre Hände sind, den Makis '). Andere Umstände ihrer Bildung aber, vornehmlich der Zähne und Geschlechtstheile, sezen sie in
einen merklichen Abstand von allen übrigen Säugthiergeschlechtern.

*) Die Arten, deren Gerippe bekannt   ') S. oben S. 134.
sind, haben, gleich andern kletternden Thieren, Schlüsselbeine.

I.

Das Marſupial.

Tab. CXLV.

Didelphys marſupialis.　LINN. *ſyſt.* p. 71. *n.* I. PALL. *mi-
ſcell.* p. 63.

Philander amboinenſis; P. atro ſpadiceus in dorſo, in ventre **ex**
albido cinereo flavicans; maculis ſupra oculos obſcure fuſcis.
BRISS. *quadr.* p. 209.

Philander maximus orientalis.　SEB. *theſ.* I. p. 64. *tab.* 39.
KLEIN. *quadr.* p. 59.

　　Die **gröſſte** Art unter den Beutelthieren. Der Kopf iſt gröſſer und
die Schnauze länger als an den folgenden. Die Bartborſten ſtehen in
fünf Reihen und ſind **ſtark** und ſehr lang. Hinter dem Mundwinkel ſtehet auf jeder Seite eine Warze mit ſechs langen in zwo ſchiefe Reihen
geſtellten Borſten; über jedem Auge zwo, und an dem Kinne einige einzelne Borſten von weiſſer Farbe. Die Zähne ſind wie an der folgenden
Art. Die Ohren oval, ſchlaff, unten, wo ſie anfangen, am äuſſern
Rande **mit** einem Läppchen gefüttert. Das Haar iſt gelb, mit ſchwarz
überlaufen, **welche** Farbe den Spizen der längern Haare eigen iſt. Die
Vorderarme und Schienbeine ſind bis über die Knie ſchwarzhaarig. Ueber
den Augen ſteht ein etwas lichterer Fleck. Bruſt und Bauch ſind bläſſer als
der Rücken. Auf dem Rücken und zu beyden Seiten des Schwanzes ragen
einzelne lange borſtenartige Haare aus dem Pelze hervor, deren Spizen
ſich, wie die Schweinsborſten, in mehrere Theile zerſpalten. Es hat
einen engern Beutel am Bauche als die folgende Art. Die Gröſſe ohn-
gefähr wie der Marder. Der Herr Prof. Pallas, den vorſtehende Beſchreibung zum Verfaſſer hat, hat ein jüngeres Männchen von dieſer Art
geſehen, welches **braunroth**, auf dem Rücken ſchwarz überlaufen und an
den Füſſen ſchwärzlich war.

　　Es wohnt in Surinam.

2.

Der Opoſſum.

Tab. CXLVI. A. B.

Didelphys Opoſſum; Didelphys cauda ſemipiloſa, ſuperciliorum regione pallidiore. LINN. ſyſt. p. 72. n. 3.

Philander ſaturate ſpadiceus in dorſo, in ventre flavus, maculis ſupra oculos flavis. BRISS. quadr. p. 207.

Philander. SEB. theſ. I. p. 56. tab. 36. fig. 1. p. 57. tab. 36. f. 2. 3.

Simivulpa. GESN. quadr. p. 870. ALDROV. dig. p. 223.

Tlaquatzin. XIMEN. deſcr. Amer. HERNAND. Mex. p. 330. NIEREMB. hiſt. nat. p. 156. mit einer Fig. IONST. quadr. t. 73. die nehmliche Figur.

Tai-ibi Braſilienſibus. MARCGR. Braſ. p. 223. Das Männchen. RAI. quadr. p. 185.

Çarigueia Braſilienſibus, aliquibus Jupati ima. MARCGR. Braſ. p. 222. Das Weibchen.

Çarigueia et Taiibi. IONST. quadr. p. 135. t. 63. die nehmlichen Abbildungen.

Çarigueyà. PIS. Braſ. p. 323.

Carigueya ſeu marſupiale americanum. TYSON. phil. tr. n. 239. p. 105. VALENTINI amphith. zootom. tom. I. p. 130. t. 26. 27. das Weibchen. COWPER phil. tranſact. n. 290. p. 1565. VALENT. amph. zootom. I. p. 136. t. 28. das Männchen.

Opaſſum. ROCHEF. hiſt. nat. des Antilles p. 137. mit einer ſchlechten Figur.

Opoſſum. CATESB. Carol. app. p. 29.

Poſſum. LAWS. Carol. p. 120. mit einer Figur.

Manitou de la Grenade. DU TERTRE *hist. des Antill.* tom. 2.
p. 301.

Manicou. FEUILL. *journ.* 3. *p.* 206.

Vulpes major putoria, cauda tereti et glabra. Aouaré. Puant.
BARR. *Fr. équ. p.* 166.

Rat de bois. DU PRATZ *Louis.* tom. 2. *p.* 94. mit einer Figur.

Sarigue, Opossum. BVFF 10. *p.* 279. *tab.* 45. das Männchen;
tab. 46. das Weibchen.

Virginian Opossum. PENN. *quadr. p.* 204. *tab.* 21. *fig.* I. eine
schlechte Figur.

Opossum; in Virginien.

Çarigueyá, Jupatiima, das Weibchen; Tai-ibi, das Männchen; in
Brasilien. Tai-ibi; in Paraguay.

Tlaquatzin; in Mexico.

Cachorro do mato; bey den Portugiesen in Brasilien.

Boschratte; Holländisch.

β. Didelphys Opossum; varietas orientalis. PALL. *miscell. p.* 62.

Philander orientalis; P. saturate fuscus in dorso, in ventre flavus, maculis supra oculos flavis. BRISS. *quadr. p.* 209.

Philander orientalis — femina. SEB. *thes.* I. *p.* 61. *tab.* 38.
fig. I.?

Cussú-aru, Pelandor-aru; in Amboina.

Der Kopf ist kürzer als an der vorhergehenden, aber länger und
spiziger als an der folgenden Art. Die Bartborsten sind nicht länger
als der Kopf. Auf der Warze über dem Auge stehen ein paar kurze,
hinter dem Mundwinkel aber vier lange Borsten. Beyde Augenlieder
sind mit Wimpern versehen. Die Ohren kurz und abgerundet. Von
dem untersten Theile des äussern Randes derselben geht eine senkrechte

niedtige Erhöhung einwärts. Der Beutel bedeckt fünf bis sieben Säugwarzen. Der Schwanz ist kürzer als der Leib, am Anfange behaart,
an der Spize zum Umwinden eingerichtet. Das Haar an den Beinen
ist je weiter nach den Füssen herunter, desto kürzer und dünner. Die
Füsse sind ganz kurzhaarig. Die Haare auf der obern Seite des Kopfes bis unter die Augen herunter und der Rücken, auch am Anfange
des Schwanzes sind röthlich braun, und haben zum Theil graue Spizen; die Mitte des Kopfes und Rückens fällt dunkler, die Seiten des
Leibes grauer; über jedem Auge stehet ein ovaler fast halbmondförmiger
weißlicher Fleck. Ein blaßbräunlicher vertriebener Streif gehet an den
Vorderbeinen vorn, an den hintern hinten bis zum Fusse hinab der Länge nach. Die Spize der Schnauze, Oberlippe, Backen, Kinn, Kehle,
Brust, Bauch und der größte Theil jedes Beines ist weißgelblich. Der
kahle Theil des Schwanzes weißlich, und unten am dickern Theile
mit dunklem Braun überlaufen. Die Länge des Thieres beträgt ohngefähr einen Fuß.

Der sehr kleinen Vorderzähne in der obern Kinnlade sind zehen; die
beyden mittelsten sind die längsten, durch eine kleine Lücke abgesondert,
deren Grösse hinterwärts stufenweise abnimmt. In der untern achte.
Seitenzähne: einer auf jeder Seite; der obere ist von dem nächsten
Vorderzahne durch einen leeren Raum abgesondert, und grösser als der
untere an die Reihe der Vorderzähne anschliessende. Backenzähne: oben
und unten sieben auf jeder Seite, wovon die drey vordern sich in eine
stumpfe Spize endigen, die hintern aber flache zackigte Kronen haben.
Jene sind etwas grösser als diese.

Der Opossum wohnt in den warmen und gemässigten Theilen von
America; in Brasilien, Peru, Guiana, Mexico, Florida, Virginien,
und auf den antillischen Inseln a). Eine ähnliche Art, deren Schnauze
ein klein wenig länger, und die Farbe etwas röther ist b), wird auf den

Zzz 2

a) ZIMMERMANN zool. geogr. b) PALLAS d. a. O.
p. 335.

Philippinischen [c]) und moluffischen Inseln [d]) und auf Zeylan [e]) einheimisch angetroffen.

Er hält sich unter dem Laube der Bäume versteckt, und sucht allerley Vögel zu ertappen, denen er auch auf der Erde, und zuweilen bis
in die Viehhöfe nachschleicht, und ihnen das Blut aussaugt, ohne allemal das Fleisch zu fressen [f]). Sonst lebt er von allerley Gewürmen und
Insecten, Kräuterwerk, Battaten- und andern Wurzeln, und Baumfrüchten; zu denen zu gelangen ihm öfters seine Geschicklichkeit, sich am
Schwanze aufzuhängen, hilft; in welcher Stellung er auch den Vögeln
bisweilen auflauret.   An dem Schwanze hängend schleudert er sich von
einem Baume zum andern.   Der langsame Lauf dieses Thieres läßt seinen Verfolgern Bequemlichkeit, ihn einzuholen; er wird dann unbeweglich, als wenn er tod wäre; hat aber ein so hartes Leben, wie eine Kaze.   Sein Laut ist ein Grunzen, das man nicht weit höret [g]).

Das trächtige Weibchen macht sein Nest von dürrem Grase in dich-
tes Gesträuch an der Wurzel eines Baumes, und wirft vier, fünf bis
sechs [h]) Junge auf einmal.   Es steckt selbige sogleich mit den Hinterfüssen in den Beutel, und behält sie einige Wochen darinn, bis sie sehend
werden und Haare bekommen.   Dann läßt es sie heraus an die Sonne
und spielt mit ihnen, ruft sie aber bey dem geringsten Geräusche oder
Verdacht einer Gefahr mit einem kurzen Geschreye (tif, tif, tif) in den
Beutel zurück [i]).   Diesen öfnet es nicht, wenn man es auch lebendig
über das Feuer hängt [k]); zahme Weibchen aber lassen sich selbigen auf-
machen, ja hinein sehen und hinein greifen.

Der Opoßum wird sehr zahm, und lernet, wie ein Hund, nachlaufen [l]).   Wenn man mit ihm spielt, so schnurrt er wie eine Kaze. Sind

c) BOVGAINVILLE.

d) VALENTYN Ind. Vol. III. p.
275. PISO Brasil. p.223. Barche-
witz Reise S. 532.

e) Heidts Schaupl. S. 186.

f) DVMONT mém. de la Louisiane

p. 84. LE PAGE DU PRATZ hist.
de la Louis. p. 93.

g) BVFFON suppl. p. 267.

h) Hernandez. Marcgrav.

i) Seba 1 Th. S. 56.

k) LE PAGE DU PRATZ a. a. O.

l) KALMS reis. II d. p. 327.

mehrere beysammen: so lecken sie einander beständig [m]). Allein er giebt einen unangenehmen Geruch von sich, welcher einer schmierigen Feuchtigkeit zuzuschreiben ist, die in zwo Drüsen am After, und in dem Beutel des Weibchens abgesondert wird, jedoch nicht hindert, daß nicht das Fleisch den Wilden, auch wohl den Europäern, eßbar seyn sollte. Das rauhe und schmuzig anzusehende Haar spinnen die Wildinnen in Louisiana, und weben daraus Strumpfbänder und Gürtel [n]).

3.
Der Faras.
Tab. CXLVII.

Didelphys Philander; Didelphys cauda basi pilosa, mammis quaternis. LINN. syst. p. 72. n. 2. ERXL. mamm. p. 78.

Philander brasiliensis; Philander pilis in exortu albis, in extremitate nigricantibus vestitus. BRISS. quadr. p. 210.

Tlaquatzin seu Tai-ibi Brasiliensibus dicta [a]) femina. SEB. thes. 1. p. 57. tab. 36. fig. 4.

Faras ou Ravale. GVMILLA Orin. tom. 3. p. 238.

Der Kopf ist kürzer, und die Schnauze etwas stumpfer als an dem vorhergehenden. Auf der Nase vorn eine senkrechte Furche. Die Augen liegen zwischen der Nase und den Ohren ziemlich genau in der Mitte. Die Ohren stehen aufrecht, sind oval, oben abgerundet, am vordern Rande einwärts gerollet, am hintern läuft eine senkrechte dünne Erhöhung nach dem weiten Gehörgange, welcher nach dem Backen zu von einer geschlängelten erhabenen Linie begränzt wird. Die Bartborsten stehen auf der etwas erhabenen Fläche der Oberlippe in sechs Reihen; die längsten reichen bis an die Ohren. Ueber jedem Auge sind zwo, auf

Ʒʒʒ 3

---

[m]) BVFFON a. a. O.

[n]) LE PAGE DU PRATZ.

[a]) Diese beyde Namen gehören eigent-

lich nicht diesem Thiere, sondern dem Opossum zu, wie der Herr Graf von Büffon richtig erinnert.

jedem Backen drey lange, unter dem Kinne aber einige einzelne viel kürzere Borſten befindlich.   Der Beutel am Bauche kan nicht blos in der
Mitte, ſondern von dem vordern Ende bis an das hintere geöfnet werden, und bedeckt vier Euter mit kurzen Zizen.   Der Schwanz iſt länger
als der Leib; der Anfang deſſelben haarig, der größte Theil aber ſchuppig
und faſt kahl, das Ende zum Umwickeln gebildet.   Die Beine ſind kürzer und an den Ellbogen und Knien dicker, als am Opoſſum, auch bis
an die Füſſe ſtärker behaart.   An der Wurzel der vordern ſtehen vier
nicht ſonderlich lange zarte Borſten.   Die Hinterfüſſe ſind gröſſer, die
Zehen etwas länger, auch die Klauen ſtärker und mehr gekrümmt, als
am Opoſſum.   An der erſten und zwoten Zehe iſt das beyderſeitige un-
terſte Glied halb zuſammen verbunden.   Die Bartborſten ſind röthlich.
Jedes Auge umgibt eine gelbbräunliche Einfaſſung, die unter dem Auge
breiter als über demſelben iſt, und ſich vorwärts bis an die Bartborſten
ziehet, hinterwärts aber mit der Farbe des Nackens vereiniget.   Mitten
über die Schnauze und Stirne hin läuft ein ſchmaler gelbbräunlicher
Streif; zwiſchen dieſem und jedem Auge iſt die Stirne weißlich, ſo wie
die Oberlippe, Backen, Bruſt, Kehle und Bauch. Zwiſchen den Ohren,
oder vielmehr noch etwas weiter vorwärts, erweitert ſich der Streif der
Stirne auf einmal ſtark, und der Nacken wird gelbbräunlich, auf dem
Halſe und Rücken aber röthlich braun.   Der untere Theil der Haare
iſt aſchgrau, welche Farbe unter der röthlichen etwas hervorſticht.   Die
Seiten des Leibes, wie auch die äuſſere Seite der Beine fallen etwas
lichter. Die Füſſe weißlich. Die Schwielen der Fußſohlen bräunlich. Der
behaarte Anfang des Schwanzes iſt oben röthlich braun, wie der Rücken,
an den Seiten lichter und unten weißlich.   So weit der Schwanz kahl
iſt, iſt er weißlich und braun gefleckt.   Die Länge des Körpers beträgt
neun Zoll, des Schwanzes dreyzehn Zoll und neun Linien, des haarig-
ten Theils am Schwanze zween Zoll drey Linien, und des Beutels einen
Zoll und ſechs Linien.

Vorderzähne hat er oben zehen, wovon die mittlern, wie gewöhnlich, etwas länger, unten achte, wovon die mittlern etwas gröſſer
ſind als die übrigen, und von einander abſtehen.   Die Seitenzähne ſind ein wenig rückwärts gebogen; die obern ſind noch einmal ſo

breit, auch länger als die untern, und ragen mit der Spize unter den Oberlippen hervor.

Das Vaterland dieses Thieres ist Surinam, und ohnfehlbar das übrige südliche America.

Seba hat von demselben die oben angeführte Abbildung gegeben, und sie mit einer kurzen und unerheblichen Nachricht begleitet. Aus dieser Quelle haben die Systematiker, deren Namen diesem Artikel vorgesezet sind, ohne Ausnahme geschöpfet. Ich gebe hier ein neues Bild desselben, und habe für nöthig erachtet, es so umständlich, als es sich hier thun ließ, zu beschreiben, weil solches bisher noch von niemand geschehen ist. Eine nothwendige Erinnerung darf ich hierbey nicht übergehen. Seba's Figur hat keinen Beutel, und der Text sagt ausdrücklich, es sey damit nicht versehen. Mann könnte also leicht zweifeln, ob ich wirklich das nemliche Thier vor mir gehabt habe. Allein dieser Zweifel läßt sich heben. Die Zeichnungen, die gedachter unermüdeter Sammler hat in Kupfer stechen lassen, sind zum Theil gemacht, ohne die Gegenstände aus dem Weingeiste zu nehmen; und dis ist auch bey Verfertigung derjenigen, von welcher hier die Rede ist, unterlassen worden. Das Weibchen, welches sie vorstellet, hat vermuthlich damals, als es getödtet worden, gesäugt; seine Euter sind so stark, daß die beyden Klappen des Beutels sich vielleicht dahinter haben verstecken können; vielleicht hat sie der Zeichner aus Unachtsamkeit durch das Glas nicht bemerkt; gleichwie er, aus keiner andern Ursache, diesem und andern Beutelthieren Nägel an die Daumen der Hinterfüsse gezeichnet hat. Aehnliche Vorwürfe kan man andern Figuren dieses grossen Werkes machen, und es ist von dem Herrn Grafen von Buffon bey mehr als einer Gelegenheit geschehen. Was den Text im Seba betrifft: so ist dieser wohl nicht so oft nach Anleitung der Thiere selbst, als der Zeichnungen abgefasset worden, und kan also hier nicht Zeuge seyn. Im übrigen hat die Sebaische Figur alle Aehnlichkeit, die man nur verlangen kan, mit meinem Originale, welches dem Naturaliencabinette unserer Universität, als eine Seltenheit, zur Zierde gereichet.

4.

Der Kayopollin.

Tab. CXLVIII.

Philander africanus; Philander saturate spadiceus in dorso, in
  ventre ex albido flavicans; cauda ex saturate spadiceo maculata. BRISS. *quadr.* **p. 212.**

Coyopollin. FERN. *nov. Hisp.* p. 10. IONST. *quadr.* p. 170.
  t. 67. ERXL. *mamm.* p. 82.

Animal caudimanum seu coyopollin.   NIEREMB. *hist. nat.*
  p. 158.

Mus africanus kayopolin dictus mas.   SEB. *thes.* I. *p.* 49. *tab.*
  31. *fig.* 3.   KLEIN. *quadr.* *p.* 58.

Cayopollin. BVFF. 10. *p.* 350. *tab.* 55.

Mexican opossum. PENN. *quadr.* *p.* 208. *n.* 146.

Die Schnauze ist dicker als an dem Opossum und der Marmose;
die Ohren verhältnißmäßig kürzer und schmäler; der Schwanz beträchtlich
länger als der Leib.   Der Beutel fehlt dieser und den folgenden vier
Gattungen.   Die Augen sind mit einem schwarzen Rande eingefaßt.   Das
Haar auf dem Kopfe, Rücken, und an der äussern Seite der Beine
aschgrau, und gelbbräunlich überlaufen; an den Seiten des Kopfes, der
Kehle, Brust und dem Bauche weißlich.   Der Schwanz gelblich und
braun gefleckt, am Anfange haarig.   Die Länge beträgt etwas über sieben,
des Schwanzes über elf Zoll.   Die Zähne gleichen dem Gebisse des
Opossums; in der obern Kinnlade sind aber nur fünf Backenzähne [a]).

Er wohnt in Merico (nicht in Afrika, wie Seba und die ihm ge-
folgt sind, angeben) in gebirgigen Gegenden [b]).

5.

---

[a]) BVFF. 10. *tab.* 57. *f.* 2.   In der   [b]) Fernandez.
Beschreibung werden sechs angegeben.

5.
Die Marmoſe.
Tab. CXLIX.

Didelphys murina; Didelphys cauda ſemipiloſa, mammis ſenis.
LINN. ſyſt. p. 72. Muſ. Ad. Frid. 2. p. 8.

Philander americanus; Ph. ſaturate ſpadiceus in dorſo, in ventre dilute flavus. BRISS. quadr. p. 211.

Philander mammis extra abdomen, cauda longiſſima tereti nuda
corpore longiore. GRONOV. zoophyt. 1. p. 9. n. 33.

Mus ſilveſtris americanus mas, ſcalopes dictus. SEB. theſ. I.
p. 48. tab. 31. fig. I. femina fig. 2. KLEIN. quadr. p. 58.

Marmoſe. BVFF. IO. p. 335. tab. 52. das Männchen. tab. 53.
das Weibchen.

Murine opoſſum. PENN. quadr. p. 207. n. 145.

Marmoſa; in Braſilien.

Die Schnauze iſt kürzer und ſtumpfer als am Opoſſum. Die Naſenlöcher durch eine tiefe Furche von einander getheilt. Die zarten Bartborſten ſtehen auf einer länglichen Geſchwulſt der Oberlippe in ſechs Reihen, ſind kürzer als der Kopf, und von gelbbrauner Farbe; die unter-
ſte Reihe ausgenommen, welche weiß iſt. Ueber jedem Auge ſtehen ein
paar kürzere, und auf jeden Backen, auf einer kleinen Warze, fünf längere feine Borſten, auch unter dem Kinne einzelne lange Haare. Die
Augen ſind groß, beyde Augenlieder haben ſteife Wimpern. Die Ohren
haben die nehmliche Geſtalt wie am Opoſſum. Der Rücken iſt ſtark erhoben. Unten am Bauche ſind ſieben (an einigen Thieren weniger, an
andern mehr) cylindriſche Warzen in einen Kreis geſtellet. Der Schwanz
übertrift das Thier an Länge nicht; der behaarte Theil an dem Urſprun-
ge deſſelben iſt gar ſehr kurz. Die Hälfte jedes Arms und Schienbeins,
nebſt den vordern und hintern Füſſen, ſind kahl, oder vielmehr mit dün-
nem feinem Haar bedeckt. Alle Zehen, die Daumen der Hinterfüſſe
ausgenommen, haben ſehr ſpizige Klauen. Die Augen umgibt eine

Aaaa

braune, vorwärts bis an die Geschwulst der Oberlippe verlängerte, unter dem Auge unterbrochene Einfassung. Der Scheitel und Rücken sehen
gelbbraun, unter welcher Farbe das Aschgrau des untern Theils der Haare stark hervorsticht.   Die äussere Seite der Füsse, so weit sie behaart
sind, fällt lichter.   Der vordere Theil der Schnauze, die Backen bis gegen die Ohren hin, Kehle, Brust und Bauch, auch die innwendige
Oberfläche der Beine haben eine weisse ins gelbliche fallende Farbe. Die
Länge beträgt etwas über sechs Zoll.

Die Zähne kommen mit denen vom Opossum überein, einige kleine
Abweichungen an den Backenzähnen ausgenommen ").

Das Vaterland der Marmose ist das südliche America.

6.
Die Buschratte.
Tab. CL.

Didelphys dorsigera; Didelphys cauda basi pilosa corpore lon-
     giore, digitis manuum muticis. LINN. *syst. p.* 72.

Philander surinamensis; Philander ex rufo helvus in dorso, in
     ventre ex flavo albicans. BRISS. *quadr. p.* 212.

Genus gliris silvestris. MERIAN. *ins. surin. p.* 66. *tab.* 66.

Mus seu sorex silvestris americanus. SEB. *thes.* 1. *p.* 49. *tab.*
     31. *f.* 4. mas. *f.* 5. femina. KLEIN. *quadr. p.* 53.

Glis silvestris americanus cum catulis suis. SEB. *thes.* 2. *p.* 90.
     tab 84. *fig.* 4.

Philandre de Surinam. BVFF. 15. *p.* 157. ohne Figur.

Merian opossum. PENN. *quadr. p.* 210. *n.* 149.

") Man sehe die Beschreibung des Skelettes, welche Herr Daubenton geliefert
hat p.346.

Die Augen dieſes Thieres ſind mit einer dunkelbraunen Einfaſſung umgeben. Die Schnauze, Stirne, Bruſt, Bauch und Füſſe ſind weiß, gelb, der Rücken gelbbraun, der Schwanz weißlich und am Männchen mit bräunlichen Flecken gezeichnet. Er iſt ſehr lang, zum Unwickeln eingerichtet, und kahl wie die ſteifen Ohren. Der Zehen ſind fünfe; die an den vordern Füſſen haben ſtumpfe, an den hintern, den Daumen ausgenommen, ſpizige Klauen*). Die Zizen des Weibchens ſehen eben ſo aus wie an der Marmoſe. Es hat die Gröſſe einer Ratte.

Es wohnt in Surinam, in Hölen unter der Erde. Das Weibchen bringt fünf bis ſechs Junge, die bey einer bevorſtehenden Gefahr auf den Rücken der Mutter flüchten, und ſich mit ihren Schwänzen an den Schwanz derſelben anhalten, worauf ſie ſich mit ihnen davon macht ᵇ).

7.

Der Krabbenfreſſer.

Crabier. B V F F. ſuppl. 3. p. 272. tab. 54. das Männchen.

Die Ohren ſind kurz, oval, oben abgerundet und von Haaren ent, blößt. Der Rand der Augenlieder iſt ſchwarz. Die Borſten auf den Lippen, Backen, über den Augen und am Kinne viel kürzer als der Kopf. Die Seitenzähne der obern Kinnlade länger als die Oberlippen. Das Haar iſt wollenartig, und mit drey Zoll langen ſteifen Haaren vermengt, die an den Seiten des Leibes einzelner, auf dem Rücken aber dicht ſte, hen, und von der Mitte des Rückens an bis an den Anfang des Schwanzes eine Art von Mähne machen, die demſelben eine dunkelbrau, ne Farbe gibt. Auf dem Kopfe, am Halſe, den Schultern und Schen, keln iſt das Haar gelbröthlich, an den Seiten herunter und auf dem Bauche weißgelblich. Die Füſſe ſind wie an den vorhergehenden Ar, ten gebauet, von ſchwarzbrauner Farbe, alle fünfzehig, die Nägel ſpi, zig, die Daumen der hintern ausgenommen, welche einen platten Nagel

Aaaa 2

---

*) An der Figur der Frau Merian ſind   ᵇ) Merianin. Seba.
die Füſſe nicht richtig abgebildet.

haben. Der Schwanz ist schuppig, und bis auf einen kleinen Fleck am Anfange kahl. Das Weibchen hat keinen Beutel. Die Länge des Körpers beträgt ohngefähr siebzehen, des Schwanzes funfzehen Zoll ^a).

Er ist in Cayenne gemein, lebt an sumpfigen Orten, besonders auf Manglebäumen ^b), und kömmt, wenigstens am Tage, nicht viel auf die Erde herunter. Seine vorzüglichste Nahrung sind Krabben, welche er mit der Pfote, und im Nothfalle mit dem Schwanze aus ihren Löchern heraus zu holen weiß ^c). Die Krabben kneipen ihn bisweilen in denselben, und dann schreyt er wie ein Mensch, daß man ihn weit hören kan. Sonst grunzt er wie ein Ferkel. Das Weibchen wirft vier bis fünf Junge in holen Bäumen. Er wird fett und die Wilden essen ihn. Man kan ihn zahm im Hause halten, wo er alles frißt ^d).

8.
Das kurzschwänzigte Beutelthier.
Tab. CLI.

Philander cauda brevi; Ph. obscure rufus in dorso, in ventre helvus, cauda brevi et crassa. BRISS. *quadr.* p. 213.

Philander mammis extra abdomen; cauda brevi crassa pilosa. GRONOV. *zoophyl.* I. *p.* 9. *n.* 35.

Muris silvestris americani femina. SEB. *thes.* I. *p.* 50. *tab.* 31. *fig.* 6.

Short-tailed opossum. PENN. *quadr.* *p.* 208. *n.* 147.

---

^a) Büffon.

^b) Rhizophora LINN.

^c) Sollte sich dieses Angeben wohl auf richtige Beobachtungen gründen? Und wie hat man die Rache beobachten können, die

sie bey dieser Gelegenheit an ihm nehmen sollen?

^d) Diese Nachrichten hat man dem Herrn de la Borde, Königl. Französischen Arzte zu Cayenne, zu danken. Sie stehen im angeführten Supplemente des Herrn Grafen von Büffon S. 274.

Die Schnauze läuft spizig zu und die Nase ist durch eine tiefe Furche vorn in zween Theile getheilt. Die kurzen und zarten Bartborsten sind auf einer kleinen länglichen Geschwulst der obern Lippe in vier Reihen geordnet; über jedem Auge stehen zwo, und hinter dem Mundwinkel auf einer länglichen Warze, die sich von dem hintern Mundwinkel nach dem hintern Augenwinkel ziehet, zwo Reihen ähnlicher Borsten. Unten am Kinne siehet man vorwärts einige zerstreute, und hinterwärts drey längere Borsten auf einer Warze. An jeder Handwurzel einige längere Haare bey einander. Die Ohren sind kurz, an der Spize zugerundet und kahl. Der Schwanz kurz, ohngefähr so lang als die Hinterbeine, nicht merklich schuppig, am Anfange oben mit langem Haar bedeckt, welches im Fortgange immer kürzer wird, aber am ganzen Schwanze viel dichter stehet als an den vorhergehenden Arten. Eben dergleichen kurzes Haar haben auch die Füsse zur Bedeckung, das lezte Glied der Däumen an den Hinterfüssen ausgenommen. Die Zehen haben insgesammt, den wehrlosen Daumen der Hinterfüsse abgerechnet, spizige Klauen. Das ganze Thier siehet caffeebraun; auf dem Rücken dunkler, auf dem Bauche etwas heller. Die, wie es scheint, an dem untern Theile aschgrauen Haare sind an der Spize dunkel rothbraun, und das längere Haar des Rückens hat eine schwarze Spize. Um den Mund herum ist die braune Farbe heller. Die Ohren, ein Theil der Nase, und die Haut zwischen den Bartborsten, auch die Zehen und Fußsohlen sind aschgrau. — Die Länge des Thieres bis an den Schwanz ist 3 Zoll 2 Linien, des Schwanzes 1 Zoll 8 Linien.

Das Gebiß dieses Thieres kömmt, so weit ich selbiges sehen können, mit dem vom Opossum überein. Die Zahl und Gestalt der Vorderzähne ist die nehmliche; von den Backenzähnen der untern Kinnlade ist der zweete der größte, der vierte und die folgenden haben eine breite zackige Krone, da die drey vordern schmal und spizig sind.

Es lebt in Südamerica in den Wäldern, und wirft neun bis zwölf Junge auf einmal ⁎). Das von mir beschriebene, ein Männchen, ist mir von dem Herrn D. und Prof. Herrmann geneigt mitgetheilt worden.

Aaaa 3

⁎) Seba.

9.
Der Kuskus.
Tab. CLII.

Didelphys orientalis. PALLAS *misc. zool.* p. 59.

Didelphys orientalis; Didelphys digitis duobus intermediis plan-
　　tarum condunatis. ERXL. *mamm.* p. 79.

Surinam opossum. PENN. *quadr.* p. 209. *n.* 148.

Coescoes. VALENT. *Ind.* 3. p. 272. mit einer schlechten Figur.

Phalanger. BVFF. 13. p. 92. *tab.* 11. ein Männchen. *tab.* 10.
　　ein Weibchen.

Philander capite crasso; Ph. ex rufo luteus in dorso, in ventre
　　ex albo flavicans, capite crasso.. BRISS. *quadr.* p. 213.

Mus seu forex americanus major agrestis, capite grandi, pullus.
　　SEB. *thef.* I. p. 50. *tab.* 31. *fig.* 8. ?

Cuscus; in Amboina.

Er unterscheidet sich von den vorhergehenden Arten durch einen ge-
wölbtern Kopf, stärkere Schnauze, kürzere runde im Haar versteckte Ohren, kürzere Beine, längere mehr gekrümmte Klauen an allen Zehen,
den Daumen der hintern Füsse ausgenommen, welcher keinen Nagel hat,
aber weiter hinterwärts stehet als an andern Arten; besonders aber dadurch, daß die beyden ersten Zehen der Hinterfüsse viel kürzer als die
übrigen, und bis an das äusserste Glied zusammengewachsen sind, so daß
sie das Ansehen eines einzigen Fingers haben, wiewohl man unter der
Haut die Knochen beyder wohl fühlen kan. Der Schwanz ist etwas länger als der Körper, am Anfange ringsherum, weiter hin nur oben haarig, und dem größten Theile nach kahl; seine Spitze ist zum Umwickeln
eingerichtet [a]. Am Unterleibe hat das Weibchen, nach des Herrn Prof.
Pallas Beobachtung [b], einen wahren Beutel; Herr Daubenton gibt
ihm blos eine die Stelle des Beutels vertretende Querfalte. Die Farbe ist veränderlich; an einigen oben röthlich, gelblich und hellgrau untermengt, mit einem schwarzen vom Kopfe längs dem Rücken hin bis an

　a) Daubenton. 　　　　　　　　　*b*) *Misc. zool.* p. 62.

den Schwanz laufenden Streife, unten schmuzig weißgelb; an andern schmuzig weißgelb mit zerstreueten schwärzlichen Flecken ʳ); oder weiß mit Gelblich leicht überlaufen ᶻ).

Das Gebiß dieses Thieres bestehet, nach Herrn Daubentons Beschreibung, aus acht Vorderzähnen oben, zween unten, die etwas von einander abstehen; aus zween kleinen einfachen und drey grössern vielzackigten Backzähnen oben, unten aber aus dreyen von der ersten und dreyen von der andern Art, auf jeder Seite.   Von Seitenzähnen finde ich keine Meldung ᵗ).

Man findet dieses Thier auf Amboina und den übrigen moluckischen Inseln. Es nimmt seine Nahrung mit den Vorderfüssen, auf den hintern sizend; grunzt wie ein Eichhorn; ist sehr furchtsam, und läßt aus Furcht oft einen sehr übelriechenden Harn. Vom Schrecken erstarret es, und wird bey dieser Gelegenheit leicht gefangen.   Das Weibchen hat zwey bis vier Zizen, und bringt eben so viel Junge auf einmal ᶠ).

Eine ähnliche, aber doch verschiedene Art hat Herr Banks 1770 in Neuholland entdeckt ᵍ).

10.
Der Filander.
Tab. CLIII.

Filander LE BRUN *voy. tom.* I. *p.* 347. *fig.* 213.

„Dieses Thier," sagt le Brün, "hat viel längere Hinter- als „Vorderbeine. In der Grösse und dem Haar kömmt es einem grossen „Hasen ohngefähr gleich. Es hat einen Kopf fast wie ein Fuchs, und „einen spizigen Schwanz. Das besonderste an ihm aber ist eine Oef-„nung unter dem Bauche, wie ein Sack, worinn es seine Jungen hat, „auch wenn sie schon ziemlich groß sind. Sie stecken den Kopf biswei-

---

ʳ) Daubenton.   ᶠ) Valentini.
ᶻ) Pallas.   ᵍ) Hawksworths Gesch. der engl.
ᵗ) Daubenton S. 100.   Seereisen 3 Th. S. 183.

„len aus selbigem heraus, wenn aber die Mutter läuft, siehet man sie „nicht, sondern sie bleiben unten im Sacke, weil die Mutter im Laufen „weite Sprünge macht [a]. „

le Brün sahe einige solche Thiere zu **Batavia** in der Menagerie des Generals, wo sie mit Kaninchen unter der Erde wohnten; meldet aber ihren Geburtsort nicht. Ich kann mich nicht überreden, daß es ostindi- sche Opossums oder Kussuarus [b]) gewesen, wie Herr Pennant [c]) meint. Die bey andern Zeichnungen bewiesene Genauigkeit stellt jenen, meines Erachtens, für dem Verdachte, die Hinterbeine so gar sehr unrichtig ge- zeichnet zu haben, in Sicherheit; zumal da er der vorzüglich langen Hinter- beine, welche der Opossum nicht hat, und der von dem langsamen Gan- ge des leztern sehr unterschiedenen weiten Sprünge dieses Thieres, aus- drücklich gedenkt. Der Filander scheint mir also eine wirkliche eigene Art zu seyn, die sich von den vorhergehenden durch viel längere Hinter- beine, als die kurzen fünfzehigen vordern sind, besonders auch verlängerte Hinterfüsse, mit drey Zehen, ohne Daumen, und einen kurzen kahlen zum Winden nicht gemachten **Schwanz** unterscheidet. Ob er auf vier Füssen, oder nur auf zweenen laufe, sagt le Brün nicht; aus seinem Stillschweigen von einem so in die Augen fallenden und merkwürdigen Umstande könnte man vielmehr das erste, aus der Stellung des Thieres in der Abbildung aber das lezte schliessen; und würde vielleicht in beyden nicht unrecht haben. Als ein Beutelthier gehöret es indessen unstreitig in die Gesellschaft des vorigen und der Opossums; die Gestalt und lan- gen Füsse aber verbinden es mit dem folgenden.

II.
Das Kenguruh.
Tab. CLIV.

Känguruh. **Hawksworths** Seereisen 3 Th. S. 174. *tab.* 51.

„Der **Kopf** ist klein und spizig„ (doch stumpfer als an andern Beutelthieren); „die **Ohren** lang; das Vordertheil des Leibes dünne, das „Hin-

---

[a]) *p. 214.*   [b]) S. oben S. 538.   [c]) *Quadr.* p. 206.

„Hintertheil verhältnißmäſſig ſtärker als an irgend einem andern bekannten
„Thiere. Die Vorderfüſſe ſind kurz und haben fünf Zehen; die Nägel und
„Sohlen ſchwarz und glänzend. Die Hinterfüſſe ſind ungemein lang, und
„haben drey groſſe Zehen, davon die mittelſte weit voraus ſtehet, und
„unten einen ſehr großen Ballen hat. Der Schwanz iſt lang, und ver-
„hältnißmäſſig dick. Die Farbe des Thieres iſt ein gelbliches Grau, welches
„gegen den Bauch zu mehr ins weißliche fällt.‟

„Es hat oben ſechs Schneidezähne; davon zween groß, hervorragend,
„ſcharf und dicht aneinander ſind;‟ (dis ſind alſo die mittelſten) „unten
„aber ſind nur zween große Schneidezähne. An jeder Seite ſind ſowohl
„oben als unten vier Backzähne, welche von den erſten weit abſtehen;
„ihrer ſind in allem ſechszehen, und das Thier hat überhaupt vier und
„zwanzig Zähne.‟

Zu dieſer Beſchreibung, welche ich aus dem Anhange der zu Berlin
1772 herausgekommenen Nachricht von den neueſten Entdeckungen
der Engländer in der Südſee[a] entlehnt habe, ſeze ich aus D. Hawksworths Erzählung von der erſten Reiſe des Capitains Cook um die Welt
noch dieſes hinzu: daß ein ausgewachſenes Thier dieſer Art die Gröſſe
eines Schaafes hat; ein noch nicht völlig ausgewachſenes wog 84 engliſche
Pfund. An einem andern, das nur 38 Pfund wog, waren die Vorderfüſſe 8, die Hinterfüſſe hingegen 22 Zoll lang; woraus die Verhältniß ihrer
Länge abzunehmen iſt. Der Schwanz iſt ohngefähr ſo lang als der Leib[b].
Das Haar wird hier als dunkel mauſefarbig angegeben; welches aber der
obigen Beſchreibung gar nicht widerſpricht.

Dis Thier iſt in dem Theile von Neuholland, welchem die Engländer
den Namen Neu Südwallis gegeben haben, 1770 entdeckt worden.
Dem Herrn Banks haben wir die Zeichnung zu danken, welche ich aus

[a] S. 220. 221.   [b] S. 183. 174.

D. Hawskworths oben angezeigtem Werke hier habe einrücken laſſen. Es läuft nicht auf vier, ſondern hüpft beſtändig auf zween Füſſen, ſo, daß es immer in aufrechter Stellung bleibt und die Vorderfüſſe feſt an die Bruſt legt, welche ihm mehr zum Graben oder Scharren, und beym Freſſen ſtatt der Hände, als zum gewöhnlichen Gebrauche zu dienen ſcheinen[c]. Hierinn kömmt dis Thier mit der Jerboa überein, und dieſe Aehnlichkeit hat die Schriftſteller, welche daſſelbe in ihre Syſteme eingerücket haben, verleitet, ihm den Plaz bey ihr anzuweiſen[d]. Dis erlaubt aber das ganze äuſſerliche Anſehen und das Gebiß des Thieres nicht. Nach lezterem kömmt es den Beutelthieren, beſonders dem Kuſkus, am nächſten; und vielleicht wird uns die Zukunft entdecken, was man izo nur muthmaaßen kan, daß das Weibchen, gleich dem vorhergehenden, mit einem Beutel verſehen iſt.

12.

Der Tarſier.

Tab. CLV.

Lemur Tarsier; **Lemur cauda gracili nuda** apice subfloccosa, tibiis[e] posticis nudis. **ERXL**. *mamm. p. 71.*

Tarsier. BVFF. *13. p. 87. tab. 9.*

Woolly Jerboa. PENN. *quadr. p. 298. n. 225.*

Es ſey mir erlaubt, dieſes kleine beſondere Thier einſtweilen hierher zu ſezen, bis, nach erhaltener mehrerer Kenntniß von demſelben, ihm ſein

---

[c] S. 165. 174.

[d] S. Müllers Suppl. S. 62. Mus Canguru. ERXL. *mamm. p. 409.* Jaculus giganteus.

[e] Die tibiæ ſind nicht kahl, ſondern die verlängerten Ferſen.

wahrer Plaz im System mit Gewißheit angewiesen werden kan. Alles,
was wir von ihm wissen, haben wir dem Herrn Grafen von Büffon und
dem Herrn Daubenton zu danken; und diese haben nur einen einzigen,
und zwar getrockneten Tarsier gesehen. Er ist etwas grösser als eine
Maus. Der Kopf ist rund, die Schnauze kurz und spizig, die Augen
groß, die Ohren lang, stumpf zugespizt, dünne und kahl, der Leib kurz;
der Schwanz hingegen sehr lang, am Anfange haarig, übrigens kahl bis
gegen die Spize hin, wo er langes dünnes Haar hat; die Vorderbeine
kurz, die hintern um vieles länger; statt der Füsse vier Hände, von welchen
die vordern fünf lange Finger mit kleinen spizigen Klauen haben, da an
den hintern, deren unterer Theil sehr lang ist, der Daumen und folgende
Finger kurz, die drey übrigen aber, und am meisten der vierte, eine viel
grössere Länge haben; der Nagel am Daumen ist platt, an den übrigen
Fingern aber hat er kleine spizige Klauen. Die Klauen stehen nicht völlig
an der Spize der Finger. Das Haar ist wollig, lang und weich; der
unterste Theil desselben schwarzgrau, die Spizen gelbbraun, und zwar auf
dem Rücken und Bauche dunkel, übrigens aber licht; der Kopf ist aschgrau,
besonders das längere Haar auf den Backen. Die Hände kahl. Vorderzähne hat er oben wie unten zween; sie sind spizig; die obern stehen etwas
mehr von einander ab, als die untern. Seitenzähne einen auf jeder Seite;
die obern sehr kurz, die untern lang und etwas hinterwärts gebogen.
Backenzähne, sechs auf jeder Seite, wovon die drey vordern nur Eine
Spize haben.

Nach dem Gebiß unterscheidet sich also der Tarsier nicht nur von
Beutelthieren, sondern auch von den übrigen Säugthiergeschlechtern. In-
dessen haben der Kuskus und das Kenguruh in der untern Kinnlade auch
nur zween Vorderzähne; und die Ohren, der am Anfang haarige hernach
kahle Schwanz, die kahlen Füsse, der an den vordern (wenigstens in der
Abbildung) nicht deutlich, an den hintern aber desto besser von den übrigen
Zehen abgesonderte Daumen, nebst den Klauen, geben ihm eine auffallende
Aehnlichkeit mit den Beutelthieren. Diese hat mich bewogen, ihn denselben
Anhangsweise beyzufügen; ob ich gleich zugebe, daß der Tarsier mit dem

Loris in der Physiognomie, Länge der Hinterbeine und Kürze der ersten Zehe nächst **dem** Daumen an den Hinterfüssen übereinkömmt, und vielleicht beyde künftig unter Ein Geschlecht werden gebracht werden; welches von mir schon izo geschehen **wäre,** wenn mir nicht jene Uebereinkunft mit den Beutelthieren überwiegend geschienen hätte.

Das Vaterland des Tarsiers ist unbekannt.

———————

Zwanzigstes Geschlecht.

Der Maulwurf.

TALPA.

LINN. *syst. gen. 18. p. 73.*

BRISS. *quadr. gen. 41. p. 280, fig. 7; 203.*

MOLE.

PENN *syn. gen. 34. p. 311.*

Vorderzähne: sechse in der obern, und achte in der untern Kinnlade, von ungleicher Größe.

Seitenzähne: einer auf jeder Seite. Die obern sind größer als die untern.

Backzähne: auf jeder Seite in der obern Kinnlade sieben. Die drey vordersten sind sehr klein, der vierte viel länger; jeder hat eine einzige Spize; die drey hintersten sind größer, ihre Kronen breit mit drey Spizen. In der untern Kinnlade sind ihrer sechse; die beyden vordersten klein, und jeder mit einer Spize; der dritte größer, mit einer langen und zwo sehr kurzen Spizen ganz unten am Zahnfleische; die drey lezten mit breiten Kronen, deren jede fünf ungleiche Spizen hat, versehen. Die vordersten einfachern Backzähne rechnen manche zu den Seiten= zähnen.

Bbbb 3

Die **Vorderfüsse** sind groß, breit, in fünf ungleiche mit
langen Klauen bewafnete Zehen vertheilt. Die **Hinterfüsse** viel
kleiner, obgleich etwas länger, fünfzehig, mit kurzen Klauen
versehen.

Der **Kopf** ist dick und ohne einen bemerkbaren Hals mit
dem Leibe verbunden; er endigt sich vorwärts in eine lange
rüsselförmige Schnauze. Die Augen sind überaus klein, und
liegen fast in der Mitte zwischen der Spize der Nase und den
Ohren, oder vielmehr der mit einem etwas weniges erhabenen
Rande umgebenen Oefnung des Gehörganges, denn weiter ist
kein äusserliches Ohr vorhanden. Der Leib ist dick. Die Beine
sehr kurz, und unter der Haut versteckt, so daß nur die Füsse zu
sehen sind.

Die **Maulwürfe** leben in der Erde, graben cylindrische
Röhren in selbiger, und nähren sich von allerley Gewürm.

1.

Der gemeine Maulwurf

Tab. CLVI.

Talpa europæa; Talpa cauda brevi, pedibus pentadactylis ERXL.
mamm. p. 114.

Talpa europæa; T. caudata, pedibus pentadactylis. LINN. syst. p. 75.
faun. suec. p. 9. n. 23.

Talpa vulgaris; T. caudata nigricans, pedibus anticis et posticis pentadactylis. BRISS. quadr. p. 204.

Talpa. GESN. quadr. p. 931. mit einer schlechten Fig. ALDR.
dig. p. 449. fig. p. 451. IONST. quadr. p. 170 t. 66. Gesners
Figur. RAI. quadr. p. 236. KLEIN. quadr. p. 60.

2. Der gemeine Maulwurf. Talpa europæa.

Taupe. BVFF. 8. *p. 81. tab. 12. suppl. 3. p. 193. tab. 52.* GAUTIER *obs. 1. part. 3. p. 155. tab. B.*

Mole. PENN. *br. zool. p. 52. quadr. p. 311. n. 241.*

Talpa; Italiänifch. Topo; Spanifch. Toupeira; Portugiefifch.

Mol; Holländifch. Mole; Moldwarp; Want; Englifch. Muldvarp, Dänifch. Vond; in Norwegen. Mullvada; Schwedifch. Surk; in Smoland. Kret; Polnifch. Krot; Ruffifch. Vakondok; Ungarifch. Gwadd; Twrch daear; Cambrifch.

β. Der weißfleckigte Maulwurf.

Talpa variegata. BRISS. *quadr. p. 205.*

Talpa maculata Oostfrisia. SEB. *thes. 1. p. 68. tab. 41. fig. 4.*

Spotted mole. EDW. *glean. 2. p. 122. tab. 268.*

γ. Der weiſſe Maulwurf.

Talpa alba. SEB. *thes. 1. p. 51. tab. 52. fig. 1.* BRISS. *quadr. p. 205.*

δ. Der gelbe Maulwurf.

Yellow mole. PENN. *quadr. p. 311.* n. 241 β.

ε. Der graue Maulwurf.

Eine bisher unbekannte Art von Maulwürfen, der graue eifelifche Maulwurf. B. v. Hübfch. Naturf. 3 St. *p. 98.*

Die Schnauze des Maulwurfs ift lang und endigt fich in einen ftumpfen Rüffel. Die Bart= und Augenborften find kurz und fein. Der Schwanz ift fo kurz, daß er nur ohngefähr den fünften Theil der Länge des Thieres miffet; in der Mitte etwas verdickt, fchuppig und zugleich haarig. Die Vorderfüffe ftehen dicht am Kopfe, find rund, und ihre Sohle auswärts gekehret. Die Hinterfüffe gleichen denen an der Ratte. Die Zehen an beyden liegen parallel; die mittelfte ift die längfte und die äuffern stufenweise kürzer. Das 'Haar ist am ganzen Leibe dicht, fein, weich und von schwarzgrauer Farbe, die bald heller bald dunkler spielt, je nachdem man das Thier mehr von vorne oder von hinten ansiehet. Der schwarze weiß gefleckte Maulwurf, ingleichem der weiße Maulwurf sind Ausartungen, wovon jene bey London und in Ostfriesland, diese aber an mehr Orten, auch hier bey Erlangen gefangen worden ist. Der gelbe und graue sind mir nicht genau bekannt; vielleicht nur Spielarten des gemeinen Maulwurfs.

Er wohnt in ganz Europa und dem nördlichen Asien, auch in der Barbarey [a]), in Gärten, Wiesen, Reinen, seltener auf Aeckern. Seine Nahrung besteht in Regenwürmern, Maden von Insekten und anderem Gewürme, die er unter der Erde durch seinen sehr feinen Geruch zu ent= decken im Stande ist, und denen er nachgräbt. Diese Arbeit verrichtet er mit grosser Geschwindigkeit mit den Vorderfüssen, und mit den Hinterfüssen räumt er die aufgegrabene Erde hinter sich. Bey bevorstehendem Regen= und Thauwetter ist er mehr an der Oberfläche der Erde zu merken, weil die Regenwürmer dann in die Höhe gehen. In trocknem Wetter, da sich diese tiefer hinunter ziehen, gehen ihnen die Maulwürfe nach und werfen also seltener auf. In festem Boden macht der Maulwurf mehr Hügel als in trockenem, wo er mehr Röhren gräbt. Bey Ueberschwemmungen flüchten die Maulwürfe auf die Bäume.

Gegen das Frühjahr paaren sich diese, meines Wissens monogamische Thiere. Das Weibchen wirft, nachdem es eine kurze Zeit trächtig gewesen, in einem höher als gewöhnlich, aufgeworfenen und recht fest gewölbten, auch ringsherum mit Fluchtröhren versehenen Haufen, auf einem Lager von Moos und Blättern, vier bis fünf Junge, deren erste Nahrung, nächst der Muttermilch, der Vermuthung des Herrn Grafen von Büffon zu Folge, die Wurzel der Zeitlose [b]) ausmacht, die man zu der Zeit in dem Haufen und den dazu führenden Röhren antrift.

Da die Maulwürfe die Wurzeln der Gartenpflanzen los, und diese also verdorren, den Boden aber uneben machen; so thun sie den Gärten
sowohl

[a]) SHAW. voy. 1. p. 322.   [b]) Colchicum autumnale LINN.

ſowohl als trocknen Wieſen Schaden. Um deswillen werden ſie beym Aufwerfen ausgegraben, in Fallen, welche man in ihre Gänge ſtellt, gefangen, mit Gift getödtet, oder mit Witterungen verjagt *), wovon die bewährteſte der Wunderbaum *) ſeyn ſoll, wenn er in dem Garten dahin gepflanzt wird, wo die Maulwürfe herzukommen pflegen *). Die Wäſſerung der Wieſen iſt das ſicherſte Mittel, ſich dieſer beſchwerlichen Gäſte zu entledigen.

2.

Der langgeſchwänzte Maulwurf.

Talpa longicaudata; Talpa cauda mediocri, pedibus pentadactylis, poſticis ſquamoſis. ERXL. *mamm.* p. 118.

Long-tailed mole. PENN. *quadr.* p. 314. *n.* 244. *tab.* 28. *fig.* 2.

In der Geſtalt kömmt er mit dem gemeinen Maulwurfe überein; der Schwanz iſt aber länger, faſt halb ſo lang als der Leib; die Vorderfüſſe ſind eben ſo breit und mit fünf langen Klauen bewafnet, wie am gemeinen; aber die Hinterfüſſe ſchuppig, dünnhaarig und ihre Klauen länger, als der vorhergehende hat. Das Haar iſt rothbraun. Die Länge beträgt 4, 6 Zoll, und der Schwanz iſt 2 Zoll lang, alles nach engliſchem Maaße.

Das Vaterland Nordamerica *).

3.

Der rothe Maulwurf.

Talpa rubra; Talpa cauda brevi, palmis tridactylis, plantis tetradactylis. ERXL. *mamm.* p. 119.

*) Man ſehe hieben des Herrn Bernhard Abh. vom Wieſenbaue S. 348. u. f.
*) Ricinus communis LINN. *ſp. pl.* p. 1430.

*) Beytr. zur Beförderung der Naturk. S. 124.

*) Pennant.

Cccc

Talpa americana ruſa; T. caudata ex dilute cinereo ruſa, pedibus anticis tridactylis, poſticis tetradactylis.   BRISS. *quadr.*
p. 206.

Talpa rubra americana.   SEB. *theſ.* I. *p.* 51. *tab.* 32. *f.* 2.
KLEIN. *quadr.* p. 60.

Red mole.   PENN. *quadr.* *p.* 315. *n.* 246?

Er gleicht dem gemeinen Maulwurfe, iſt aber etwas gröſſer, hat
einen am Anfange dickern Schwanz, Vorderfüſſe wie der folgende, vier-
zehige Hinterfüſſe (wenn ſie anders richtig gezählt ſind), und eine rothe
ins lichtgraue fallende Farbe.   America iſt ſeine Heimath [a]).

Der Tukan [b]), mit welchem ihn der Herr Graf von Büffon für
einerley hält, ſcheinet mir eine Art Mäuſe zu ſeyn, da die Zähne eben ſo
beſchrieben werden, und das Fleiſch eßbar iſt [c]).

4.

Der Goldmaulwurf.

Tab. CLVII.

Talpa **aureà.**   PALLAS.

Talpa aſiatica; Talpa ecaudata, palmis tridactylis.   LINN.
ſyſt. *p.* 73. *n.* 2.

Talpa ſibirica aurea; T. ecaudata ex viridi aurea, pedibus
anticis tridactylis, poſticis tetradactylis [d]).   BRISS. *quadr.*
p. 206.

[a]) Seba.
[b]) Tucan.   FERNAND. *an. nov.
Hiſp.* 7.   BVFF. 15. *p.*159.
[c]) Fulvo pilo, brevi cauda, uncis unguibus longisque, roſtro murino, parvis
et orbicularibus auriculis, binisque ſu-
perna parte, totidemque inferne denti-

bus primoribus longis exſertis et incur-
vis, non ſine aliis, qui licet minores
ſunt tamen firmiſſimi. Edulis eſt caro,
pinguis et jucundo guſtu etc.   FER-
NAND. *l. c.*

[d]) Iſt unrichtig.

Talpa fibericus versicolor, Aspalax dictus. SEB. *thef.* I. *p.* 51.
tab. 32. *fig.* 4. das Männchen. 5. das Weibchen, von unten.
KLEIN. *quadr.* *p.* 60.

Siberian mole. PENN. *quadr.* *p.* 313. *n.* 242.

Die Schnauze ist an diesem Maulwurfe merklich kürzer, als an
dem gemeinen *); die Nase schaufelförmig und kahl, wie an dem Sie-
pez. Die Augen scheinen gänzlich zu fehlen; in der Gegend des Auges
steht ein weißliches Fleckchen. Der Schwanz fehlt. Die Vorderfüsse haben nur drey Zehen; die äusserste Klaue ist sehr groß und si-
chelförmig gekrümmt; die mittelste kleiner und die innerste sehr klein.
An den Hinterfüssen befinden sich fünf Zehen, deren Klauen viel kürzer
als die vordern, aber länger als an dem gemeinen Maulwurfe sind *).
Die Farbe des Haares ist braun, schillert aber gegen das Licht mit einem
ausserordentlich schönen Goldglanze in Grün und Röthlich. Der Kopf
spielt oben ins Violette. Zu beyden Seiten desselben ist ein weißlicher
Raum; auch ist die Schnauze unten weißlich, und die Kehle graulich
braun.

Ich bin diese Beschreibung der Geneigtheit des verdienten Herrn
Prof. Pallas schuldig. Sie ist nach einem ausgestopften Balge entworfen, an welchem die Zähne nicht mehr nach Wunsche gesehen werden
konnten. Die Vorderzähne in der obern Kinnlade liessen sich, wegen
der angetrockneten Lippe, nicht zählen; sie sind sehr klein. In der untern
sind vier lange und schmale Vorderzähne zu sehen *), wovon die beyden
mittlern kürzer sind. Der folgenden, an die Vorderzähne anschliessen-

Eccc 2

*) Doch ein wenig länger als die Sebai-
sche Figur zeigt.

*) In der Sebaischen Figur sind beyde,
die vordern sowohl als hintern, zu klein
vorgestellet. Das ganze Thier ist zu dick
und zu kurz, ohnfehlbar weil es im Weingeist gemahlt worden.

*) Sollte also wohl der Goldmaulwurf,
und vielleicht der vorhergehende gleichfalls,
da die Füsse an beyden ähnlich sind, vielmehr zu dem folgenden Geschlechte gehören?
Oder verbindet der Goldmaulwurf das Geschlecht der Maulwürfe mit den Spizmäu-
sen? Lezteres ist die Muthmaßung des
Herrn Prof. Pallas.

den, vordern Back- oder wenn man will Seitenzähne sind oben und unten auf jeder Seite viere, wovon die vordersten die kleinsten und die folgenden stufenweise länger sind. Die hintern Backzähne sind zackig; ihre Anzahl ist nicht zu bestimmen.

In Ansehung des Vaterlandes von diesem Thiere hat Seba, der es zuerst bekannt gemacht, die Zoologen bisher sehr irre geführet. Er gibt Sibirien dafür an. Allein keiner der Herren Akademisten, die besagtes Land bereiset, hat es daselbst gesehen. Der Herr Prof. Pallas hat sich alle mögliche Mühe gegeben, es daselbst habhaft zu werden; allein umsonst. Endlich hat er in Erfahrung gebracht, daß es am Vorgebirge der guten Hofnung zu Hause ist, und das obbeschriebene ausgestopfte Stück erhalten, welches daher gebracht worden war.

Ein und zwanzigstes Geschlecht.
Die Spizmaus.

SOREX.

LINN. *syst. gen. 19. p. 73.*

BRISS. *quadr. gen. 27. p. 178, fig. 2; 126.*

ERXL. *mamm. gen. 14. p. 121.*

SHREW.

PENN. *quadr. gen. 33. p. 307.*

Vorderzähne: in der obern Kinnlade zween lange Schneidezähne, in der untern vier, oder auch nur zween dergleichen, die jenen an Länge ohngefähr gleich kommen; die mittlern sind etwas kürzer als die äussern.

Die Seitenzähne fehlen, woferne man nicht die ersten Backzähne für solche annehmen will, die, wo nicht in beyden Kinnladen, doch in der untern, dicht an die vordern anschliessen, und sich nur in eine Spize endigen.

Die lezten Backzähne haben mehrere spizige Zacken.

Zehen sind an jedem Fusse fünfe.

Der Kopf ist gestreckt, und verlängert sich in eine konische Schnauze, mit einem spizigen Rüssel. Die Augen sehr klein. Einige Arten haben kurze rundliche Ohren.

Der Leib dicke.   Die Vorderfüsse sind an den beyden ersten Arten fast wie am Maulwurfe gestaltet, und die Aehnlichkeit derselben mit diesem ist überhaupt groß und kenntbar.   An den übrigen sind die Vorderfüsse klein; in der Gestalt des Körpers gleichen sie den Mäusen, den Kopf abgerechnet, worinn sie jenen beykommen.

Sie wohnen in der Erde, ein paar Sorten am Wasser; graben und nähren sich meistens von Insecten und Gewürme.

1.

Der Weißschwanz.

Tab. CLVIII.

Sorex **aquaticus**; Sorex plantis palmatis, palmis caudaque breviore albis. LINN. *syst.* p. 74. *n.* 3.

Talpa virginianus niger.   SEB. *thes.* I. *p.* 51. *t.* 32. *f.* 3.

Brown mole. PENN. *quadr.* p. 314. *n.* 245.

Das äusserliche Ansehen kömmt mehrentheils mit dem Maulwurfe überein.   Das Haar ist dunkelgrau, an den Spizen braun, und glänzend.   Die Vorderfüsse und der Schwanz weiß.   Die Länge fünf, des Schwanzes noch nicht ein Zoll.

Zähne: vorn oben zween, unten viere, wovon die beyden mittlern sehr kurz sind [a]).

Das Vaterland dieses Thieres ist Nordamerica.

2.

Die Kammnase.

Sorex **cristatus**; Sorex naribus carunculatis, cauda brevi. LINN. *syst.* p. 73. *n.* 1.

[a]) Linné, Pennant.

Radiated mole. PENN. *quadr.* *p.* 313. *n.* 243. *tab.* 28.
    fig. 1.

Sie hat ganz das Ansehen eines Maulwurfes. Der Rüssel ist eben
so lang. In jedem Nasenloche stehet ein Kamm mit zehen bis funfzehen zugespizten kahlen Zacken. Der Schwanz ist dünne behaart, noch
nicht halb so lang als der Leib. Die Hinterfüsse sind schuppig. Das
Haar kurz, fein und dicht, von schwarzbrauner Farbe. Die Vorderfüsse weiß. Länge: 3¼, des Schwanzes 1½ Zoll engl. Maaß.

Zähne: oben zween, unten vier Vorderzähne; vier Seiten- oder
vordere Backzähne ⁿ).

Sie wohnt in Nordamerica, wo sie in unbearbeiteter Erde unterirdi-
dische Gänge von allerley Richtungen macht, und nähret sich von Wurzeln ᵇ).

3.

Der Wúchuchol.

Tab. CLIX.

Sorex moschatus. PALLAS Reise Th. I. S. 156. LEPECHIN
    Reise I Th. S. 178. *tab.* 13.

Sorex moschatus; S. pedibus palmatis, cauda compresso-lanceo-
    lata. ERXL. *mamm.* p. 127.

Castor moschatus; Castor cauda longa compresso-lanceolata, pe-
    dibus palmatis. LINN. *syst.* p. 79. *n.* 2. *faun.* p. 11. *n.* 28.
    Westgoth. Reise p. 161.

Castor mus moschiferus; C. cauda verticaliter plana, digitis
    omnibus membrana inter se connexis. BRISS. *quadr.* p. 92.

Mus aquaticus. CLVS. *exot.* p. 375. mit einer ziemlich guten
    Figur. IONST. *quadr.* p. 169. *t.* 73. die nehmliche.

Mus aquatilis. ALDROV. *dig.* p. 447. mit eben der Figur p. 448.

) Linne, Pennant.   ᵇ) Pennant.

Mus aquaticus exoticus. RAI. *quadr* p. 217. GMÉLIN
nov. **comm**. *Petropol. tom.* 4. *p.* 383. mit einer Figur *tom.* 5.
tab. 13.

Desman. BVFF. 10. *p.* 1 *tab.* 2. Güldenstedt Beschäftigun-
gen der naturf. Freunde 3 Th. S. 107. *tab.* 2.

Long-nosed beaver. PENN. *quadr.* *p.* 260. *n.* 192.

Bisamraze. S. G. Gmelins Reise I Th. S. 28. *tab.* 3. 4.

Wuichochól, Wuichuchól; Russisch. Chochul; in der Ukraine.
Tschirsin; an der Okka. Däsman, Däsmans rotta; Schwedisch.

Er ist grösser als der grösste Hamster, und hat völlig das Ansehen
einer Spizmaus, ist aber kürzer und platter. Der Kopf, wie ihn die
Maulwürfe haben, zwischen die Vorderbeine zurückgezogen. Der lange
Rüssel knorplig, platt, sehr beweglich, (das Thier trägt **ihn** gemeiniglich
unterwärts gebogen, **wie ihn die** Figur vorstellet) fast **kahl, mit** einem
nach der Länge hin laufenden vertieften Striche. Die Nasenlöcher sind
mit einer inwendig hervorstehenden Warze halb geschlossen. Die weißlichen Bartborsten stehen in ohngefähr zwölf Reihen an beyden Seiten des
Rüssels bis fast an die Augen hin. Die Lippen sind fleischig und schlaff.
Die Augen nicht grösser als ein Mohnkorn, jedoch auf dem ovalen weißlichen Flecke, der sie umgibt, deutlich genug zu sehen. Die Ohren fehlen gänzlich, und die Mündungen der Gehörgänge sind mit Haaren dicht
bedeckt; ein weißlicher Fleck zeigt ihre Stelle. Der Leib ist platt, bau-
chig; mit der sackförmigen Haut schlaff überzogen, die eine sehr starke
Fleischhaut unterstüzt. Der Pelz von der nehmlichen Beschaffenheit,
wie am Biber, aus sehr **weichen** wolligten und glatten längern Haaren,
oben von rothbrauner, unten weißlich aschgrauer mit einem Silberglanze
überlaufenen Farbe zusammengesezt. Die Füsse sind kahl; sie haben **auf**
der obern Fläche kleine Schuppen, auf der untern eine chagrinartige
Haut, und zwischen den Zehen Schwimmhäute. Ein Büschel steifer
Haare stehet äusserlich an den Fersen der vordern Füsse; die hintern sind
am ganzen äussern Rande mit steifen Haaren, wie mit Fransen eingefaßt; inwendig kahl. Der Schwanz ist **an** seinem Ursprunge dünner
als etwas weiter hin, wo er sich schnell **verdickt und in** einen walzenför-

migen

migen Umfang anschwillt; im Fortgange wird er nach und nach zusammengedrückt und senkrecht zweyschneidig, der Umriß länglich lanzettför-
mig *), unten mit einem scharfen Rande abgeschnitten, auf der ganzen
Oberfläche mit Schuppen und dazwischen zerstreut liegenden Haaren bedeckt. Die Farbe des Schwanzes und der Füsse ist schwärzlich.

Vorderzähne hat er oben zween grosse dreyseitige spizige; unten vier
schmale, lange, oben abgestuzte, parallel stehende, wovon die mittlern etwas kürzer sind. Seitenzähne: oben und unten sechse; sie sind klein,
konisch, etwas ungleich, greifen wechselsweise in einander und geben dem
Gebisse eine sägeförmige Gestalt. Backzähne: oben viere, unten dreye,
die sägeförmige Zacken haben. Der leztere Seitenzahn ist stärker als die
übrigen, und kan allenfalls für einen Backzahn gelten.

Die obgedachte Fleischhaut, womit das Thier seinen Körper verklei-
nern kan, entspringt vornehmlich von zween Muskelpaaren, die sich apo-
neurotisch ausbreiten, deren eins unter dem Arme, das andere über den
Schooßbeinen seinen Anfang nimmt. Sie hat grosse Blutgefässe; besonders sind die zurückführenden ansehnlich. Die von der izt genannten Art
sind an den Hinterbeinen und im Unterleibe vorzüglich groß; und besonders die Bauchadern *), nebst ihren grösten Zweigen, knotig aufge-
schwollen. Die Holader erweitert sich unterhalb der Nieren, und bildet
zween aneinander stossende ovale Säcke, aus welchen die Bauchgefässe
hervorgehen. Der Pulsaderkanal *) ist sehr sichtbar, aber nicht offen.
Das eyrunde Loch mit einem fast nezförmigen Gewebe, gleichsam wie ein
Sieb, ausgefüllet, welches hie und da durchbrochen erscheinet. Der
Magen ist ziemlich groß; man findet gemeiniglich Egel und Maden darinne. Der Darmkanal weit, ohngefähr zehen Fuß lang. Die Leber mit
einer Gallenblase versehen.

Am Anfange des Schwanzes, an dessen unterer Seite, liegen sieben
oder acht ovale grössere Balgdrüsen in doppelter Reihe wechselsweise dicht
aneinander, die mit einem festen fadigten Gewebe fest verbunden sind, aber
keine Communication unter einander haben, und zwischen denselben mehrere

---

*) Lineari-lanceolata.   *) Venæ iliacæ.   *) Ductus arteriosus Botalli.

Dddd

kleinere näher an der Haut.   Sie sind alle gelblich, inwendig hol, und geben durch kleine Oefnungen zwischen den Schuppen des Schwanzes, wenn sie gedrückt werden, eine überaus stark riechende flüssige Feuchtigkeit von sich, die eine gelbliche Farbe hat, an Consistenz fast dem Eiter, in dem überaus durchdringenden und unvergänglichen Geruche aber dem Zibeth völlig gleich kömmt, und wie Oel mit Sprazeln brennet *).

Der Wúchuchol wohnet einzig in der Gegend zwischen der Wolga und dem Don, und zwar zwischen dem 50 und 57ten Grade der Breite.   In diesem Striche Landes ist er überaus gemein.   Am Jaik aber findet man keinen mehr: eben so wenig kömmt er in Sibirien irgendwo vor.   Da er auch gegen Westen sich nicht weiter ausgebreitet hat: so ist zu zweifeln, daß der Bericht, nach welchem ihn der Herr Archiater von Linne' unter die Bürger der schwedischen Fauna gerechnet hat, zuverlässig gewesen sey.   Der Aufenthalt dieses Thieres ist an den Seen der dortigen Niedrigungen.   In die hohen Ufer derselben gräbt es sich Hölen, deren Eingang unter dem Wasser ist, aber schräge aufwärts führet, so daß das Nest trocken bleibt.   Im Winter hat es also keine andere Luft, als die unterirdische in seiner Höle.   Hingegen siehet man es, sobald das Eis vergangen, fleissig auf die Oberfläche des Wassers kommen und an der Sonne spielen.   Es nähret sich blos von Würmern und besonders Blutegeln, welche es mit unglaublicher Geschwindigkeit aus dem Schlamme aufwühlt; wozu sein sehr nervenreicher empfindlicher und zu allen Arten der Bewegung geschickter Rüssel überaus brauchbar ist.   Da es aber um deswillen oft und lange unter dem Wasser seyn muß; so verschafft ihm der obgemeldete Bau der Blutgefässe die Möglichkeit, des Othemholens länger als andere Säugthiere entbehren zu können.   Muß es aber

*) Obstehende Beschreibung der Bisamratte ist von dem Herrn Professor Pallas, und aus einem lateinischen Aufsatze genommen, den er mir mit der Erlaubniß hier Gebrauch davon zu machen, gütigst mitgetheilt hat.   Man wird darinn, auch ohne mein Erinnern, die neuen Bemerkungen nicht verkennen, wodurch dieser unermüdete Naturforscher die natürliche Historie des merkwürdigen Thierchens berichtigt und bereichert.   Die folgenden Nachrichten von der Bisamratte sind theils eben daraus, theils aus seinen Reisen geschöpfet.   Ihm habe ich auch die sehr genaue Abbildung zu danken, welche diesen Artikel zieret.

zu lange unter dem Waſſer verweilen: ſo erſtikt es. Man findet daher die Biſamratten, die ſich in den Fiſchreuſen und Stellnezen gefangen haben, gemeiniglich tod. Im Trocknen kan es dagegen gut aushalten; ohnerachtet der gemeine Mann in Rußland das Gegentheil glaubt.

Man hört dis Thier oft mit den Lippen wie eine Ente im Waſſer ſchnattern, wobey es den Rüſſel in den Mund nimmt. Wenn es aber gereizt wird: ſo läßt es eine ſchwache quitternde Stimme von ſich hören, und beißt gefährlich. Die Eingeweide haben, auch wenn ſie friſch ſind, einen ſtrengen Schwefelgeruch. Die ſehr wohlfeilen Felle gebraucht man zu Verbrämung gemeiner Pelzkleider; das Haar würde zu Hutfilzen eben ſo dienlich ſeyn als Biberhaar ʼ). Um die Motten von dem Pelzwerke, beſonders den Zobelbälgen, abzuhalten, pflegt man die Schwänze von dieſen Thieren dazu zu legen ⁄). Den Biſam derſelben könnte man vielleicht ſtatt des Zibeths gebrauchen ᵍ); jedes Thier gibt deſſen ohngefähr einen Scrupel ʰ). Verfolger des Wuchuchols ſind der Wals und Hecht, welche ihn häufig freſſen; lezterer bekommt davon einen ſo ſtarken Zibethgeruch, daß er nicht zu eſſen taugt ⁱ).

4.

Die Waſſerſpizmaus.

Tab. CLXI.

Sorex fodiens. PALLAS.

Sorex Daubentoni; S. cauda mediocri ſubnuda, corpore nigricante ſubtus cinereo, digitis ciliatis. ERXL. mamm. p. 124.

Muſaraneus dorſo nigro ventreque albo. MERR. pin. p. 167.

Muſaraigne d'eau. DAVBENTON Mém. de l'Acad. de Paris

Dddd 2

ʼ) Pall. N. I. Th. S. 156. 130.

ᵍ) 7 Th. S. 42.

ʰ) Gmelins N. I. Th. S. 29.

⁄) Müllers Sammlung Ruß. Geſch. 3 Th. S. 503.

ⁱ) Nov. comm. Acad. Imp. Petrop. t. IV. ſummar. p. 48.

1756. *p.*211. *tab.* 5. *fig.* 2. BVFF. 8. *p.* 64. *tab.* II. *fig.* I.

Water-ſhrew. PENN. *quadr.* p. 308. *n.* 236.

Gräber; um Berlin.

Souris d'eau; in Bourgogne. Blind-mouſe; Engliſch.

Sljepuſtſchonka; Putaraka; in Rußland.

Der Kopf iſt länglich, die Schnauze dünne, jedoch dicker und die Spize des Rüſſels breiter, als an der folgenden gemeinen Art. Die Bartborſten ſind zahlreich, und die hinterſten die längſten. Keine Bor- ſten über den Augen und auf den Backen, am Kinne aber einige kurze. Die Ohren meiſtens unter dem Haar verſteckt, rundlich und kahl. Der Schwanz etwas kürzer als der Leib, ſchuppig und dünnhaarig. Die Beine länger als an der folgenden, die Füſſe haarig, die Fußſohlen mit Franſenhaaren eingefaßt. Die Farbe iſt auf dem Rücken rothbraun, wozwiſchen die ſchwärzliche des untern Theils der Haare hervorſticht; auf der Bruſt und dem Bauche weißgrau, ſo ins gelbliche ſpielet, und mit Aſchgrau, der untern Farbe des Haares, vermengt iſt. Der Körper miſſet, nach Herrn Daubentons Angabe, bis an den Schwanz drey, und der leztere zween Zoll und drey Linien.

Vorderzähne hat die Waſſerſpizmaus oben und unten zweene, die zuſammengedrückt und ſpizig ſind. Die in der untern Kinnlade ſtrecken ſich gerade vorwärts. Seiten- oder vordere Backzähne: oben drey, un- ten zweene; dieſe ſind kleiner als die übrigen, und haben nur einfache vorwärts gerichtete Spizen. Backzähne: oben viere, wovon der lezte der kleinſte iſt, unten drey; die Kronen der erſtern ſind breiter als die an den lezten, alle aber mit ſpizigen Zacken verſehen [*)].

Sie hat ihren Aufenthalt an Quellen und Bächen; kömmt aber viel ſeltener vor, als die gemeine Spizmaus. Am Tage liegt ſie in dem

_____

[*)] Man ſehe die Abbildung der Zähne *l'Acad. Royale des Sciences 1756.* auf von dieſem Thiere in den *Mémoires de* der ſechſten Platte.

Loche, welches sie im Ufer hat, verborgen, und ist nur früh und Abends zu sehen, da sie nicht selten im Wasser schwimmend bemerkt worden ist. Sie wirft im Frühjahr gewöhnlich neun Junge [b], und säuget selbige mit zehn am Bauche stehenden Zizen [c].

Merret hat sie zuerst 1670 in dem obangeführten Verzeichnisse englischer Thiere nahmentlich angezeigt; sie ist aber nachher in Vergessenheit gerathen. Herr Daubenton fand sie in Bourgogne, und beschrieb sie 1756 als ein neuentdecktes Thier. Ein Jahr vorher ward sie vom Herrn Prof. Pallas bey Berlin wahrgenommen, der sie unter dem obigen Namen in Kupfer stechen ließ. In einer zum Naturaliencabinet unserer Universität gehörigen Sammlung von Handzeichnungen, die ehedem dem Herrn Secretär Klein gehöret hat, befindet sich eine schon 1659 von einem Mahler Niedenthal in Danzig gemachte ziemlich gute Abbildung von ihr; er selbst besaß eine aus dem Flusse Radaune, und es ist zu verwundern, daß er ihrer in seinen Schriften mit keinem Worte gedenkt. Im Orenburgischen und am Jenisei in Sibirien hat sie der Herr Professor Pallas auf seiner Reise bemerkt [d]. Sie ist also einem grossen Theil von Europa gemein.

5.
Die gemeine Spizmaus.
Tab. CLX.

Sorex Araneus; Sorex cauda mediocri, corpore subtus albido. LINN. *syst.* p.74. *n.* 5. *faun.* p.9. *n.* 24.

Musaraneus supra ex fusco rufus, infra albicans. BRISS. *quadr.* p.126.

Mus araneus. GESN. *quadr.* p.747. mit einer mittelmässigen Figur. ALDR. *dig.* p.441. die Figur p.442. IONST. *quadr.* p.168. *tab.* 66. RAI. *quadr.* p.239.

Dddd 3

[b] BVFF. a. a. O. [c] DAVBENTON. [d] Pallas R. I.Th. S.113. II.Th. S.664.

Muſaraigne. DAVBENTON *Mém. de l'Acad. de Paris* 1756
　p. 211. *tab.* 5. *fig.* 2. BVFF. 8. *p.* 57. *tab.* 10. *fig.* 1.

Shrew-mouſe. PENN. *brit. zool.* p. 54.

Fœtid Shrew. PENN. *quadr.* p. 307. *n.* 235

Μυογάλη; μυγαλῆ; bey den Griechen. Mus araneus, mus cæ-
　cus; bey den Römern.　　Muzeraigne; Muſerain; Muſet;
　Muſetre; Sery; Sri; alt Franzöſiſch. Muſet; Mu-
　ſette; in Savoyen. Muſarring; in Bündten. Topa-
　ragno; Italiániſch. Musgaño; Portugieſiſch. Murganho;
　Spaniſch.

Shrew; Shrew-mouſe; Engliſch. Llygoden goch; Chwiſtlen;
　Cambriſch.

Näbb-mus; Schwediſch. Nebbe-mus; Muſelkiær; in Norwe-
　gen. Angel-muus; Däniſch. Spitsmuis; Holländiſch.

Spizmaus; Teutſch. Biſammaus; in Schleſien. Mützer;
　in der Schweiz.

Keret; Polniſch. Patkány; Ungariſch.

　　Die Schnauze endigt ſich in einen ſehr dünnen und ſpizigen Rüſſel.　　Die Bartborſten ſind kurz.　　Die Ohren rundlich, kahl, zwar
kurz, aber doch ſo lang, daß ſie aus dem Haare heraus ragen.　　Der
Schwanz halb ſo lang als der Leib und ſehr kurz behaart.　　Die Beine
kurz, dünne, und die Füſſe kahl.　　Das Haar iſt kurz und weich, auf
dem Rücken röthlich braun, mit durchſpielendem Aſchgrau; welche Farbe
auf dem Kopfe und an den Seiten des Leibes lichter fällt.　　Kehle,
Bruſt und Bauch ſind ſchmuzig grau mit einer lichten Beymiſchung von
Gelb.　　Sie kömmt in der Gröſſe mit der Hausmaus ohngefähr überein; denn ihre Länge beträgt drittehalb bis drey Zoll, und ihr Ge-
wicht ᵃ) drey Quentchen. — Die Zähne ſind eben ſo gebildet, wie im
Gebiſſe der vorhergehenden.

　ᵃ) Daubenton.

Sie wohnt in ganz Europa, auch im nordlichen Asien [8]), in Steinhaufen, um die Dörfer in der Erde, besonders unter Misthaufen, in
Ställen, Scheunen, auf Heuböden, und sonst in Häusern, wo es feucht
ist, auch am Wasser, frißt Insecten und (vielleicht) allerley Unreinigkei-
ten, auch Körner, und hat einen widrigen Bisamgeruch; deswegen sie
von den Kazen nicht gefressen wird. Die Oefnung ihres Mundes ist
zu klein, und ihr Gebiß so beschaffen, daß sie nicht beissen kann; es ist
also ein Irrthum, wenn der Landmann meint, sie beisse das Rindvieh
zuweilen in die Euter, und der Biß sey giftig. Sie läuft langsamer als
die Hausmaus. Gräbt. Ihre Stimme ist sehr fein und pfeifend.

Sie wirft im Frühling und Sommer jedesmal fünf bis sechs Junge [9]).

6.
Die surinamische Spizmaus.

Diese, meines Wissens nirgend beschriebene Spizmaus, hat mit der
Wasserspizmaus eine grosse Aehnlichkeit, gleicht jedoch in manchen Stücken mehr der gemeinen Art, und ist also eine Mittelgattung zwischen beyden. Der Kopf und die Schnauze gleichen der Wasserspizmaus; der
vorn tief eingekerbte Rüssel ist aber etwas kürzer, und die Bartborsten,
besonders die hintersten, ein wenig länger. Die Augen sind eben so
klein; die Ohren aber, so wie an der gemeinen Spizmaus, grösser und
deutlich zu sehen; der Form nach rundlich, kahl, und nur am Rande
mit kurzen Haaren besezt. Der Leib an Grösse der Wasserspizmaus fast
gleich. Der Schwanz kürzer als an beyden vorhergehenden, kaum halb
so lang als der Leib, mit ganz kurzen Haaren dicht bedeckt, zwischen
welchen einzelne lange borstenförmige stehen. Die Beine eben so stark,
als an der Wasserspizmaus; die Füsse dünnhaarig, in fünf Zehen getheilt, wovon die äussersten kleiner als die übrigen sind. Die Farbe der
Schnauze ist rothbraun; an der Spize derselben scheinet wegen der Dünne
des Haares, die weisse Farbe der Haut stark hervor, und der fast ganz

[8]) Der Herr Prof. Pallas hat sie häufig   [9]) Daubenton.
am Jenisei gesehen. Reis. II Th. S. 664.

kahle Umfang des Maules ist ebenfalls weiß. Der Rücken dunkel roth-braun auf aschgrauem Grunde, welcher stark hervorsticht. Brust und Bauch weißlich grau, so sich kaum merklich ins gelbliche ziehet. Die Haare an den Hinterfüssen hell rothbraun. Der Schwanz oben schwärz-lich grau, unten weißlich. Der Leib ist von dem Rüssel bis an den Schwanz noch nicht ganz 3, der Schwanz 1½ Zoll lang. Die Zähne kommen mit der Wasserspizmaus überein.

Sie wohnt in Surinam.

7.
Die persische Spizmaus.

Sorex pusillus. S. G. Gmelins Reise 3 Th. S. 499. tab. 75. f. 1.

Sorex pusillus; Sorex auriculis rotundatis, cauda brevi subdisti-cha. ERXL. mannn. p. 122.

Diese Spizmaus hat mit der vorigen eine auffallende Aehnlichkeit; ich würde sie beyde für nicht unterschieden halten, woferne das Vater-land und die Proportion der Theile solches zuliessen. Die Schnauze ist kürzer als an der vorhergehenden; selbst der gleichfalls tief eingekerbte Rüssel scheinet nicht so lang zu seyn. Die Ohren sind rundlich und nicht kleiner als an der vorhergehenden. Die Augen eben so klein. Die Far-be ist oben dunkelgrau, unten aschgrau. Der kurze Schwanz an beyden Seiten mit weißlichen langen Haaren besezt. Die Zähne wie an der ge-meinen Spizmaus. Der Grösse nach übertrift sie die vorige; denn sie ist über 3½ Zoll lang; sollte also billig nicht pusillus heissen.

Sie wohnt in Gilan und Masanderan auf den Steppen, in Hölen, die sie selbst gräbt.

8.
Die javanische Spizmaus.

Sorex murinus; Sorex cauda mediocri, corpore fusco, pedibus caudaque cinereis. LINN. syst. p. 74. n. 4. PENN. syn. p. 309. n. 238.

Der

Der lange Rüffel hat unten eine Furche. Die Bartborften find lang. Die Ohren rundlich und kahl. Der Schwanz kürzer als der Leib. Die Farbe ift braun; Schnauze und Füffe find grau. Vorder-zähne oben und unten zween *).

Sie wohnt in Java.

9.
Die brafilifche Spizmaus.

Sorex brafilienfis; Sorex fufcus, dorfo ftriis tribus nigris. ERXL. *mamm.* p. 127.

Mufaraneus figura muris. MARCGR. *Brafil.* p. 229.

Mufaraneus brafilienfis; M. fufcus, tribus tæniis in dorfo nigris. BRISS. *quadr.* p. 126.

Mufaraigne de Bréfil. BVFF. 15. p. 160.

Brafilian fhrew. PENN. *quadr.* p. 309. n. 239.

Die Farbe ift dunkelbraun. Ueber den Rücken laufen drey breite schwarze Streife nach der Länge hin. Die Länge des Körpers beträgt fünf, des Schwanzes zween Zoll.

Sie wohnt in Brafilien, ift dreift und fürchtet fich nicht für den Kazen, welche auch nicht Jagd darauf machen *b*).

10.
Die kleinfte geschwänzte fibirifche Spizmaus.

Sie ift etwas bräunlicher als die gemeine Spizmaus, und hat einen nach Proportion des Leibes fehr dicken, vollrunden, am Leibe aber zufam-mengezogenen Schwanz. Sie wiegt etwa eine halbe Drachme nach Apo-thekergewicht, und ift alfo das kleinfte unter allen bisher bekannten Säug-thieren *c*).

Der Herr Profeffor Pallas hat fie in Sibirien am Jenifei entdeckt. Sie hält fich gern am Waffer auf.

a) Linne.   *b*) Marcgr.   *c*) Pallas R. II Th. S. 664.

II.

Die kleine ungeschwänzte sibirische Spizmaus.

Tab. CLXI. B.

Sorex minutus; Sorex rostro longissimo, cauda nulla. LINN.
syst. p. 73. *n.* 2.

Sorex pygmæus; Sorex rostro longissimo, pedibus pentadactylis,
cauda nulla. Laxmanns Sibir. Briefe p. 72.

Minute shrew. PENN. *quadr.* p. 308. *n.* 237.

Sie unterscheidet sich von allen übrigen durch den Mangel des
Schwanzes, und wenn man die unmittelbar vorhergehende ausnimmt,
durch die Grösse; nächst dieser ist sie das kleinste unter den Säugthieren.
Wenn sie sich ausstreckt, so macht ihre ganze Länge nur 2 Londner Zoll;
sie wiegt lebendig nur 38 Gran. Der Kopf ist beynahe so lang als
der übrige ganze Leib. Die Schnauze läuft spizig zu, und kan etwas
eingezogen werden. Der Rüssel hat vorn eine flache Einkerbung. Die
feinen Bartborsten füllen den Raum zwischen ihm und den Augen. Die
Augen sind klein und liegen tief im Kopfe. Die Ohren weit, aber sehr
kurz und fast kahl. Das Haar ist fein und glänzend, auf dem Rücken
schwärzlich grau (mit bräunlichen Spizen, denn diese Farbe hat das
Thierchen in dem Gemählde), unten weißlich.

Diese kleine Spizmaus wohnt in Sibirien, unter Baumwurzeln in
feuchten Gebüschen, in einem von Moos verfertigten, und mit Saamen
angefülltem Neste. Sie läuft und wühlt sehr geschwind, beißt aber mit
sehr wenigem Nachdrucke. Gereizt schreyet sie fast wie eine Fleder-
maus *).

Meine Abbildung dieses seltenen und noch nicht in Kupfer vorgestell-
ten Thierchens habe ich der Geneigtheit des Herrn Profess. Laxmanns zu
verdanken, der die Naturgeschichte mit der Kenntniß desselben bereichert hat.

*) Laxmann a. a. O.

Zwey und zwanzigstes Geschlecht.
Der Igel.

ERINACEVS.

LINN. *syst. gen. 20. p.75.*

BRISS. *quadr. gen. 28. p. 180. fig. 3; 128.*

ERXL. *mamm. gen. 18. p. 169.*

HEDGE - HOG.

PENN. *quadr. gen. 35. p. 316.*

Vorderzähne: zween in jeder Kinnlade, die walzenförmig, und von innen nach auffen schief zugeschärft sind. Die in der obern Kinnlade stehen in einer solchen Entfernung von einander, daß die untern, dicht aneinander schräge vorwärts liegenden, hinein passen.

Die Seitenzähne mangeln, wenn man nicht die einfachern Backzähne dafür annehmen will. In der obern Kinnlade sind deren fünfe; der vorderste, der von dem nächsten Vorderzahne etwas abstehet, ist der kleinste, und zwischen dem zweeten und dritten eine kleine Lücke. In der untern dreye, die vorwärts gestreckt sind, und dicht an die Vorderzähne anschliessen.

Backzähne: oben und unten viere, deren Kronen viereckig, breit und mit kurzen Zacken versehen sind. Der vorderste ist der längste und der hinterste der kleinste.

Der Zehen sind durchgehends fünfe. Die Daumenzehe ist kürzer als die übrigen.

Eeee 2

Der Kopf hat **eine konische Gestalt,** und gehet vorn in einen abgestuzten Rüssel aus. Die Augen stehen von der Spize desselben etwas weiter ab, als von den kurzen rundlichen Ohren. Der Hals ist kurz und sehr dick. Der Rücken flach gewölbt und mit cylindrischen geraden, unten wo sie **an der Haut** festsizen, dünnern, in eine sehr feine scharfe Spize ausgehenden Stacheln bedeckt, deren Umfang sich vorwärts bis auf **den** Scheitel zwischen den Ohren erstreckt. Die **übrigen Theile** des Leibes tragen harte, borstenförmige Haare. **Der Schwanz** ist fast nicht **zu** merken, auch die Beine sind sehr kurz.

1.

Der gemeine Igel.
Tab. CLXII.

Erinaceus europæus; Erinaceus auriculis rotundatis, naribus cristatis. LINN. *syst. p.*75. *faun. p.*8. *n.*22. Gothl. R. S. 264.

Erinaceus auriculis erectis. BRISS. *quadr. p.*128.

Erinaceus parvus nostras. SEB. *thes.* I. *p.*78. *tab.* 49. *fig.* I. 2.

Echinus terrestris. GESN. *quadr. p.*368. mit einer guten Fig. ALDROV. *dig. p.*459. IONST. *quadr. p.*171. *tab.* 68. RAI. *quadr. p.*231.

Hérisson. BVFF. 8. *p.* 28. *tab.* 6.

Common hedge-hog. PENN. *quadr.* **p.** 316. *n.* 247. *tab.* 28. *fig.* 3. *br. zool. p.* 51.

Igel. Knorrs *delic. tom.* 2. *tab. K. fig.* 3.

Ἐχῖνος; der Griechen. Erinaceus; Herinaceus; der Römer. Erinaceo; Riccio; Aizzo; Italiänisch. Erizo; Spanisch. Ourizo; Portugiesisch. Hérisson; Französisch. Eurchon; alte Fran-

1. Der gemeine Igel. Erinaceus europæus.   581

zöfifch. Hedge - hog; Englifch. Urchin; alt Englifch. Pind-
fviin; Dänifch. Buftivil; in Norwegen. Igelkott; Schwedifch.
Jez; Polnifch. Jefch; Ruffifch. Tovis Difznó; Ungarifch.
Draenog; Draen y coed; Cambrifch.
Hærbe; Ganfud; bey den Arabern in Aegypten.

Der Rüffel ift fpizig, vorn eingekerbt. Aus jedem Nafenloche ragt
auf der äuffern Seite der umgebogene Rand als ein kurzer hautartiger
gefalteter Kamm hervor. Das Maul ift bis unter die Augen aufgefpal-
tet. Der Bartborften find wenige, und fie nehmen fich bey ihrer Kürze
nicht deutlich aus. Ueber den Augen und auf den Backen finde ich keine ihnen ähnliche Haare. Die Ohren find breit, kurz, haarig. Die
Augen klein und fchwarz. Der Kopf hat weißlich rothgelbes mit ganz
weiffem vermifchtes Haar. Von der Nafe bedeckt ein dunkelbrauner mit
weißlichem Haar gemifchter Fleck die Oberlippe bis an den hintern Mundwinkel, von welchem fich ein fchmaler Streif nach dem Auge ziehet, und
es umgibt. Hinter felbigem fteht ein rundlicher weiffer Fleck. Die untere Lippe hat die nehmliche Farbe wie die obere. Die Ohren find weißgrau. Das Haar an dem Halfe, unter dem Umfange der Stacheln, auswendig an den Beinen und um den Schwanz ift licht rothgelb; fällt aber etwas ins graue; am Schwanze dunkler; die Kehle weißgrau; Bruft und Bauch weißgrau und weißlich rothgelb gemifcht. Die
Stacheln find an beyden Enden gelblich weißgrau, in der Mitte dunkelbraun, und eben fo die Spizen; der Rücken fieht alfo bunt, und zwar
bald mehr weißlich (wie an dem, den ich befchreibe), bald mehr braun,
je nachdem die weißliche oder bräunliche Farbe einen gröffern Raum an
den Stacheln einnimmt, und diefe entweder hinterwärts liegen, oder fich
kreuzen. Die Länge des Thieres ift ohngefähr zehen Zoll.

Der Igel ift in Teutfchland, und überhaupt in Europa, die kälteften
Länder ausgenommen, gemein; in Afien wird er bis an den Jaik, aber
feltener als die folgende Art, und nicht an der untern Wolga und dem
untern Jaik gefunden ⁎). Er hält fich unter dem Gefträuche, in Hecken
und Zäunen auf. Seine Nahrung beftehet in allerley Gewürme, Schne-

Eeee 3

⁎) PALLAS nov. comm. Petrop. tom. 14. p. 573. GMEL. ib. p. 523.

cken, Krebsen, Käfern, (sogar spanische Fliegen nicht ausgenommen, deren er über hundert auf einmal ohne Schaden frißt [b]) Heuschrecken, Kröten, Fröschen, kleinen Vögeln, Aesern, Wurzelwerk, Früchten und saftigen Blättern. Am Tage ruhet er, und geht in der Nacht seiner Nahrung nach. Den Winter bringt er erstarrt und schlafend in holen Bäumen und Steinrizen zu.

Das Weibchen paaret sich im Frühjahre mit seinem eigenen Männchen, macht sich sodann ein Nest von Moos in das Gesträuch, und wirft zu Anfange des Sommers drey bis fünf Junge, welchen es mittelst fünf Paar Säugwarzen, wovon drey auf der Brust, und zween auf dem Bauche stehen, die erste Nahrung gibt.

Als ein unschuldiges furchtsames Thier beleidigt der Igel niemanden, beißt nicht einmal, wenn er beleidigt wird, und wehrt sich nicht anders als daß er sich in eine Kugel zusammenziehe, und mittelst seiner starken vielschichtigen Fleischhaut, die das Werkzeug dieser Bewegung ist, seine Stacheln kreuzweise vorwärts, hinterwärts und nach den Seiten sträubt. Zur äußersten Vertheidigung benezt er sich mit seinem übelriechenden Urine. Er läßt sich zahm in dem Hause halten, und ziehet sich dann nicht zusammen, wenn man ihn angreift. Man hält ihn an einigen Orten, um die Stuben von den Mäusen zu reinigen, welchen Dienst er so gut als eine Kaze verrichtet. Seine Unreinlichkeit aber, sein eigenthümlicher fast bisamartiger Geruch und das Geräusche seines Trabes, das man von einem so kleinen Thiere nicht so stark vermuthen sollte, machen ihn unbeliebt. Die Landwirthe verfolgen ihn wegen des vielleicht unbeträchtlichen Schadens, den er an dem Federwilde thut. Das Fleisch ist aber nicht eßbar, ohnerachtet er sehr fett wird.

Die Eintheilung der Igel in Schwein- und Hundigel beruht auf einem bloß eingebildeten Unterschiede.

2.
Der langöhrigte Igel.
Tab. CLXIII.

Erinaceus auritus. P A L L. *Nov. Comm. Acad. Petrop. tom.* 14. *p.* 573. *tab.* 21. *fig.* 4.   s. G. G M E L. *ibid. p.* 519. *tab.* 16. Reise *p.* 174. Josh; Russisch.

[b] P A L L. *nov. comm. Petrop. tom.* 14. *p.* 578.

Er iſt dem gemeinen Igel ſehr ähnlich, an den längern Ohren aber leicht zu unterſcheiden. Sie ſind oval, am Rande etwas umgebogen, haben inwendig dünnes weiſſes Haar und einen braunen Umfang. Die Augen ſind etwas gröſſer, **die Schnauze länger als an dem vorhergehenden**; der Rüſſel vorn tief eingekerbt; die Naſenlöcher am Rande mit **dem bey der vorigen Art** erwähnten Kamme verſehen. Die Bartborſten **ſind in vier Reihen geſtellt,** braun, und die hinterſten ſo lang, daß ſie bis **hinter die Ohren** hinaus reichen. Auf der Unterlippe ſtehen an jeder **Seite drey lange Borſten** in einer Reihe; über dem Auge, auf dem Backen und an der Kehle eine Warze mit **2, 1** und **2** Borſten. Die Füſſe ſind etwas länger und dünner als am gemeinen Igel, unterwärts faſt kahl, etwas ſchuppig und braun. Der **Schwanz** **kürzer als an dieſem, koniſch, geringelt und faſt kahl** wie ein **Mäuſeſchwanz,** dunkelbraun. Das Haar weicher und reinlicher; am meiſten auf dem Bauche, um den **Schwanz und an den Beinen, wo es weiß**; weniger auf dem Kopfe, wo es ſchmuzig grau, vorn an der Schnauze und um die Augen aber braun iſt. Die **Stacheln** haben **eben** die Farbe wie am gemeinen. In der Gröſſe unterſcheidet er ſich **von** dieſem merklich; er iſt kleiner, und von feinerem Wuchs und Anſehen. Der Herr Profeſſor Pallas, aus deſſen Beſchreibung ich dieſen Artikel gezogen hat ihn gegen ſieben Zoll lang gefunden.

Der langöhrigte Igel iſt an der untern Wolga, am untern Jaik und ferner öſtlich bis über den Baikalſee hinaus nicht ſelten. In lezterer Gegend fällt er etwas gröſſer als in Weſten [a]).

Seine Eigenſchaften unterſcheiden ihn von dem gemeinen nicht, gleich welchem er im Winter erſtarret und ſchläft. In Aſtrachan hält man ihn häufig um der Mäuſe willen, und ernährt ihn vorzüglich mit Milch.

3.
Der Tendrac.
Tab. CLXIV.

Tendrac. BVFF. 12. p. 438. tab. 57.

Der Rüſſel iſt länger als an den beyden vorhergehenden Arten; die Ohren kurz; die Barthaare lang, und (wenn der Abbildung zu trauen iſt) ähnliche lange Haare an dem Hinterhaupte; der Umfang des ſtachlichten Raums gröſſer als am gemeinen Igel; der Schwanz ſehr kurz, aber auch ſtachlicht.

[a]) Georgi Reiſe I Th. S. 160.

Die Füsse **kurz**. Die Farbe der Stacheln weißlich, in der Mitte dunkelröthlich. Das Haar siehet weiß. Das ganze Thier ist noch nicht völlig sechs Zoll lang.

Der Tendrac wird in Madagaskar, vielleicht auch in Ostindien gefunden.

Das unter dem Namen des weissen americanischen Igels *) beym Seba abgebildete Thier hat starke Aehulichkeit mit diesem; und da er die Geburts. örter nicht allemal genau angibt: so ist es wohl möglich, daß beyde nicht von einander unterschieden sind; und dann wäre der Tendrac des Herrn Ritters von Linné Erinaceus inauris *). — Doch es gibt auch eine Art Igel in Südamerica; und eine genauere Kenntniß von selbiger, als die ist, welche man aus den Reisebeschreibungen schöpfen kan, wird den Zweifel aufklären. Bis dahin lasse ich den Erinaceus inauris aus der Reihe der Igel **weg**.

4.
Der Tanrec.
Tab. CLXV. CLXV.*

Tanrec. ᴮᵛꜰꜰ. 12. *p.*438. *tab.* 56.

Le jeune Tanrec. ᴮᵛꜰꜰ. *suppl.* 3. *p.* **214**. **tab. 37.**

Die Schnauze ist sehr lang und spizig. Das Maul klein. Die Augen sind klein. Die Ohren rundlich, kurz, aber doch länger als an dem vorigen. Der Schwanz mangelt gänzlich. Er hat nur auf dem Scheitel und Hinter‑ **haupte**, auf dem Halse und den Schultern Stacheln, die unten und oben gelb‑ lich und in **der** Mitte schwarz sind; übrigens lange Borsten, von eben der Farbe wie die Stacheln, und unter selbigen einzelne ganz weisse, auch ganz schwarze, welche vorzüglich lang und stark sind. Die Schnauze, Kehle, Brust, **der Bauch** und die Beine tragen gelbliches, die Füsse rothgelbes Haar. Der **junge in dem Supplemente des Herrn Grafen abgebildete** Tanrec hat auf dem **Rücken drey weißliche Streife** auf schwärzlichem Grunde. Die Schnauze ist an lezterem so **von** dem erwachsenen verschieden, daß ich glauben würde an je‑ nem eine besondere Art zu sehen, woferne **nicht** der Herr Graf ihn mit um der Schnauze willen für einen wahren Tanrec erklärte. Diese muß also in der ältern Figur unrichtig vorgestellet seyn; weswegen ich denn jenen auch habe copiren lassen. — Der ältere Tanrec mißt 7 Zoll 9 Linien. Er wohnt in Madagaskar.

---

*) Erinaceus americanus albus. ꜱ ᴇ ᴠ. *thef.1.p.75.tab.49. fig.3.*   *) *Syst. nat. p.75. n.a.*

Verzeichniß
der zum dritten Theile gehörigen Kupfertafeln.

Ffff

Ffff 2

590

Zum ersten Theile sind nachgeliefert worden: